U0457395

电机试验与检修实训指导书

主　编　李元庆

副主编　苏汉新　周荣芳

编　写　肖郑　何磊

主　审　胡幸鸣

中国电力出版社

CHINA ELECTRIC POWER PRESS

内 容 提 要

本书集电机试验、电机检修实训于一体，为项目化教学教材。全书分为三篇：第一篇为电机试验，共有 19 个试验项目，主要内容包括电机试验的基本要求及注意事项、变压器试验、异步电动机试验、同步电机试验、直流电机试验；第二篇为继电接触控制的电力拖动试验，共有 6 个试验项目；第三篇为电机检修实训，共有 14 个实训项目，包括电机检修的基本要求及常用工具仪器的使用、同步电机检修、变压器检修、三相异步电动机检修、单相异步电动机检修。

为学习贯彻落实党的二十大精神，本书根据《党的二十大报告学习辅导百问》《二十大党章修正案学习问答》，在数字资源中设置了"二十大报告及党章修正案学习辅导"栏目，以方便师生学习。

本书主要作为职业院校电力技术类、自动化类、机电类等专业高等职业本科与高等职业专科教学教材，也可作为中等职业教育和成人教育教材，同时还可作为从事发电、变电检修和运行技术人员的岗位培训教材和日常参考用书。

配套资源

图书在版编目（CIP）数据

电机试验与检修实训指导书/李元庆主编．—北京：中国电力出版社，2015.2（2023.11 重印）
普通高等教育实验实训规划教材
ISBN 978 - 7 - 5123 - 6819 - 4

Ⅰ.①电… Ⅱ.①李… Ⅲ.①电机－试验－高等学校－教学参考资料②电机－检修－高等学校－教学参考资料 Ⅳ.①TM3

中国版本图书馆 CIP 数据核字（2015）第 002112 号

出版发行：中国电力出版社
地　　址：北京市东城区北京站西街 19 号（邮政编码 100005）
网　　址：http://www.cepp.sgcc.com.cn
责任编辑：乔　莉（010－63412535）
责任校对：黄　蓓
装帧设计：赵姗姗
责任印制：吴　迪

印　　刷：北京雁林吉兆印刷有限公司
版　　次：2015 年 2 月第一版
印　　次：2023 年 11 月北京第九次印刷
开　　本：787 毫米×1092 毫米　16 开本
印　　张：16.75
字　　数：404 千字
定　　价：33.00 元

前　言

　　本书是根据高等教育教学内容和课程体系改革的要求，结合电机类课程项目化教学改革的需要，选用浙江天煌科技实业有限公司生产的 DDSZ-1 型等电机及电气技术装置实验台作平台，依据电力行业发电、供用电、机电工程等行业、企业所需的电机试验及电机检修知识进行选题编写而成。本书具有以下特点：

　　(1) 以工作过程和电机技术、电机拖动等课程的主要试验内容为教学项目，在电机试验和检修实践中学习电机技术，在项目实施中强化学生实践能力、操作技能、创新精神和职业素质的培养，是一本融电机实践于项目教学中的项目化教材。

　　(2) 采取以"任务驱动"的模式编写，每个教学项目首先提出要完成的工作任务，然后引导学生去完成工作任务；在完成工作任务的过程中，学生不仅学习了知识，而且掌握了技能，满足了"做中学，学中做"，实现了"教、学、做"一体化教学，达到了强化学生实践能力、操作技能的目的。

　　(3) 本书体例新颖、图文并茂、步骤详细清楚、语句通顺流畅，可读性强。

　　本书由李元庆教授主编。第一、二、七、八、九章及附录部分由李元庆编写；第三、四章由苏汉新编写；第五章、第六章项目六由何磊编写；第六章（项目一～五）由肖郑编写；第十、十一章由周荣芳编写。全书最后由李元庆教授统稿。

　　本书由浙江机电职业技术学院胡幸鸣教授主审，并提出了宝贵的修改意见，在此表示衷心感谢。

　　由于时间仓促，书中不足之处在所难免，恳请使用这本书的师生和读者提出宝贵的意见和建议，以利我们今后不断改进。

编　者

2015 年 1 月

目　录

第一篇 电机试验

电机试验是电工测量技术在电机检测上的综合应用；其目的是运用电机理论指导电机试验等实践活动，通过将工作任务融入到实践教学中，强化学生实践能力、操作技能、创新精神和职业素质的培养。通过电机试验的锻炼，培养学生掌握电机的基本试验方法和操作技能，使学生能根据试验目的、试验内容及试验设备来拟定试验线路，选择所需仪表，确定试验步骤，测取所需数据，进行分析研究，得出必要的结论，从而完成试验报告。

第一章 电机试验的基本要求及注意事项

知识点一 电机试验的基本要求

一、电机试验前的准备

（1）电机试验前应复习教科书有关章节，认真研读电机试验指导书，了解试验目的、试验项目、试验方法与步骤，明确试验过程中应注意的问题（有些内容可到实验室对照预习，如熟悉组件的编号，组件的使用方法及其规定值），按照试验项目准备记录抄表等工作。

（2）电机试验前必须写好预习报告，经指导教师检查确认后，方可做试验。

（3）做好试验前的准备工作，对于培养学生的独立工作能力，提高试验质量有着十分重要的意义。

二、电机试验的进行

（1）组建小组，合理分工。电机的每次试验，都以小组为单位进行，每组2~5人；以小组为单位进行试验接线，调节负载、电压或电流，记录数据等工作，并应有明确的分工，以保证试验操作协调，数据记录准确可靠。

（2）正确选择试验用的设备和仪表。试验前先熟悉该次试验所用组件（或挂箱）的测量原理和使用方法，按顺序排列各种挂箱和仪表的位置，根据被试电机（或变压器）等的铭牌数据选择所用仪表的量程。若采用指针式仪表，应使被测量值大于仪表量程的1/2。

（3）按试验原理图正确接线。

1）根据试验原理图及所选组件、仪表，按图接线；电气接线力求简单、可靠、整齐美观。避免漏接、错接。接线时一般先从电源开关的出线端开始，先连接串联主回路，再连接并联支路。为了查找线路方便，每回路用相同颜色导线连接。

2）按照元器件的位置选择连接导线的长短，每个元器件端头上的连接线一般不超过两根。

（4）通电前的检查。

1）用万用表欧姆挡检查接线是否与原理图相符，线路是否导通。

2）检查或观察所有仪表是否正常（如指针正、反向是否超过满量程等），仪表指针是否调零，如果有异常应及时排除故障；如果一切正常，方可正式开始试验。

（5）准确测取试验数据。预习时对电机的试验方法及所测数据的大小做到心中有数。正式试验时，根据试验步骤逐次准确测取试验数据，记录于相关的表格中。

（6）认真负责，试验有始有终。试验完毕，将数据交给指导教师审阅。经指导教师认可后，方可拆线并把试验所用组件、导线及仪器仪表等物品放到指定位置，经指导教师许可后离开试验场所。

三、试验报告的编写

试验结束后，应根据实测数据以及在试验中观察、发现的问题，经过自己分析研究或分析讨论后写出试验报告和心得体会。报告要简明扼要、字迹清楚、图表整洁、结论明确。

试验报告应包含的内容：

（1）试验名称、专业班级、学号、姓名、试验日期、室温（℃）。

（2）列出试验项目中所用组件的名称及编号，电机铭牌数据（如 S_N、P_N、U_N、I_N、n_N）等。

（3）列出试验项目所用的线路图，注明仪表量程、电阻器阻值、电源端编号等。

（4）整理数据和计算。

（5）按记录及计算的数据用坐标纸画出曲线，图纸尺寸不小于 $8cm \times 8cm$，曲线要用曲线尺或曲线板连成光滑曲线，不在曲线上的点仍按实际数据标出。

（6）根据数据和曲线进行计算和分析，说明结果与理论是否符合，可对某些问题提出一些自己的见解并最后写出结论。报告应写在一定规格的报告纸上，保持整洁。

（7）每次完成试验，应每人独立完成一份试验报告，按时送交指导教师批阅。

知识点二　电机试验安全操作规程

电机试验工作属于强电类，尽管被试电机功率较小，但其额定电压一般为直流 220V、交流 380V（或 220V）或更高，当设备停电时常带有大量残留电荷，接触带电设备很容易造成触电事故。

为了按时完成电机试验，确保人身安全与设备完好，要牢固树立"安全第一"的思想，严格遵守以下安全操作规程：

（1）试验时，人体不可接触带电线路。

（2）接线或拆线必须在切断电源的情况下进行；接线或拆线前要检查装置上各开关、旋钮，是否处于关断位置或初始位置，并设置合适的仪表挡位。

（3）完成接线或改接线路后，必须经指导教师检查和允许，并使组内其他学员引起注意后方可接通电源。试验中如果发生事故，应立即切断电源，查清原因和妥善处理故障后，才能继续进行试验。

（4）试验过程中，操作人员要注意发辫、围巾、衣服、手套以及接线用的导线小型工具等物品是否卷入电机旋转部分。

（5）电机的起动和停止要按正确的步骤进行操作。异步电机如果直接起动，则应先检查功率表及电流表的电流量程是否符合要求，有否短路回路存在，以免损坏仪表或电源。

（6）总电源或试验台控制屏上的电源接通应由试验指导人员来控制，其他人只能经过指导人员允许后方可操作，不得自行合闸。

（7）直流电机不允许直接起动，不允许在励磁电流过小时起动及运行。做直流电机他励电动机试验，起动时先合励磁电源，停机时先断开电枢电源。

知识点三　DDSZ-1型电机及电气技术装置简介

一、DD01 电源控制屏的起动程序和操作说明

DD01 电源控制屏如图 1-1 所示。

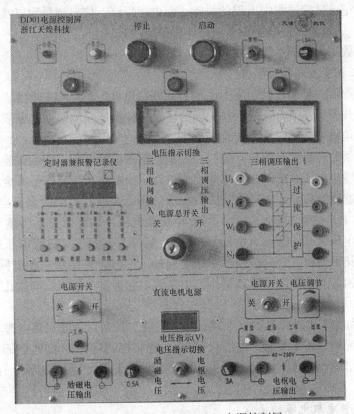

图 1-1　DDSZ-1（DD01）电源控制屏

（一）电源控制屏的起动操作说明

（1）用三相四线电源插头接通控制屏三相电源。

（2）将电源总开关置于"开"位置。"停止"按钮红灯亮。

（3）按下"起动"按钮，绿灯亮，红灯灭，接通三相自耦调压器电源，控制屏起动结束。

（4）调节控制屏左侧三相自耦调压器的调节手柄，即可调节三相输出电压，调节范围为 0～450V。

（5）将"电压指示切换"开关置于左侧，三只交流电压表指示三相进线线电压值；开关置于右侧，三只交流电压表指示自耦调压器输出线电压值。

（6）关闭电源控制屏时，必须先按"停止"按钮（红灯亮，绿灯灭），然后将电源总开关置于"关"位置。

（7）由于漏电故障造成蜂鸣器、指示灯发出告警（自动切断三相自耦调压器电源）时，只有在故障排除并按"复位"按钮（左上方）后，方可重新起动控制屏。

（二）定时器兼报警记录仪使用说明

开机后，定时器即可作为计时器使用，经指导教师设置密码和有关数据后，定时器具有下述功能：

（1）可控制试验时间，届时本装置将发出持续 1min 的报警信号，再延时 5min 将切断电源，中止本次试验。

（2）能自动记录试验过程中出现的故障［漏电、短路、仪表超量程以及高压直流稳压电源过压（过电压）、过流（过电流）和短路］保护的次数。

（3）设定的数据无密码不能更改和删除。

（三）开启三相交流电源的步骤

（1）开启电源前。要检查控制屏下面"直流电机电源"的"电枢电源"开关（右下方）及"励磁电源"开关（左下方）是否在关断的位置。控制屏左侧端面上安装的调压器旋钮必须在零位，即必须将它向逆时针方向旋转到底。

（2）检查无误后开启"电源总开关"，"停止"按钮指示灯亮，表示试验装置的进线接到电源，但还不能输出电压。此时在电源输出端进行试验电路接线操作是安全的。

（3）按下"起动"按钮，"起动"按钮指示灯亮，表示三相交流调压电源输出插孔 U、V、W 及 N 已通电。试验电路所需的不同大小交流电压，都可通过适当调节旋转调压器旋钮取得。输出线电压为 0～450V（可调），并由控制屏上方的三只交流电压表指示。当电压表下面的"电压指示切换"开关拨向"三相电网输入"时，它指示三相电网进线的线电压；当"电压指示切换"开关拨向"三相调压输出"时，它指示三相四线制插孔 U、V、W 和 N 的输出端电压。

（4）试验中如果需要改接线路，必须按下"停止"按钮以切断交流电源，才能保证试验操作安全。试验完毕，还需关断"电源总开关"，并将控制屏左侧端面上安装的调压器旋钮调回到零位。将"直流电机电源"的"电枢电源"开关及"励磁电源"开关拨回到关断位置。

（四）开启直流电机电源的操作

（1）直流电源是由交流电源变换而来，打开"直流电机电源"，必须先完成打开交流电源，即打开"电源总开关"并按下"起动"按钮。

（2）按下"起动"按钮后，接通"励磁电源"开关，可获得约为 220V、0.5A 不可调的直流电压输出。接通"电枢电源"开关，40～230V、3A 可调节的直流电压输出。励磁电源电压及电枢电源电压都可由控制屏下方的 1 只直流电压表指示。当该电压表下方的"电压指示切换"开关拨向"电枢电压"时，指示电枢电源电压；当将它拨向"励磁电压"时，指示励磁电源电压。但在电路上励磁电源与电枢电源，直流电机电源与交流三相调压电源都是经过三相多绕组变压器隔离的，可独立使用。

（3）电枢电源是采用脉宽调制型开关式稳压电源，输入端接有滤波用的大电容，为了防止过大的充电电流损坏电源电路，采用了限流延时保护电路。所以本电源在开机时，从电枢电源开关合闸到直流电压输出有 3～4s 的延时，这是正常的。

（4）电枢电源设有过压（过电压）和过流（过电流）指示告警保护电路。当输出电压出现过压时，会自动切断输出，并告警指示。此时需要恢复输出，必须先将"电压调节"旋钮逆时针旋转调低电压到正常值（约 240V 以下），再按"过压复位"按钮，即能输出电压。当负载电流过大（负载电阻过小）超过 3A 时，也会自动切断输出，并告警指示，此时需要恢复输出，只要调小负载电流（调大负载电阻）即可。有时候在开机时出现过流告警，说明在开机时负载电流太大，需要降低负载电流，可在电枢电源输出端增大负载电阻或暂时拔掉一根导线（空载）开机，待直流输出电压正常后，再插回导线加正常负载（不可短路）工作。若在空载时开机仍发生过流告警，这是气温或湿度明显变化造成光电耦合器 TIL117 漏电，使过流保护起控点改变所致，一般经过空载开机（开启交流电源后，再开启"电枢电源"开关）预热几十分钟即可停止告警，恢复正常。所有这些操作到直流电压输出都有 3～4s 的延时。

（5）在做直流电动机试验时，要注意开机时须先开励磁电源后开电枢电源；在关机时，则要先关电枢电源而后关励磁电源的次序。同时要注意在电枢电路中串联起动电阻以防止电源过流。具体操作要严格遵照试验指导书中相关说明进行。

二、DDSZ‑1型装置的特点和保护体系

（1）装置具有良好的自身保护体系，为实现开放性试验提供了优良的试验设备。

（2）装置采用挂件式结构，可灵活地组合成各相应课程的试验，并能适应试验的不断发展与扩充。

（3）测量仪表采用数字化、智能化、人机对话和计算机接口等先进测量技术，为试验的顺利进行创造了良好条件。

（4）装置采用了三相变压器隔离浮地设计，可防止单相触电事故的发生。

（5）装置屏内、外分别设有电压型漏电保护体系，实现单相对机壳短接或漏电保护。

（6）装置设有交、直流指针式仪表超量程保护体系，确保仪表的安全与长期使用。

（7）装置有直流电机电枢电源及低压直流稳压电源，设有软截止型短路保护体系，确保电源的长期与安全使用，为试验的进行提供了有力保障。（8）试验用的各类型小电机均经特殊设计，其特性和参数可模拟中、小型电机。

三、D34‑3 智能功率表使用说明

D34‑3 智能功率表按三相两表法测量三相电路的功率设计，其原理接线如图 1‑2 所示，其面板外形如图 1‑3 所示。

（1）使用说明。

1）第一块功率表（P_1）的电流线圈（I_1）串联接入 A 相（U 相）电路（I_A），电压线圈（U_1）并联接入 $U_{AB}(U_{UV})$ 线电压。

2）第二块功率表（P_2）的电流线圈（I_2）串联接入 C 相（W 相）电路（I_C），电压线圈（U_2）并联接入 $U_{BC}(U_{VW})$ 线电压。

3）开启功率表电源开关即可读取三相电路的总功率 P 值

$$P = P_1 \pm P_2$$

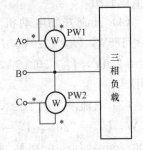

图 1‑2　智能功率表原理接线

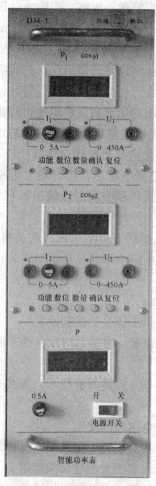

图 1-3　智能功率表面板

（2）使用注意事项。

1）两个"＊"端接到电源侧，非"＊"端接到负载侧。

2）电压线圈的"＊"端与各自的电流线圈"＊"端相连接，非"＊"端共同接到第二根相线上。

3）这种接线方法适用于三相三相制电路，不管电源、负载对称与否，总有 $P＝P_1 \pm P_2$。

四、试验电机使用说明

（1）三相笼型异步电动机 DJ16，如图 1-4 所示。其 $P_N＝100W$，$U_N＝220V$，D 接法，作起动、调速等试验用。

（2）三相绕线型异步电动机 DJ17，如图 1-5 所示。其 $P_N＝120W$，$U_N＝220V$，定子 Y 接法，转子通过外部三相电阻箱接入转子回路，调节电动机的起动电流和起动转矩。作起动、调速及测量机械特性试验用。

图 1-4　DJ16 笼型电动机

（3）三相同步电机 DJ18，Y 接法，$U_N＝220V$，$I_N＝0.45A$，$n_N＝1500r/min$，其 $P_N＝170W$。作起动、空载短路试验，同步电机并列试验，有功、无功调节试验用。

（4）直流并励电动机 DJ15，如图 1-6 所示。其 $P_N＝185W$，$U_N＝220V$，$I_N＝1.2A$，$n_N＝1600r/min$，$U_{fN}＝220V$，$I_{fN}＜0.16A$，作直流电动机的起动调速用。

（5）直流测功机 DJ23，如图 1-7 所示。其 $P_N＝355W$，$U_N＝220V$，$I_N＝2.2A$，$U_{fN}＝220V$，$n_N＝1500r/min$，$I_{fN}＜0.16A$，作同步电机的原动机起动调速用。

图 1-5　DJ17 绕线型电动机

其他仪器仪表的使用请参考各试验内容中的使用说明。

图 1-6　DJ15 直流并励电动机　　　　　　　图 1-7　DJ23 直流测功机

第二章 变压器试验

项目一 单相变压器和三相变压器的空载短路试验

一、教学目标

（一）能力目标（技能要求）

（1）能进行单相和三相变压器的空载、短路试验接线。

（2）能进行单相和三相变压器的空载、短路试验操作。

（3）能进行单相和三相变压器的空载、短路试验参数的测量和计算。

（二）知识目标（知识要求）

（1）了解单相、三相变压器铭牌各参数的含义。

（2）熟悉变压器 T 形等效电路中的电阻 r_m、r_k、电抗 x_m、x_k 及阻抗 Z_m、Z_k 的测定计算方法。

（3）掌握单相、三相变压器的空载、短路试验操作方法。

二、仪器设备

变压器空载短路试验仪器设备见表 2-1。

表 2-1　　　　　　　　　变压器空载短路试验仪器设备表

序号	型号	名　称	数量
1	DD01	三相调压交流电源	1 件
2	D33	数/模交流电压表	1 件
3	D34-3、D32	智能型功率表；数/模交流电流表	各 1 件
4	DJ11、DJ12	三相组式变压器；三相心式变压器	各 1 件
5		1.5V 大号干电池；连接导线	若干

变压器空载短路试验设备排列顺序如图 2-1 所示。

三、工作任务

进行某一型号单相变压器和三相变压器的空载、短路试验。

【任务一】单相变压器的空载试验

（1）试验目的。通过测定施加给单相变压器空载时的电压 U_0、空载时的铁心损耗 p_0、空载电流 I_0。计算出变压器的励磁参数 Z_m、r_m、x_m 及变比 k。

（2）试验电路。试验电路如图 2-2 所示。

（3）试验方法。试验时，为了试验安全和选择仪表仪器方便，一般在变压器低压侧施加电压而将高压侧空载（开路）。

1）按图 2-2 所示接线，在三相调压交流电源断电的条件下，被测变压器选用三相组式变压器 DJ11 中的一只作为单相变压器，其额定容量 $P_N=77VA$，$U_{1N}/U_{2N}=220/55V$，$I_{1N}/I_{2N}=0.35/1.4A$。变压器的低压绕组 a、x 接电源，高压绕组 A、X 开路。

2）选择好所有测量仪表量程，将控制屏左侧调压器旋钮向逆时针方向旋转到底，调到

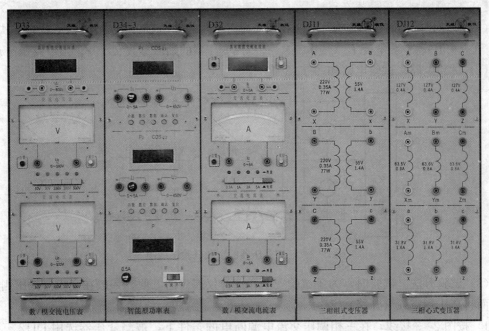

图 2-1 变压器空载短路试验设备排列顺序（D33、D34-3、D32、DJ11、DJ12）

输出电压为零的位置。

3）经检查无误后，合上交流电源总开关，按下"起动"按钮，接通三相交流电源。调节三相调压器旋钮，使变压器输出单相空载电压从零上升至 $U_0=1.2U_N=1.2\times55=66$（V），此时读取变压器 $U_0(U_{ax})$、I_0、P_0 及 U_{AX} 的值，记录于表 2-2 中，降压时，读取相应的数据，共读取 5～7 组数据（应多读取额定电压附近的数值），试验结束降低电压到零值，断开电源。

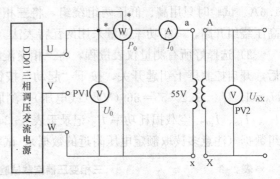

图 2-2 单相变压器空载试验接线图

表 2-2　　　　　　　　单相变压器空载试验数据记录及计算

序号	试 验 数 据				计算数据（$U_0=U_{2N}$ 时的值）					
	U_0(V)	I_0(A)	P_0(W)	U_{AX}(V)	$Z_m(\Omega)$	$r_m(\Omega)$	$x_m(\Omega)$	$I_0\%$	$\cos\varphi_0$	变比 k
1										
2										
3										
4										
5										
6										
7										

【任务二】三相变压器的空载试验

（1）试验目的。通过测定施加给三相变压器空载时的电压 U_0（线电压）、空载时的铁心损耗 p_0（三相值）、空载电流 I_0（线电流）。计算出变压器的励磁参数 Z_m、r_m、x_m 及变比 k。

（2）试验电路。试验电路如图 2-3 所示。

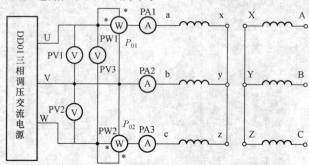

图 2-3　三相变压器的空载试验接线图

（3）试验方法。试验时，为了试验安全和选择仪表仪器方便，一般在变压器低压侧施加电压而将高压侧空载（开路）。

1）按图 2-3 接线，在三相调压交流电源断电的条件下，被测变压器选用 DJ12 三相三线圈心式变压器，额定容量 $P_N = 152/152/152\text{VA}$，$U_N = 220/63.6/55\text{V}$，$I_N = 0.4/1.38/1.6\text{A}$。试验时只用高、低压两组绕组，将三相变压器接成 Yy0 联结组，低压绕组接电源，高压绕组开路，三相功率测量采用两瓦特表法。

2）选择好所有测量仪表量程，将三相交流电源调到输出电压为零的位置。经检查无误后，开启控制屏上钥匙开关，按下"起动"按钮。电源接通后，调节外施电压从零上升至 $U_0 = 1.2U_N = 1.2 \times 55 = 66$（V）（线电压），测取低压绕组的线电压 U_{ab}、U_{bc}、U_{ca}，线电流 I_{a0}、I_{b0}、I_{c0}，空载损耗功率 P_0 记录于表 2-3 中。降压时，读取相应的数据，共读取 5～7 组数据（注意多读取额定电压附近的数据）。试验结束降低电压到零值，断开电源。

表 2-3　　　　　　　　　　　三相变压器空载试验数据记录及计算

序号	试　验　数　据									计算数据（$U_0 = U_{2N}$ 时的值）					
	U_{0L}(V) 线电压			I_{0L}(A) 线电流			空载损耗（W）			单相值			励磁参数（Ω）		
	U_{ab}	U_{bc}	U_{ca}	I_{a0}	I_{b0}	I_{c0}	P_{01}	P_{02}	总损耗 P_0	U_0(V)	I_0(A)	P_0(W)	Z_m	r_m	x_m
1															
2															
3															
4															
5															
6															
7															

3）数据计算。

a. 单相变压器参数计算：由于 r_1、x_1 很小，可忽略，故可认为 $Z_0 \approx Z_m = r_m + jx_m$，于

是，从 $U_0 = U_N$、I_0、P_0 值中求得

$$Z_m = \frac{U_0}{I_0}, \qquad r_m = \frac{P_0}{I_0^2} = \frac{P_{ph}}{I_0^2}, \qquad x_m = \sqrt{Z_m^2 - r_m^2}, k \approx \frac{U_{20}}{U_{1N}}$$

式中：k 为变压器高压侧相电压与低压侧相电压之比，即变比。

$$I_0\% = (I_0/I_{1N}) \times 100\%$$

b. 三相变压器参数计算：

三相变压器低压侧星形连接

$$U_0 = U_{ph} = \frac{U_{L0}}{\sqrt{3}}, \qquad I_0 = I_{ph} = I_{L0}, \qquad P_{ph} = P_{0\Sigma}/3$$

c. 三相空载损耗

$$P_0 = P_{01} \pm P_{02}$$

注意：由于空载试验是在低压侧施加电源电压，所以测得的励磁参数是低压侧的数值，如果需折算到高压侧，应乘以变比 k^2。如果被测量变压器为三相变压器，测量的 U_{20}、I_0 均为线值，P_0 为三相值。要根据三相变压器绕组接法换算为相电压 U_{ph}、相电流 I_{ph} 及单相功率 P_{ph} 后再运用上式进行计算。

【任务三】单相变压器的短路试验

（1）试验目的。通过测定施加给单相变压器短路时的阻抗电压 U_k、短路电流 I_k 和短路（负载）损耗功率 P_k 的值，计算出变压器短路参数 Z_k、r_k 和 x_k 的值。

（2）试验电路。试验电路如图 2-4 所示。

（3）试验方法。为了试验安全和仪表选择方便，一般在高压侧施加电压而将低压侧短路，即试验电压加于高压侧。

1）按图 2-4 接线，在三相调压交流电源断电的条件下，被测变压器选用三相组式变压器 DJ11 中的一只作为单相变压器，其额定容量 $P_N = 77VA$，$U_{1N}/U_{2N} = 220/55V$，$I_{1N}/I_{2N} = 0.35/1.4A$。变压器高压绕组 A、X 接电源，低压绕组 a、x 短路。

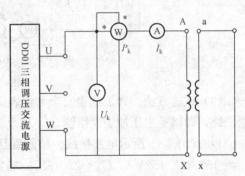

图 2-4 单相变压器短路试验接线图

2）选择好所有测量仪表量程，将控制屏左侧调压器旋钮调到输出电压为零的位置。

3）经检查接线无误后，接通交流电源，逐次缓慢增加输入电压，直到短路电流 $I_k = I_{1N} = 0.35A$ 为止，读取变压器 U_k、I_k、P_k 的值 5～7 组。将数据记录于表 2-4 中，试验结束降低电压到零值，断开电源。记下试验时周围环境温度（℃）。

表 2-4　　　　　　　单相变压器短路试验数据记录及计算　　　　　　室温____℃

序号	试 验 数 据			计算数据（Ω）（$I_k = I_N$ 时的值）				
	$U_k(V)$	$I_k(A)$	$P_k(W)$	Z_k	r_k	x_k	r_1	x_1
1								
2								
3								
4								

续表

序号	试验数据			计算数据（Ω）（$I_k=I_N$ 时的值）				
	U_k(V)	I_k(A)	P_k(W)	Z_k	r_k	x_k	r_1	x_1
5								
6								
7								

【任务四】三相变压器的短路试验

（1）试验目的。通过测定施加给三相变压器短路时的阻抗电压 U_k（线电压）、短路电流 I_k（线电流）及短路（负载）损耗功率 P_k（三相）的值，计算出变压器短路参数 Z_k、r_k 和 x_k 的值。

（2）试验电路。试验电路如图 2-5 所示。

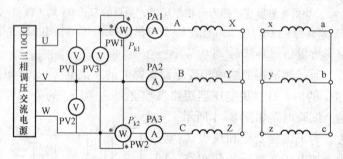

图 2-5　三相变压器短路试验接线图

（3）试验方法。为了试验安全和仪表选择方便，一般在变压器高压侧施加电压而将低压侧短路，即试验电压加于高压侧。

1）按图 2-5 所示电路接线。被测变压器选用 DJ12 三相三线圈心式变压器，额定容量 P_N＝152/152/152VA，U_N＝220/63.6/55V，I_N＝0.4/1.38/1.6A。试验时只用高、低压两组绕组。将控制屏左侧的调压旋钮逆时针方向旋转到底，使三相交流电源的输出电压为零值。按下"停止"按钮，在断电的条件下，变压器高压绕组接电源，低压绕组直接短路。三相功率测量采用两瓦特表法。

2）经检查接线无误后，按下"起动"按钮，接通三相交流电源，逐次缓慢增加输入电压，直到短路电流 $I_k=I_{1N}$＝0.4A 为止，测取变压器的三相输入电压 U_k、电流 I_k 及功率 P_k 值 5～7 组。数据记录于表 2-5 中，试验结束降低电压到零值，断开电源。试验时记下周围环境温度（℃）。

表 2-5　　　　　　　　　三相变压器短路试验数据记录及计算　　　　　　　　室温＿＿℃

序号	试验数据									计算数据（$I_k=I_N$ 时的值）							
	U_{kL}(V) 线电压			I_{kL}(A) 线电流			短路损耗（W）			单相值			短路参数（Ω）				
	U_{AB}	U_{BC}	U_{CA}	I_{Ak}	I_{Bk}	I_{Ck}	P_{k1}	P_{k2}	P_k	U_k(V)	I_k(A)	P_k(W)	Z_k	r_k	x_k	r_1	x_1
1																	
2																	

序号	试 验 数 据									计算数据（$I_k = I_N$ 时的值）							
	U_{kL}(V) 线电压			I_{kL}(A) 线电流			短路损耗（W）			单相值			短路参数（Ω）				
	U_{AB}	U_{BC}	U_{CA}	I_{Ak}	I_{Bk}	I_{Ck}	P_{k1}	P_{k2}	P_k	U_k(V)	I_k(A)	P_k(W)	Z_k	r_k	x_k	r_1	x_1
3																	
4																	
5																	
6																	
7																	

3）数据计算。

a. 根据试验时测取的 U_k、电流 I_k 及功率 P_k 值（相值），计算变压器的短路参数

$$Z_k = \frac{U_k}{I_k}, \qquad r_k = \frac{P_k}{I_k^2}, \qquad x_k = \sqrt{Z_k^2 - r_k^2}$$

则三相短路损耗 $\qquad\qquad\qquad\qquad P_k = P_{k1} + P_{k2}$

b. 由于短路电阻 r_k 随温度变化，因此，计算出的短路电阻应按国家标准换算到基准工作温度 75℃时的阻值

$$r_{k75℃} = \frac{235 + 75}{235 + \theta} r_k, \quad Z_{k75℃} = \sqrt{r_{k75℃}^2 + x_k^2}$$

式中：235 为铜导线绕制的变压器，若用铝导线则应改为 225。

一次侧和二次侧的漏阻抗无法用试验方法分离，通常取 $r_1 \approx r_2' = r_k/2, x_1 \approx x_2' = x_k/2$

注意：如被测量变压器为三相变压器，测量的 U_k、I_k 均为线值，P_k 为三相值，要根据三相变压器绕组接法换算为相电压、相电流及单相功率后再运用上式进行计算。

c. 计算短路电压（阻抗电压）的百分数

$$u_k = \frac{I_N Z_{k75℃}}{U_N} \times 100\%$$

$$u_{kr} = \frac{I_N r_{k75℃}}{U_N} \times 100\%$$

$$u_{kx} = \frac{I_N x_k}{U_N} \times 100\%$$

d. 额定短路损耗：

单相 $P_{kN} = I_{1Nph}^2 r_{k75℃}$ ，三相 $P_{kN} = 3I_{1Nph}^2 r_{k75℃}$

四、试验报告（样式见附录 A）

试验报告包含的内容：

（1）报告封面应写明试验报告名称、专业班级、姓名学号、同组成员、试验日期、试验台号。

（2）写明试验目的、试验设备，绘出试验电路，记录测量数据。

（3）进行试验数据分析，写出心得体会（或结论 200 字以上）等。

五、考核评定（见附录 B）

考核评定应包括的内容：

（1）单相、三相变压器空载、短路试验接线是否正确，有无团队协作精神。

（2）单相、三相变压器空载、短路试验中的操作是否正确，能否排除空载、短路试验中出现的故障。

（3）知识应用、回答问题是否正确，语言表达是否清楚。

（4）有无安全环保意识，是否遵守纪律，试验能否按时完成。

（5）试验报告质量，有无资料查阅、汇总分析能力。

（6）小组评价、老师评价等。

项目二　三相变压器负载试验

一、教学目标

（一）能力目标

（1）能进行单相变压器高低压绕组及同名端的判断，能判断三相绕组的首尾端。

（2）能进行三相变压器负载试验接线和试验操作。

（3）能进行三相变压器负载试验后的参数计算。

（二）知识目标

（1）了解三相变压器铭牌各参数的含义。

（2）熟悉三相变压器的星形（Y）和三角形（D）接法。

（3）掌握三相变压器功率测量时的试验操作方法。

二、仪器设备

三相变压器负载试验仪器设备见表 2-6。

表 2-6　　　　　　　　　三相变压器负载试验仪器设备

序号	型号	名　称	数量
1	DD01	三相调压交流电源	1件
2	D33、D34-3	数/模交流电压表、智能型功率表	各1件
3	D32、DJ12，DJ11	数/模交流电流表、三相心式变压器、组式变压器	各1件
4	D42、D51	三相可调电阻器、波形测试及开关板	各1件
5	D43	三相可调电抗器（或用三相异步电动机）	1件
6		1.5V 大号干电池，连接导线	若干

三相变压器功率测量试验设备排列顺序如图 2-6 所示。

三、工作任务

进行某一型号三相变压器的功率测量。

【任务一】单相变压器高、低压绕组及同名端判断

（1）试验目的。

1）通过测定单相变压器绕组的电阻值，根据电阻值大小判断出变压器的高、低压绕组。

2）通过判断出单相变压器的同名端，实现三相变压器的 Yy 及 Yd 接法。

（2）试验电路。试验电路如图 2-7 所示。

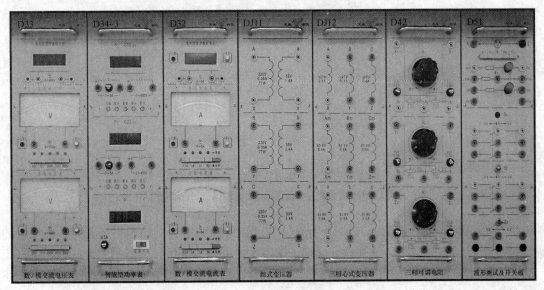

图 2-6　三相变压器功率测量试验设备排列顺序（D33、D34-3、D32、DJ11、DJ12、D42、D51）

（3）试验方法（直流法）。单相变压器同名端判断试验电路如图 2-7 所示。被测变压器选用三相组式变压器 DJ11 中的任一只作为单相变压器，其额定容量 $P_N=77\text{VA}$，$U_{1N}/U_{2N}=220/55\text{V}$，$I_{1N}/I_{2N}=0.35/1.4\text{A}$（也可使用分立元件单相变压器）。

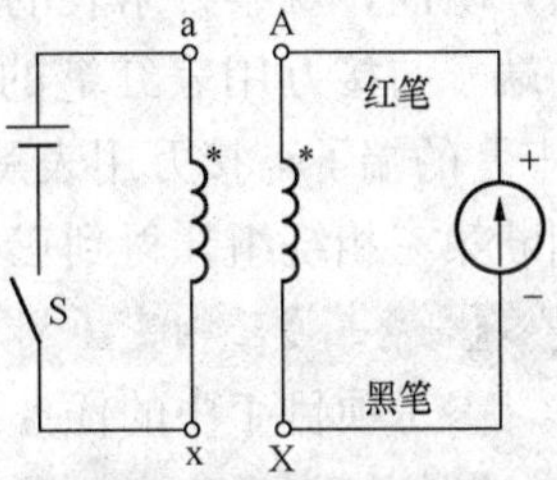

1）用万用表欧姆挡（$R\times1\Omega$）［或直流单臂电桥］分别测量单相变压器高、低压绕组的 4 个引出线端，找出同一绕组的两个端头，并作标记，电阻值大的为高压绕组，电阻值小的为低压绕组。

图 2-7　单相变压器同名端判断试验电路

2）按图 2-7 接线，将变压器任一个绕组接万用表红、黑表笔两端，并将万用表量程转到直流电压（或电流）最小挡。

3）用 1.5～3V 干电池点接变压器另一绕组进行判断。点接（或开关接通）瞬间，若万用表指针"正向偏转"，则与万用表红笔端相接的端头与电池"＋"端所连接的端头为同名端。

此法为用已知极性判断未知极性法。

【任务二】三相绕组首尾端判断

（1）试验目的。

1）通过测定变压器三相绕组的电阻值，根据电阻值的大小判断出变压器的高、中、低压绕组。

2）通过判断出三相绕组的首尾端，实现三相变压器的星形、三角形连接。

（2）试验电路。试验电路如图 2-8 所示。

（3）试验方法（直流法）。三相变压器首尾端判断试验电路如图 2-8 所示。被测变压器选用 DJ12 三相三线圈心式变压器中的三相绕组，额定容量 $P_N=152/152/152\text{VA}$，$U_N=220/63.6/55\text{V}$，$I_N=0.4/1.38/1.6\text{A}$（也可使用分立元件三相变压器）。

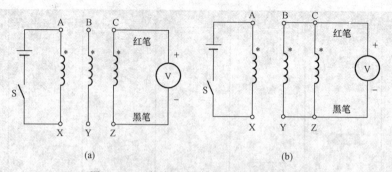

图 2-8　三相变压器首尾端判断试验电路

(a) 判断任意两相绕组首尾端接线；(b) 判断第三相绕组首尾端接线

1）用万用表欧姆挡（$R \times 1\Omega$）分别测量三相绕组的 6 个引出线端，找出同一相绕组的两个端头，得到三个绕组，分别做好标记，电阻大的为高压绕组，电阻小的为低压绕组。

2）万用表选用较小的直流电压挡（或电流挡），将其接在任一相绕组的两端，如图 2-8（a）所示。

3）将第二（或第三）相绕组接上 1.5～3V 干电池，在电池引线端点接通（或开关接通）瞬间，观察万用表的指针偏转方向。如果万用表的表针"反向偏转"，则接电池"＋"的端子与接万用表红笔的端子为首端（或尾端）。如果万用表的表针"正偏转"，则接电池"＋"的端子与接万用表黑笔的端子为首端（或尾端）。用步骤（第二步）和（第三步）继续判断第三相绕组，得到三相绕组的首尾端，如图 2-8（b）所示。

【任务三】三相变压器空载时的功率测量

参考项目 1 中的任务二相关内容进行操作。

【任务四】三相变压器负载时的功率测量

（1）试验目的。通过测量三相变压器负载时的输入、输出功率及输出电流、输出电压，计算并绘出变压器的运行特性（外特性、效率特性等）。

（2）试验电路。试验电路如图 2-9 所示。

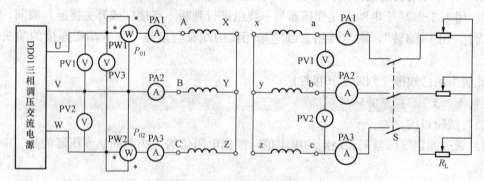

图 2-9　三相变压器功率测量电路

（3）试验方法。

1）按图 2-9 接线，将控制屏左侧的调压旋钮逆时针方向旋转到底使三相交流电源的输出电压为零，按下"停止"按钮，三相变压器采用 Yy 接法，三相功率测量采用两瓦特表法。负载电阻 R_L 选用 D41（或 D42）三相可调电阻器或 D43 三相可调电抗器。开关 S 选用 D51 挂件。将负载电阻 R_L 阻值调至最大，打开开关 S。

2）选择好所有测量仪表量程。将三相交流电源调到输出电压为零的位置。经检查无误后，按下"起动"按钮接通电源，逐次缓慢增加输入电压，使变压器的输入电压 $U_1 = U_N = 220V$。

3）在保持 $U_1 = U_{1N}$ 不变的条件下，合上开关 S，逐次增加负载电流，从空载到额定负载范围内，测取三相变压器的输出线电压和线电流。试验时记下周围环境温度（℃）。数据记录于表 2-7 中，试验结束降低电压到零值，断开电源。

4）测取数据时，其中 $I_2 = 0$ 和 $I_2 = I_{2N}$ 两点的值必须测量（I_2 为二次侧电流平均值，U_2 为二次侧电压平均值）。共测取数据 7~8 组。

表 2-7　　　　　　　　三相变压器负载时的功率测量数据记录及计算

环境温度：＿＿＿℃　$U_1 = U_{1N} = $＿＿＿V　$\cos\varphi_2 = 1.0$

序　号		1	2	3	4	5	6	7
输出电压 （V）	U_{ab}							
	U_{bc}							
	U_{ca}							
	U_2							
输出电流 （A）	I_a							
	I_b							
	I_c							
	I_2							
输出功率 P_2(W)								
输入功率 （W）	P_1							
	P_2							
	$P = P_1 \pm P_2$							
效率 $\eta = P_2/P_1$								

5）数据计算。

a. 根据试验时测取的线电压 U_{ab}、U_{bc}、U_{ca}，线电流 I 及功率 P，按下式计算出变压器的二次侧电压、电流平均值及三相变压器的输入、输出功率及效率。

二次侧电流平均值　　　　　　$I_2 = (I_a + I_b + I_c)/3$

二次侧电压平均值　　　　　　$U_2 = (U_{ab} + U_{bc} + U_{ca})/3$

三相输出总功率　　　　　　　$P_2 = \sqrt{3} U_2 I_2$

三相输入功率　　　　　　　　$P_1 = P_{01} \pm P_{02}$

效率　　　　　　　　　　　　$\eta = P_2/P_1$

b. 作出变压器的外特性曲线 $U_2 = f(I_2)$、效率特性曲线 $\eta = f(I_2)$。

6）注意事项：调节负载电阻时注意电流的变化，负载电流不应超过变压器的额定电流值。

四、试验报告（见附录 A）

试验报告包含的内容：

（1）报告封面应写明试验报告名称、专业班级、姓名学号、同组成员、试验日期、试验台号。

（2）写明试验目的、试验设备，绘出试验电路，记录测量数据。

（3）进行试验数据分析，写出心得体会（或结论 200 字以上）等。

五、考核评定（见附录 B）

考核评定应包括的内容：

（1）单相变压器同名端、三相绕组首尾端判断、功率测量接线是否正确，有无团队合作精神。

（2）功率测量试验中的操作是否正确，能否排除功率测量试验中出现的故障。

（3）知识应用，回答问题是否正确，语言表达是否清楚。

（4）有无安全环保意识，是否遵守纪律。试验能否按时完成。

（5）试验报告质量，有无资料查阅、汇总分析能力。

（6）小组评价、老师评价等。

项目三　三相变压器联结组别判断试验

一、教学目标

（一）能力目标

（1）能判断三相变压器的同名端和首尾端。

（2）能进行三相绕组的星形（Y）及三角形（D）连接。

（3）能进行三相变压器 Yy0、Yd11 联结组别的接线及判断。

（二）知识目标

（1）了解变压器极性和联结组别的含义，熟悉 Yy6 及 Yd5 联结组别的接法及判断。

（2）掌握三相绕组的星形（Y）及三角形（D）接法。

（3）熟练掌握三相绕组首尾端及单相变压器同名端的判断。

（4）熟练掌握 Yy0 及 Yd11 联结组别的接线及判断方法。

二、仪器设备

三相变压器联结组别判断试验仪器设备见表 2-8。

表 2-8　　　　　　　　　**三相变压器联结组别判断试验仪器设备表**

序号	型号	名　　称	数量
1	DD01	三相调压交流电源	1件
2	D33、D34-3	数/模交流电压表、智能型功率表	各1件
3	D32、D51	数/模交流电流表、波形测试及开关板	各1件
4	DJ11、DJ12	三相组式变压器、三相心式变压器	各1件
5		1.5V 大号干电池，连接导线	若干

三相变压器联结组别判断试验设备排列顺序如图 2-10 所示。

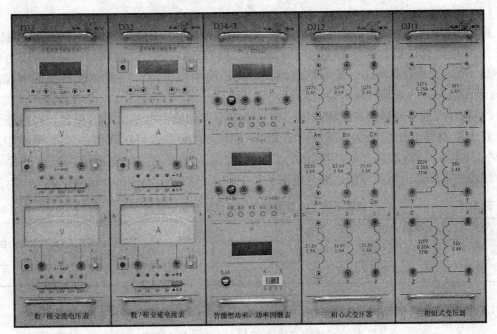

图 2-10　三相变压器联结组别判断试验设备排列顺序（D33、D32、D34-3、DJ12、DJ11）

三、工作任务

进行某一型号三相变压器联结组别的判断。

【任务一】单相变压器高低压绕组及同名端判断、三相变压器首尾端判断

参考项目 2 中的任务一、任务二相关内容进行判断。

【任务二】三相变压器 Yy0 联结组别的判断

（1）试验目的。

1）通过试验掌握三相变压器的星形接法，验证三相变压器一、二次绕组的相、线电压相量关系。

2）通过试验掌握三相变压器 Yy0 联结组别的判断方法。

（2）试验电路。试验电路如图 2-11 所示。

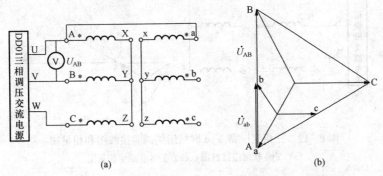

     (a)   (b)

图 2-11　三相变压器 Yy0 联结组别试验接线图和相量图

（a）Yy0 联结组别接线图；（b）Yy0 联结组相量图

（3）试验方法。

1）在三相调压交流电源断电的条件下，按图 2-11（a）接线，被测变压器选用 DJ12 三相三线圈心式变压器，额定容量 $P_N=152/152/152\text{VA}$，$U_N=220/63.6/55\text{V}$，$I_N=0.4/1.38/1.6\text{A}$，试验时只用高、低压两组线圈，高压线圈接电源，三相变压器接成 Yy0。将 A、a 两端点用导线连接（等电位点）。

2）选择好所有测量仪表量程，将三相交流电源调到输出电压为零的位置，经检查无误后，开启控制屏上钥匙开关，按下"起动"按钮，电源接通后，调节外施电压使 $U_{AB}=100\text{V}$（线电压），测取高、低压绕组 U_{AB}、U_{ab}、U_{Bb}、U_{Cc}、U_{Bc} 的电压值，记录于表 2-9 中。试验结束降低电压到零值，断开电源。

表 2-9　　三相变压器 Yy0 联结组别判断试验数据记录及计算

试验数据（V）					计算数据（V）				判断联结组别
U_{AB}	U_{ab}	U_{Bb}	U_{Cc}	U_{Bc}	$k=U_{AB}/U_{ab}$	U_{Bb}	U_{Cc}	U_{Bc}	

3）数据计算。根据图 2-12（b）可得

$$U_{Bb}=U_{Cc}=U_{ab}(k-1)$$
$$U_{Bc}=U_{ab}\sqrt{k^2-k+1}$$

上两式中：k 为两线电压之比，$k=U_{AB}/U_{ab}$。若上式计算出的电压 U_{Bb}、U_{Cc}、U_{Bc} 数值与试验测取的数值相同，则表示绕组连接正确，属 Yy0 联结组别。

【任务三】三相变压器 Yy6 联结组别的判断

（1）试验目的。

1）通过试验掌握三相变压器的星形接法（异名端），验证三相变压器一、二次绕组的相、线电压相量关系。

2）通过试验掌握三相变压器 Yy6 联结组别的判断方法。

（2）试验电路。试验电路如图 2-12 所示。

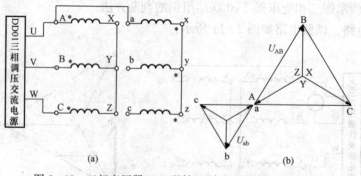

图 2-12　三相变压器 Yy6 联结组别试验接线图和相量图
（a）Yy6 联结组接线图；（b）Yy6 联结组相量图

（3）试验方法。

1）将 Yy0 联结组的二次绕组首、末端标记对调，如图 2-12（a）所示。三相变压器接

成 Yy6，将 A、a 两端点用导线连接。

2）选择好所有测量仪表量程，将三相交流电源调到输出电压为零的位置，经检查无误后，按下"起动"按钮，电源接通后，调节外施电压使 $U_{AB}=100V$（线电压），测取高、低压绕组 U_{AB}、U_{ab}、U_{Bb}、U_{Cc}、U_{Bc} 的电压值，记录于表 2-10 中。试验结束降低电压到零值，断开电源。

表 2-10   三相变压器 Yy6 联结组别判断试验数据记录及计算

试验数据（V）					计算数据（V）				判断联结组别
U_{AB}	U_{ab}	U_{Bb}	U_{Cc}	U_{Bc}	$k=U_{AB}/U_{ab}$	U_{Bb}	U_{Cc}	U_{Bc}	

3）数据计算。根据图 4-12（b）可得

$$U_{Bb}=U_{Cc}=(k+1)U_{ab}$$

$$U_{Bc}=U_{ab}\sqrt{(k^2+k+1)}$$

上两式中：k 为两线电压之比，$k=U_{AB}/U_{ab}$。若由上式计算出电压 U_{Bb}、U_{Cc}、U_{Bc} 的数值与实测相同，则绕组连接正确，属于 Yy6 联结组别。

【任务四】三相变压器 Yd11 联结组别的判断

（1）试验目的。

1）通过试验掌握三相变压器的星形、三角形接法，验证三相变压器一、二次绕组的相、线电压相量关系。

2）通过试验掌握三相变压器 Yd11 联结组别的判断方法。

（2）试验电路。试验电路如图 2-13 所示。

（3）试验方法。

1）在三相调压交流电源断电的条件下，按图 2-13（a）接线，被测变压器选用 DJ12 三相三线圈心式变压器，额定容量 $P_N=152/152/152VA$，$U_N=220/63.6/55V$，$I_N=0.4/1.38/1.6A$，试验时只用高、低压两组线圈，高压线圈接电源，三相变压器接成 Yd11，将 A、a 两端点用导线连接。

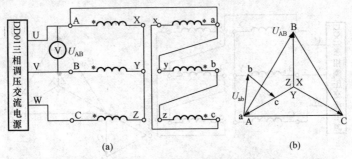

图 2-13 三相变压器 Yd11 联结组别试验接线图和相量图

（a）Yd11 联结组接线图；（b）Yd11 联结组相量图

2）选择好所有测量仪表量程。将三相交流电源调到输出电压为零的位置。经检查无误后，按下"起动"按钮，电源接通后，调节外施电压使 $U_{AB}=100V$（线电压），测取变压器

高、低压绕组 U_{AB}、U_{ab}、U_{Bb}、U_{Cc}、U_{Bc} 的电压值，记录于表 2 - 11 中。试验结束降低电压到零值，断开电源。

表 2 - 11　　　　三相变压器 Yd11 联结组别试验数据记录及计算

试验数据（V）					计算数据（V）				判断联结组别
U_{AB}	U_{ab}	U_{Bb}	U_{Cc}	U_{Bc}	$k=U_{AB}/U_{ab}$	U_{Bb}	U_{Cc}	U_{Bc}	

3）数据计算。根据图 2 - 13（b）可得

$$U_{Bb}=U_{Cc}=U_{ab}\sqrt{k^2-\sqrt{3}k+1}$$

$$U_{Bb}=U_{ab}\sqrt{k^2-\sqrt{3}k+1}$$

式中：k 为两线电压之比，$k=U_{AB}/U_{ab}$。

若由上式计算出电压 U_{Bb}、U_{Cc}、U_{Bc} 的数值与实测相同，则绕组连接正确，属于 Yd11 联结组别。

【任务五】三相变压器 Yd5 联结组别的判断

（1）试验目的。

1）通过试验掌握三相变压器的星形、三角形接法，验证三相变压器一、二次绕组的相、线电压相量关系。

2）通过试验掌握三相变压器 Yd5 联结组别的判别方法。

（2）试验电路。试验电路如图 2 - 14 所示。

（3）试验方法。

1）将 Yd11 联结组的二次侧（二次）绕组首、末端标记对调，如图 2 - 14（a）所示。三相变压器接成 Yd5，将 A、a 两端点用导线连接。

2）选择好所有测量仪表量程，将三相交流电源调到输出电压为零的位置，经检查无误后，按下"起动"按钮，电源接通后，调节外施电压使 $U_{AB}=100V$（线电压），测取变压器高、低压绕组的电压 U_{AB}、U_{ab}、U_{Bb}、U_{Cc}、U_{Bc} 的电压值，记录于表 2 - 12 中。然后降低电压到零值，断开电源。

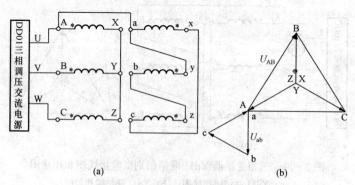

图 2 - 14　三相变压器 Yd5 联结组别试验接线图和相量图

（a）Yd5 联结组接线图；（b）Yd5 联结组相量图

表 2 - 12　　　　　　　　　　　　**三相变压器 Yd5 联结组别试验数据记录及计算**

试验数据（V）					计算数据（V）				判断联结组别
U_{AB}	U_{ab}	U_{Bb}	U_{Cc}	U_{Bc}	$k=U_{AB}/U_{ab}$	U_{Bb}	U_{Cc}	U_{Bc}	

3）数据计算。根据图 2 - 14（b）可得

$$U_{Bb}=U_{Cc}=U_{ab}\sqrt{k^2+\sqrt{3}k+1}$$

$$U_{Bb}=U_{ab}\sqrt{k^2+\sqrt{3}k+1}$$

上两式中：k 为两线电压之比，$k=U_{AB}/U_{ab}$。若由上式计算出电压 U_{Bb}、U_{Cc}、U_{Bc} 的数值与实测相同，则绕组连接正确，属于 Yd5 联结组别。

四、试验报告（见附录 A）

试验报告包含的内容：

（1）报告封面应写明试验报告名称、专业班级、姓名学号、同组成员、试验日期、试验台号。

（2）写明试验目的、试验设备，绘出试验电路，记录测量数据。

（3）进行试验数据分析（根据测定的数据与计算值比较判别绕组连接是否正确），写出心得体会（或结论 200 字以上）等。

五、考核评定（见附录 B）

考核评定应包括的内容：

（1）接线是否正确，有无团队合作精神。

（2）试验中的操作是否正确，能否排除试验中出现的故障。

（3）知识应用，回答问题是否正确，语言表达是否清楚。

（4）有无安全环保意识，是否遵守纪律。试验能否按时完成。

（5）试验报告质量，有无资料查阅、汇总分析能力。

（6）小组评价、老师评价等。

项目四　三相三绕组变压器参数测定试验

一、教学目标

（一）能力目标

（1）能进行三相三绕组变压器的空载、短路试验接线。

（2）能进行三相三绕组变压器的空载、短路试验操作。

（3）能进行三相三绕组变压器的空载、短路试验参数测量和计算。

（二）知识目标

（1）了解三相三绕组变压器铭牌各参数的含义。

（2）熟悉三相三绕组变压器等效电路中各电阻 r_m、r_{k12}、r_{k13}、r'_{k23}，电抗 x_m、x_{k12}、x_{k13}、x'_{k23} 及阻抗 Z_m、Z_{k12}、Z_{k13}、Z'_{k23} 的测定计算方法。

（3）掌握三相三绕组变压器的空载、短路试验操作方法。

（4）掌握电阻 r_m、r_1、r_2'、r_3' 和电抗 x_m、x_1、x_2'、x_3' 的计算方法。

二、仪器设备

三相三绕组变压器空载、短路试验仪器设备见表 2-13。

表 2-13　　　　　　　　三相三绕组变压器空载、短路试验仪器设备表

序号	型号	名　　称	数量
1	DD01	三相调压交流电源	1件
2	D33、D32	数/模交流电压表、数/模交流电流表	各1件
3	D34-3、D43	智能型功率表、三相可调电抗器	各1件
4	DJ12、D42	三相心式变压器、三相可调电阻器	各1件
5		1.5V 大号干电池、连接导线	若干

三相三绕组变压器参数测定试验设备排列顺序如图 2-15 所示。

图 2-15　三相三绕组变压器参数测定试验设备排列顺序（D33、D34-3、D32、DJ12、D42、D43）

三、工作任务

进行某一型号三相三绕组变压器参数的测定。

【任务一】三相三绕组变压器的空载试验

（1）试验目的。通过测定施加给三相三绕组变压器低压侧空载时的电压 U_0（线电压）、空载时的铁心损耗 P_0、空载电流 I_0（线电流）。计算出变压器的励磁参数 Z_m、r_m、x_m 及变比 k。

（2）试验电路。试验电路如图 2-16 所示。

（3）试验方法。

1）在三相调压交流电源断电的条件下，按图 2-16 所示接线，被测变压器选用 DJ12 三

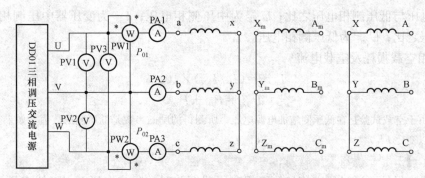

图 2-16　三相三绕组变压器的空载试验接线图

相三线圈心式变压器，额定容量 $P_N = 152/152/152 VA$，$U_N = 220/63.6/55V$，$I_N = 0.4/1.38/1.6A$。试验时低压线圈接电源，中压、高压线圈开路，三相功率测量采用两瓦特表法。将三相三绕组变压器连接成 YYy0 联结组。

2）选择好所有测量仪表量程，将三相交流电源调到输出电压为零的位置，经检查无误后，开启控制屏上钥匙开关，按下"起动"按钮，电源接通后，调节外施电压使变压器低压侧电压达 $U_0 = U_N = 55V$（线电压），测取低压线圈的线电压 U_{ab}、U_{bc}、U_{ca} 和线电流 I_{a0}、I_{b0}、I_{c0}，记录于表 2-14 中。试验结束降低电压到零值，断开电源。

表 2-14　　　　　　　　三相三绕组变压器的空载试验数据记录及处理

序号	试　验　数　据									计　算　数　据					
	U_{0L}(V) 线电压			I_{0L}(A) 线电流			空载损耗（W）			单相值			励磁参数（Ω）		
	U_{ab}	U_{bc}	U_{ca}	I_{a0}	I_{b0}	I_{c0}	P_{01}	P_{02}	总损耗 $P_{0\Sigma}$	U_0(V)	I_0(A)	P_0(W)	Z_m	r_m	x_m
1															
	中压侧线电压（V）			高压侧线电压（V）											
	U_{AmBm}	U_{BmCm}	U_{CmAm}	U_{AB}	U_{BC}	U_{CA}	空载电流百分比 $I_0\%$								
2															

3）数据计算。

a. 变压器励磁参数计算：由于 r_1、x_1 很小，故可认为 $Z_0 \approx Z_m = r_m + jx_m$，于是，可从实测数据中求得空载时的相电压 U_0、相电流 I_0、相空载损耗功率 P_0（变压器为 YYy0 联结组），即

$$U_0 = U_{ph} = \frac{U_{L0}}{\sqrt{3}}, \quad I_0 = I_{ph} = I_{L0}, \quad P_0 = P_{ph} = P_{0\Sigma}/3$$

则

$$Z_m = \frac{U_0}{I_0}, \quad r_m = \frac{P_0}{I_0^2} = \frac{P_{ph}}{I_0^2}, \quad x_m = \sqrt{Z_m^2 - r_m^2}$$

b. 求三相变压器的变比

因

$$U_{ph1} = U_{AB}/\sqrt{3}, \quad U_{ph2} = U_{AmBm}/\sqrt{3}, \quad U_{ph3} = U_{ab}/\sqrt{3}$$

则

$$k_{12} \approx \frac{U_{ph1}}{U_{ph2}}, \quad k_{13} \approx \frac{U_{ph1}}{U_{ph3}}, \quad k_{23} \approx \frac{U_{ph2}}{U_{ph3}},$$

式中：k_{12} 为变压器高压侧相电压与中压侧相电压之比；U_{ph1} 为高压侧相电压；k_{13} 为变压器

高压侧相电压与低压侧相电压之比；U_{ph2} 为中压侧相电压；k_{23} 为变压器中压侧相电压与低压侧相电压之比；U_{ph3} 为低压侧相电压。

c. 三相空载损耗及空载电流

$$I_0\% = (I_0/I_{1N}) \times 100\%$$
$$P_{0\Sigma} = P_{01} + P_{02}$$

注意：由于空载试验是在低压侧施加电源电压，所测得的励磁参数是低压侧的数值，如果需折算到高压侧，应乘以变比 k_{13}^2。

【任务二】三相三绕组变压器高、中压短路试验

（1）试验目的。通过测定施加给三相变压器短路时的阻抗电压 U_{k12}（线电压）、短路电流 I_{k12}（线电流）和短路（负载）损耗功率 P_{k12} 的值，计算出变压器的短路参数 Z_{k12}、r_{k12} 和 x_{k12} 的值。

（2）试验电路。试验电路如图 2-17 所示。

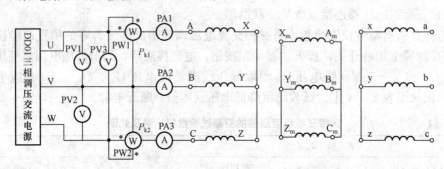

图 2-17　三相三绕组变压器高、中压绕组之间的短路试验接线路

（3）试验方法。

1）在三相调压交流电源断电的条件下，按图 2-17 所示接线，被测变压器选用 DJ12 三相三线圈心式变压器，额定容量 $P_N = 152/152/152\text{VA}$，$U_N = 220/63.6/55\text{V}$，$I_N = 0.4/1.38/1.6\text{A}$。试验时在变压器高压侧施加电压而将中压侧短路，低压绕组开路。三相功率测量采用两瓦特表法。

2）选择好所有测量仪表量程，将三相交流电源调到输出电压为零的位置，经检查接线无误后，按下"起动"按钮，接通三相交流电源，逐次缓慢增加输入电压，直到短路电流 $I_{k12} = I_N = 0.4\text{A}$ 为止，读取变压器的输入电压 U_{k12}、电流 I_{k12} 及功率 P_{k12} 的值。试验时记下周围环境温度（℃）。数据记录于表 2-15 中，试验结束降低电压到零值，断开电源。

表 2-15　　　三相三绕组变压器高、中压绕组之间的短路试验数据记录及计算　　　室温____℃

序号	试 验 数 据									计 算 数 据					
	U_{kL}（V）线电压			I_{kL}（A）线电流			短路损耗（W）			单相值			短路参数（Ω）		
	U_{AB}	U_{BC}	U_{CA}	I_{Ak}	I_{Bk}	I_{Ck}	P_{k1}	P_{k2}	P_{k12}	U_k(V)	I_k(A)	P_k(W)	Z_{k12}	r_{k12}	x_{k12}
1															
2															

3）数据计算。根据试验时测取的 U_{k12}、电流 I_{k12} 及功率 P_{k12} 的值（相值），计算出变

压器的短路参数

$$P_{k12} = P_{k1} + P_{k2}$$

$$U_k = U_{k12}/\sqrt{3}, \quad I_k = I_{k12}, \quad P_k = \frac{P_{k12}}{3}, \quad Z_{k12} = \frac{U_k}{I_k}$$

$$r_{k12} = \frac{p_k}{I_k^2}, \quad x_{k12} = \sqrt{Z_{k12}^2 - r_{k12}^2}, \quad Z_{k12} = r_{k12} + jx_{k12}$$

【任务三】三相三绕组变压器高、低压短路试验

(1) 试验目的。通过测定施加给三相变压器短路时的阻抗电压 U_{k13}（线电压）、短路电流 I_{k13}（线电流）和短路（负载）损耗功率 P_{k13} 的值，计算出变压器短路参数 Z_{k13}、r_{k13} 和 x_{k13} 的值。

(2) 试验电路。试验电路如图 2-18 所示。

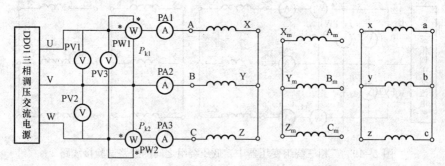

图 2-18　三相三绕组变压器高、低压绕组之间的短路试验接线路

(3) 试验方法。

1) 在三相调压交流电源断电的条件下，按图 2-18 所示接线，被测变压器选用 DJ12 三相三线圈心式变压器，额定容量 $P_N = 152/152/152VA$，$U_N = 220/63.6/55V$，$I_N = 0.4/1.38/1.6A$。试验时在变压器高压侧施加电压而将低压侧短路，中压绕组开路。三相功率测量采用两瓦特表法。

2) 选择好所有测量仪表量程，将三相交流电源调到输出电压为零的位置，经检查接线无误后，按下"起动"按钮，接通三相交流电源，逐次缓慢增加输入电压，直到短路电流 $I_{k13} = I_{1N} = 0.4A$ 为止，读取变压器的输入电压 U_{k13}、电流 I_{k13} 及功率 P_{k13} 的值。试验时记下周围环境温度（℃）。数据记录于表 2-16 中，试验结束降低电压到零值，断开电源。

表 2-16　　　　三相三绕组变压器高、低压绕组之间的短路试验数据记录及计算　　　　室温＿＿＿℃

序号	试 验 数 据									计 算 数 据					
	U_{kL} (V) 线电压			I_{kL} (A) 线电流			短路损耗 (W)			单相值			短路参数 (Ω)		
	U_{AB}	U_{BC}	U_{CA}	I_{Ak}	I_{Bk}	I_{Ck}	P_{k1}	P_{k2}	P_{k13}	U_k (V)	I_k (A)	P_k (W)	Z_{k13}	r_{k13}	x_{k13}
1															
2															

3) 数据计算。根据试验时测取的 U_{k13}、电流 I_{k13} 及功率 P_{k13} 的值，计算出变压器的短

路参数

$$P_{k13}=P_{k1}+P_{k2}$$

$$U_k=U_{k13}/\sqrt{3}\ ,\qquad I_k=I_{k13}\ ,\qquad P_k=\frac{P_{k13}}{3}\ ,\qquad Z_{k13}=\frac{U_k}{I_k}$$

$$r_{k13}=\frac{P_k}{I_k^2}\ ,\qquad x_{k13}=\sqrt{Z_{k13}^2-r_{k13}^2}\ ,\qquad Z_{k13}=r_{k13}+jx_{k13}$$

【任务四】三相三绕组变压器中、低压短路试验

(1) 试验目的。通过测定施加给三相变压器短路时的阻抗电压 U_{k13}（线电压）、短路电流 I_{k13}（线电流）和短路（负载）损耗功率 P_{k23} 的值，计算出变压器短路参数 Z_{k23}'、r_{k23}' 和 x_{k23}' 的值。

(2) 试验电路。试验电路如图 2-19 所示。

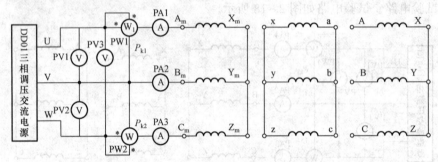

图 2-19　三相三绕组变压器中、低压绕组之间的短路试验接线路

(3) 试验方法。

1) 在三相调压交流电源断电的条件下，按图 2-19 所示接线，被测变压器选用 DJ12 三相三线圈心式变压器，额定容量 $P_N=152/152/152VA$，$U_N=220/63.6/55V$，$I_N=0.4/1.38/1.6A$。试验时在变压器中压侧施加电压而将低压侧短路，高压绕组开路。三相功率测量采用两瓦特表法。

2) 选择好所有测量仪表量程，将三相交流电源调到输出电压为零的位置，经检查接线无误后，按下"起动"按钮，接通三相交流电源，逐次缓慢增加输入电压，直到短路电流等于 $I_{k23}=I_{2N}=1.38A$ 为止，读取此时变压器的输入电压 U_{k23}、电流 I_{k23} 及功率 P_{k23} 的值。试验时记下周围环境温度（℃）。数据记录于表 2-17 中，试验结束降低电压到零值，断开电源。

表 2-17　　　　三相三绕组变压器中、低压绕组之间的短路试验数据记录及计算　　　　室温＿＿℃

序号	试　验　数　据									计　算　数　据					
	U_{kL} (V) 线电压			I_{kL} (A) 线电流			短路损耗 (W)			单相值			短路参数 (Ω)		
	U_{AB}	U_{BC}	U_{CA}	I_{Ak}	I_{Bk}	I_{Ck}	P_{k1}	P_{k2}	P_{k12}	U_k (V)	I_k (A)	P_k (W)	Z_{k23}'	r_{k23}'	x_{k23}'
1															
2															

3) 数据计算。

a. 根据试验时测取的 U_{k23}、电流 I_{k23} 及功率 P_{k23} 的值（相值），计算出变压器的短路

参数

$$P_{k23} = P_{k1} + P_{k2}$$

$$U_k = U_{k23}/\sqrt{3}, \quad I_k = I_{k23}, \quad P_k = \frac{P_{k23}}{3}, \quad Z_{k23} = \frac{U_k}{I_k},$$

$$r_{k23} = \frac{P_k}{I_{k2}}, \quad x_{k23} = \sqrt{Z_{k23}^2 - r_{k23}^2}, \quad Z_{k23} = r_{k23} + jx_{k23}$$

b. 折算到高压侧的 Z'_{k23}、r'_{k23} 和 X'_{k23} 为

$$Z'_{k23} = k_{12}^2 Z_{k23}, \quad r'_{k23} = k_{12}^2 r_{k23}, \quad x'_{k23} = k_{12}^2 x_{k23}, \quad Z'_{k23} = r'_{k23} + jx'_{k23}$$

4）三相三绕组变压器的等效电路。由上述任务二、任务三、任务四计算得到的 $Z_{k12} = r_{k12} + jx_{k12}$，$Z_{k13} = r_{k13} + jx_{k13}$ 及 $Z'_{k23} = r'_{k23} + jx'_{k23}$，联立方程求解得到 r_1、r'_2、r'_3 及电抗 x_1、x'_2、x'_3。

由此可得到三相三绕组变压器的等效电路如图 2-20 所示。

$$r_1 = (r_{k12} + r_{k13} - r'_{k23})/2, \quad r'_2 = (r_{k12} + r'_{k23} - r_{k13})/2, \quad r'_3 = (r_{k13} + r'_{k23} - r_{k12})/2$$

$$x_1 = (x_{k12} + x_{k13} - x'_{23})/2, \quad x'_2 = (x_{k12} + x'_{k23} - x_{k13})/2, \quad x'_3 = (x_{k13} + x'_{k23} - x_{k12})/2$$

等效电抗 x_1、x'_2、x'_3 的大小与各绕组在铁心上的排列位置有关。一般位于中间的绕组等效电抗值可能接近于零，甚至为微小的负值。出现负值的原因是等效电抗有不同的电抗组合，既有自感又有互感，而互感是有负值的。

由于短路电阻随温度变化，因此，计算出的短路电阻应按国家标准换算到基准工作温度75℃时的阻值。

三相三绕组变压器等效电路如图 2-20 所示。

四、试验报告（见附录 A）

试验报告包含的内容：

（1）报告封面应写明试验报告名称、专业班级、姓名学号、同组成员、试验日期、试验台号。

（2）写明试验目的、试验设备，绘出试验电路，记录测量数据。

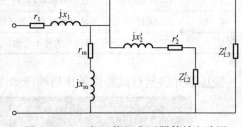

图 2-20　三相三绕组变压器等效电路图

（3）计算三相三绕组变压器的等效电阻 r_1、r'_2、r'_3 和等效电抗 x_1、x'_2、x'_3，励磁电阻 r_m，励磁电抗 x_m，作出三相三绕组变压器的等效电路图。

（4）进行试验数据分析，写出心得体会（或结论 200 字以上）等。

五、考核评定（见附录 B）

考核评定应包括的内容：

（1）三相三绕组变压器空载、短路试验接线是否正确，有无团队合作精神。

（2）试验中的操作是否正确，能否排除试验中出现的故障。

（3）知识应用，回答问题是否正确，语言表达是否清楚。

（4）有无安全环保意识，是否遵守纪律。试验能否按时完成。

（5）试验报告质量，有无资料查阅、汇总分析能力。

（6）小组评价、老师评价等。

项目五　变压器并联运行试验

一、教学目标

（一）能力目标

（1）能进行变压器并联运行条件的判断。

（2）能进行变压器并联运行试验的操作。

（二）知识目标

（1）了解变压器并联运行条件不满足时产生的后果。

（2）熟悉变压器并联运行的条件。

（3）掌握变压器并联运行条件是否满足的判断方法。

（4）掌握变压器并联运行应满足的三个条件和并联运行操作技能。

二、仪器设备

变压器并联试验仪器设备见表 2 - 18。

表 2 - 18　　　　　　　　变压器并联试验仪器设备表

序号	型号	名　称	数量
1	DD01	三相调压交流电源	1件
2	D33、D32	数/模交流电压表、数/模交流电流表	各1件
3	DJ11、DJ12	三相组式变压器、三相心式变压器	各1件
4	D41、D43	三相可调电阻器、三相可调电抗器	各1件
5	D51	波形测试及开关板	1件
6		1.5V大号干电池，连接导线	若干

变压器并联运行试验设备排列顺序如图 2 - 21 所示。

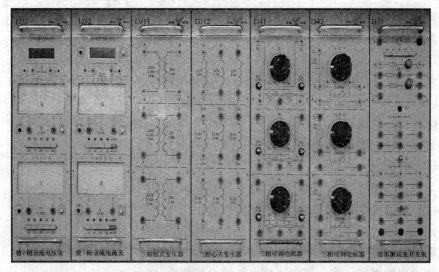

图 2 - 21　变压器并联运行试验设备排列顺序（D33、D32、DJ11、DJ12、D41、D43、D51）

三、工作任务

进行某一型号变压器的并联运行。

【任务一】单相变压器的并联运行

（1）试验目的。

1）通过试验掌握单相变压器高低压绕组及同名端的判断方法。

2）通过试验掌握单相变压器并联投入运行的方法。

3）通过试验掌握变压器并联运行时短路电压对负载分配的影响。

（2）试验电路。试验电路如图 2 - 22 所示。

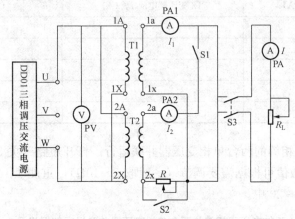

图 2 - 22　单相变压器并联运行接线图

（3）试验方法。

1）进行单相变压器高低压绕组及同名端判断（直流法）。被测变压器选用三相组式变压器 DJ11 中的一只作为单相变压器，其额定容量 $P_N = 77VA$，$U_{1N}/U_{2N} = 220/55V$，$I_{1N}/I_{2N} = 0.35/1.4A$，按图 2 - 7 所示接线。操作步骤参考项目二中"任务一：单相变压器高、低压绕组及同名端"判断相关内容。

2）将两台单相变压器空载投入并联运行。被测变压器选用三相组式变压器 DJ11 中任意两组，按图 2 - 22 接线，变压器的高压绕组并联接入电源，低压绕组经开关 S1 并联后，再由开关 S3 接负载电阻 R_L。由于负载电流较大，R_L 可采用串并联接法（选用 D41 的 90Ω 与 90Ω 并联再与 180Ω 串联，共 225Ω 阻值）的变阻器。为了可人为地改变变压器 2 的阻抗电压，在其二次侧串入电阻 R（选用 D41 的 90Ω 与 90Ω 并联共 45Ω）。

3）投入运行时检查变压器的变比和极性（交流法）。

第一步：打开开关 S1、S3，合上开关 S2。

第二步：按下起动按钮，调节控制屏左侧调压旋钮使变压器输入电压至额定值，测出两台变压器二次侧电压 U_{1a1x} 和 U_{2a2x}，若 $U_{1a1x} = U_{2a2x}$，则两台变压器的变比相等，即 $k_1 = k_2$。

第三步：测出两台变压器二次侧（二次）的 1a 与 2a 端点之间的电压 U_{1a2a}，若 $U_{1a2a} = U_{1a1x} - U_{2a2x}$，则首端 1a 与 2a 为同极性端，反之为异极性端（也可用项目二中的任务一进行判断）。

4）投入并联运行。经检查两台变压器变比相等、极性相同后，合上开关 S1（S2 开关在闭合状态），即投入并联。若 $k_1 \neq k_2$，将产生环流。

5）将阻抗电压相等的两台单相变压器并联运行。

a. 变压器并联投入后，合上负载开关 S3。

b. 保持一次侧额定电压不变，逐次增加负载电流（即减小负载 R_L 的阻值。先调节 90Ω 与 90Ω 串联电阻，当减小至零时用导线短接，然后再调节并联电阻部分），直至其中一台变压器的输出电流达到额定电流为止。

c. 测取 I、I_1、I_2 的值，共取 4～5 组数据记录于表 2-19 中。

表 2-19　　　　　　　　　　单相变压器并联运行试验数据记录

T1 变压器电流 I_1（A）	T2 变压器电流 I_2（A）	负载电流 I（A）

6）将阻抗电压不相等的两台单相变压器并联运行。打开短路开关 S2，变压器 2 的二次侧串入电阻 R，R 的数值可根据需要调节（一般取 5～10Ω），重测 I、I_1、I_2 的值，共取 4～5 组数据记录于表 2-20 中。

表 2-20　　　　　　阻抗电压不相等的两台单相变压器并联运行数据记录

T1 变压器电流 I_1（A）	T2 变压器电流 I_2（A）	负载电流 I（A）

【任务二】三相变压器的并联运行

（1）试验目的。

1）通过试验掌握三相变压器同名端及三相绕组首尾端的判断方法。

2）通过试验掌握三相变压器并联投入运行的方法。

3）通过试验掌握三相变压器并联运行时短路电压对负载分配的影响。

（2）试验电路。试验电路如图 2-23 所示。

（3）试验方法。

1）判断三相变压器首尾端（直流法）。操作步骤参考项目二中"任务二：三相绕组首尾端判断"的相关内容。

2）将两台三相变压器空载投入并联运行。

a. 被测变压器选用 DJ12 三相三绕组心式变压器中的三相绕组，额定容量 P_N＝152/152/152VA，U_N＝220/63.6/55V，I_N＝0.4/1.38/1.6A。

b. 变压器选用两台 DJ12 三相心式变压器高中压绕组（低压绕组不用）。按图 2-23 所示

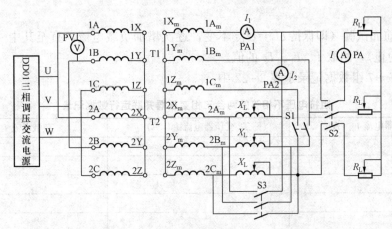

图 2-23　　　三相变压器并联运行接线图

接线，三相变压器接成 Yy 接法，将两台变压器的高压绕组并联接电源，中压绕组经开关 S1 并联后，再由开关 S2 接负载电阻 R_L。R_L 选用 D41 上 180Ω 阻值，共 3 组。为了可人为地改变变压器 2 的阻抗电压，在变压器 2 的二次侧串入电抗 X_L（或电阻 R）。X_L 选用挂箱 D43，注意选用 R_L 和 X_L（或 R）的允许电流应大于试验时实际流过的电流。

c. 检查变比和联结组。

第一步：打开 S1、S2，合上 S3。

第二步：接通电源，调节变压器输入电压至额定电压。

第三步：测出变压器二次侧电压，若电压相等，则变比相同，测出二次侧对应的两端点间的电压，若电压均为零，则连接组相同。

d. 投入并联运行。在满足变比相等和连接组相同的条件后，合上开关 S1，即投入并联运行。

3) 将阻抗电压相等的两台三相变压器投入并联运行。

a. 两台变压器投入并联后，合上负载开关 S2。

b. 保持 $U_1 = U_{1N}$ 不变，逐次增加负载电流，直至其中一台输出电流达到额定值为止。

c. 测取 I、I_1、I_2 的值，共取 6～7 组数据记录于表 2-21 中。

表 2-21　　　　　　　阻抗电压相等的两台三相变压器投入并联运行数据记录

T1 变压器电流 I_1（A）	T2 变压器电流 I_2（A）	负载电流 I（A）

4) 阻抗电压不相等的两台三相变压器并联运行。

a. 打开短路开关 S3，在变压器 2 的二次侧串入电抗 X_L（或电阻 R），X_L 的数值可根据需要调节。

b. 重复前面试验（即保持 $U_1=U_{1N}$ 不变，逐次增加负载电流，直至其中一台输出电流达到额定值为止），测取 I、I_1、I_2 的值。

c. 共取 6～7 组数据记录于表 2-22 中。

表 2-22　　　　　阻抗电压不相等的两台三相变压器并联运行数据记录

T1 变压器电流 I_1（A）	T2 变压器电流 I_2（A）	负载电流 I（A）

四、试验报告（见附录 A）

试验报告包含的内容：

（1）报告封面应写明试验报告名称、专业班级、姓名学号、同组成员、试验日期、试验台号。

（2）写明试验目的、试验设备，绘出试验电路，记录测量数据。变压器并联的三个条件。

（3）根据阻抗电压相等的两台三相变压器并联运行试验数据作出负载分配曲线 $I_1=f(I)$ 及 $I_2=f(I)$。

（4）根据阻抗电压不相等的两台三相变压器并联运行试验数据作出负载分配曲线 $I_1=f(I)$ 及 $I_2=f(I)$。

（5）分析试验中阻抗电压对负载分配的影响，写出心得体会（或结论 200 字以上）。

五、考核评定（见附录 B）

考核评定应包括的内容：

（1）接线是否正确，有无团队合作精神。

（2）变压器的并联试验方法和操作是否正确，能否排除试验中出现的故障。

（3）知识应用，回答问题是否正确，语言表达是否清楚。

（4）有无安全环保意识，是否遵守纪律。试验能否按时完成。

（5）试验报告质量，有无资料查阅、汇总分析能力。

（6）小组评价、老师评价等。

第三章　异步电动机试验

项目一　三相笼型异步电动机工作特性试验

一、教学目标

（一）能力目标

（1）能进行三相笼型异步电动机的空载、短路和负载试验接线。

（2）能进行三相笼型异步电动机的空载、短路（堵转）和负载试验操作。

（3）能进行三相笼型异步电动机等效电路各参数的计算。

（二）知识目标

（1）了解三相笼型异步电动机的工作特性及其含义。

（2）熟悉三相笼型异步电动机等效电路中各参数的物理含义。

（3）掌握三相笼型异步电动机的工作特性及其测定方法。

（4）掌握三相笼型异步电动机等效电路中各参数的计算。

二、仪器设备

三相笼型异步电动机工作特性试验仪器设备见表3-1。

表3-1　　　　　三相笼型异步电动机工作特性试验仪器设备表

序号	型号	名　称	数量
1	DD01、DD03	三相调压交流电源；导轨、测速发电机及转速表	各1件
2	DJ23、DJ16	校正过的直流电动机；三相笼型异步电动机	各1件
3	D33、D32	数/模交流电压表；数/模交流电流表	各1件
4	D34-3	智能型功率表	1件
5	D31	直流数字电压表、毫安表、安培表	1件
6	D42、D51	三相可调电阻器；波形测试及开关板	各1件

三相笼型异步电动机工作特性试验设备排列顺序如图3-1所示。

三、工作任务

进行某一型号三相笼型异步电动机的工作特性测试（如DJ16三相异步电动机）。

【任务一】三相笼型异步电动机的空载试验

（1）试验目的。通过测定空载时三相异步电动机的空载电压U_0、空载时铁心损耗P_0、空载电流I_0，计算出三相异步电动机的励磁参数Z_m、r_m及x_m；绘出异步电动机的空载特性曲线。

（2）试验电路。试验电路如图3-2所示。

（3）试验方法。

1）按图3-2接线，在三相电源断电的条件下，被测电动机选用DJ16三相笼型异步电动机，D接法，$P_N=100W$，$U_N=220V$，$I_N=0.5A$，$n_N=1420r/min$，功率表采用三相两表接法，经检查接线无误后，将DD01三相交流电源调至电压最小位置。

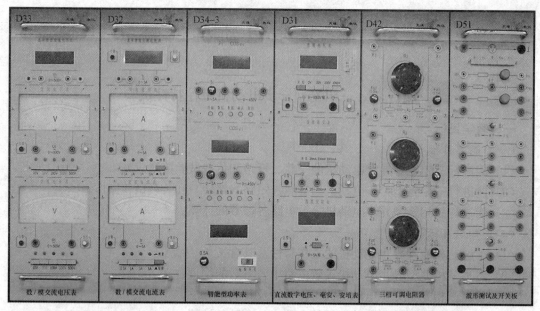

图 3-1 三相笼型异步电动机工作特性试验设备排列顺序（D33、D32、D34-3、D31、D42、D51）

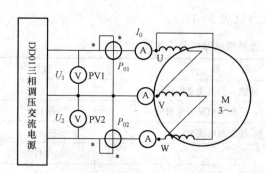

图 3-2 三相笼型异步电动机空载、短路试验接线图

2）按下起动按钮，接通交流电源，逐渐升高电压，使电动机起动旋转，然后用调压器缓慢将电源电压调至电动机额定电压 $U_0=1.1\sim1.3U_N$，在升高电压的过程中，逐次读取 U_0（U_1）、I_0、P_0 和转速 n 的值。共读取 6~9 组数据记录于表 3-2 中，然后降压，切断电源。

3）在测量读取数据时，要注意读取 $0.8U_N$、U_N、$1.1U_N$、$1.2U_N$、$1.3U_N$ 的电压值。

表 3-2 三相笼型异步电动机空载试验数据记录及计算

名称 序号	试 验 数 据					计 算 数 据			
	$U_{0L}(V)$	$I_{0L}(A)$	$P_{01}(W)$	$P_{02}(W)$	$P_0(W)$	$Z_m(\Omega)$	$r_m(\Omega)$	$x_m(\Omega)$	$\cos\varphi_0$
1									
2									
3									
4									
5									
6									
7									
8									
9									

【任务二】三相笼型异步电动机的短路试验

（1）试验目的。通过测量电动机短路（堵转）时的电流 I_k 和短路（堵转）损耗 P_k、短路（堵转）时的电压 U_k，计算出 Z_k、r_k 和 x_k 的值，并绘出异步电动机的短路特性曲线。

（2）试验电路。试验电路如图 3 - 2 所示。

（3）试验方法。

1）按图 3 - 2 接线，在三相电源断电的条件下，被测电动机选用 DJ16 三相笼型异步电动机，D 接法，$P_N=100W$，$U_N=220V$，$I_N=0.5A$，$n_N=1420r/min$，功率表采用三相两表接法，将 DD01 调压器退至零。

2）经检查接线无误后，用制动工具将 DJ16 三相笼型异步电动机堵住（制动工具可用 DD05 上的圆盘固定在电动机轴上，螺杆装在圆盘上）不转。

3）按下起动按钮，接通交流电源。用调压器缓慢调节外施电压，使短路电流由 $1.2I_N$ 逐渐减小到 $0.3I_N$，测出电动机的相电压 U_k、相电流 I_k 及三相输入功率 P_k。共读取 5～6 组数据记录于表 3 - 3 中，然后降压至零，切断电源。

表 3 - 3　　　　　　　　三相笼型异步电动机短路试验数据记录及计算

名称 序号	试 验 数 据					计 算 数 据			
	$U_{kL}(V)$	$I_{kL}(A)$	$P_1(W)$	$P_2(W)$	$P_k(W)$	$Z_k(\Omega)$	$r_k(\Omega)$	$x_k(\Omega)$	$\cos\varphi_k$
1									
2									
3									
4									
5									
6									

【任务三】三相笼型异步电动机的负载试验

（1）试验目的。通过测量三相异步电动机的负载电流、负载电压、负载功率损耗，计算出三相异步电动机负载时的功率因数并绘出 n、$\cos\varphi$、I_{1L}（定子绕组线电流）随 P 的变化曲线。

（2）试验电路。试验电路如图 3 - 3 所示。

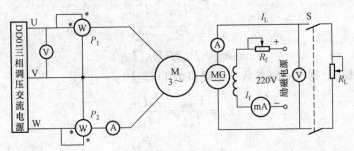

图 3 - 3　三相笼型异步电动机负载试验接线图

（3）试验方法。

1）按图 3 - 3 接线。同轴联接负载电动机。图中 R_f 用 D42 上 1800Ω 的可调电阻，R_L 用 D42 上 1800Ω 可调电阻加上 900Ω 并联 900Ω 共 2250Ω 可调电阻。

2）按下起动按钮，接通交流电源，调节调压器使之逐渐升压至额定电压并保持不变。

3）合上校正过的直流电动机励磁电源，调节励磁电流至校正值（100mA）并保持不变。

4）合上开关 S，调节负载电阻 R_L（注意：先调节 1800Ω 电阻，调至零值后用导线短接再调节 450Ω 电阻），使异步电动机的定子电流逐渐上升，直至电流上升到 1.25 倍额定电流。

5）从上述负载开始，逐渐减小负载直至空载（断开开关 S），在此范围内读取异步电动机的定子电流、输入功率、转速、校正直流测功机的负载电流 I_L 等数据。

6）共读取数据 8～9 组记录于表 3-4 中。

表 3-4　　　　　　三相笼型异步电动机短路试验数据记录及计算

$$[U_1 = U_{1N} = 220\text{V}(\text{D 接法}),\ I_f = 100\text{mA}]$$

名称 序号	试　验　数　据					计算数据
	I_{1L}(A)	P_1	P_2	P(W)	I_L(A)	$\cos\varphi$
1						
2						
3						
4						
5						
6						
7						
8						
9						

（4）数据计算。

1）由空载试验数据求异步电动机的励磁回路参数（电动机为 D 接法）。

励磁阻抗
$$Z_m = \frac{U_{0ph}}{I_{0ph}} = \frac{\sqrt{3}U_{0L}}{I_{0L}}$$

励磁电阻
$$r_m = \frac{P_0}{3I_{0ph}^2} = \frac{P_0}{I_{0L}^2}$$

励磁电抗
$$x_m = \sqrt{Z_m^2 - r_m^2}$$

功率因数
$$\cos\varphi_0 = P_{0ph}/(U_{0ph}I_{0ph})$$

2）由短路试验数据求短路参数（电动机为 D 接法）。

短路阻抗
$$Z_k = \frac{U_{kph}}{I_{kph}} = \frac{\sqrt{3}U_{kL}}{I_{kL}}$$

短路电阻
$$r_k = \frac{P_k}{3I_{kph}^2} = \frac{P_k}{I_{kL}^2}$$

短路电抗
$$x_k = \sqrt{Z_k^2 - r_k^2}$$

功率因数
$$\cos\varphi_k = P_{kph}/U_{kph}I_{kph}$$

上式中：P_{0ph}、P_{kph}、U_{0ph}、U_{kph}、I_{0ph}、I_{kph} 分别为空载和短路时的单相功率、相电压、相电流。

四、试验报告（见附录 A）

试验报告包含的内容：

（1）报告封面应写明试验报告名称、专业班级、姓名学号、同组成员、试验日期，试验台号。

（2）写明试验目的、试验设备，绘出试验电路，记录测量数据。

（3）进行试验数据分析，写出心得体会（或结论 200 字以上）等。

（4）绘出空载特性曲线 I_{0L}、P_0、$\cos\varphi_0 = f(U_{0L})$；绘出短路特性曲线 I_{kL}、$P_k = f(U_{kL})$，$I_1 = f(P)$。

五、考核评定（见附录 B）

考核评定应包括的内容：

（1）三相笼型异步电动机空载、短路和负载试验接线是否正确，有无团队协作精神。

（2）三相笼型异步电动机空载、短路和负载试验中的操作是否正确，能否排除空载、短路试验中出现的故障。

（3）知识应用，回答问题是否正确，语言表达是否清楚。

（4）有无安全环保意识，是否遵守纪律。试验能否按时完成。

（5）试验报告质量，有无资料查阅、汇总分析能力。

（6）小组评价、老师评价等。

项目二　三相异步电动机起动与调速试验

一、教学目标

（一）能力目标

（1）能进行三相异步电动机起动与调速试验接线。

（2）能进行三相异步电动机起动与调速试验操作。

（3）能根据试验数据分析、归纳结论。

（二）知识目标

（1）了解异步电动机的起动性能指标，了解异步电动机的起动方法及特点。

（2）掌握异步电动机降压起动的原理及调速方法。

（3）掌握异步电动机的起动与调速试验操作方法。

二、仪器设备

三相异步电动机起动与调速试验仪器设备见表 3 - 5。

表 3 - 5　　　　　　　　　三相异步电动机起动与调速试验仪器设备表

序　号	型　号	名　称	数　量
1	DD01、DD03	三相调压交流电源；导轨、测速发电机及转速表	各 1 件
2	DJ16、DJ17	三相笼型异步电动机；三相绕线型异步电动机	各 1 件
3	DJ23、D31	校正直流测功机；直流数字电压表、毫安表、安培表	各 1 件
4	D32、D33	数/模交流电流表；数/模交流电压表	各 1 件
5	D43	三相可调电抗器（可选）	1 件
6	D51、DJ17 - 1	波形测试及开关板；起动与调速电阻箱	各 1 件

三相异步电动机起动与调速试验设备排列顺序如图3-4所示。

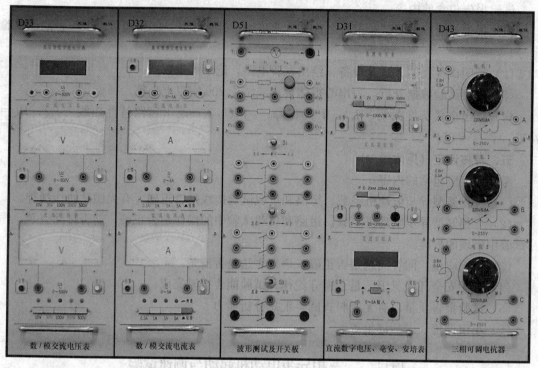

图3-4　三相异步电动机起动与调速试验设备排列顺序（D33、D32、D51、D31、D43）

三、工作任务

进行某一型号三相异步电动机的起动与调速试验（如DJ16、Y802三相异步电动机）。

【任务一】三相笼型异步电动机直接起动试验

（1）试验目的。通过异步电动机的直接起动试验，计算起动电流与额定电流的大小与倍数〔一般达到$I_{st}=(4\sim7)I_N$〕，加深理解异步电动机起动电流大的原因。

（2）试验电路。试验电路如图3-5（a）所示。

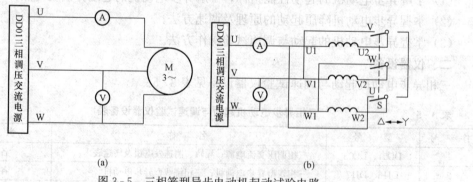

(a)　　　　　　　　　　　　　　　　　　(b)

图3-5　三相笼型异步电动机起动试验电路

(a) 三相异步电动机直接起动电路；(b) 星形—三角形换接降压起动电路

（3）试验方法。

1）按图3-5（a）所示接线，在三相电源断电的条件下，被测电动机选用DJ16三相笼型异步电动机，其额定数据为 $P_N = 100W$，$U_N = 220V$，$I_N = 0.5A$，$n_N = 1420r/min$，D 接法。经检查接线无误后，将 DD01 三相交流电源调至电压最小位置。

2）按下起动按钮，接通交流电源，逐渐升高电压，使电动机起动旋转，然后用调压器缓慢将电源电压调节到 DJ16 三相异步电动机的额定电压（$U_N = 220V$）。

3）按下"停止"按钮，断开三相交流电源，待电动机停止旋转后，再次按下"起动"按钮，接通三相交流电源，使 DJ16 三相异步电动机全压起动（220V），读取三相电动机起动瞬间的最大电流值 $I_{st\triangle}$ 及稳定时的电流值 $I_\triangle$。由于异步电动机的起动电流具有不确定性，因此，最少连接起动三次，测取起动电流的平均值，将数据记录于表 3-6 中，然后降压，切断电源。计算 $I_{st\triangle}/I_\triangle$ 的比值。

📢【任务二】三相异步电动机"星形—三角形Y-△"换接降压起动

（1）试验目的。通过进行三相异步电动机的星形—三角形换接起动试验，掌握 Y-△换接起动时星形连接起动电流与三角形连接起动电流的大小关系（即 $I_{stY} = I_{st\triangle}/3$），通过试验加深理解降压起动不仅降低了异步电动机的起动电流，同时也降低了电动机的起动转矩。

（2）试验电路。试验电路如图 3-5（b）所示。

（3）试验方法。

1）按图 3-5（b）所示接线，电源调压器退到零位。被测电动机选用 DJ16 三相笼型异步电动机。

2）将三刀双掷开关合向右边（Y 接法）。合上电源开关，逐渐调节调压器升压至电动机额定电压 220V，使电动机旋转，然后断开电源开关，待电动机停转后，合上电源开关，观察并记录起动瞬间电流 I_{stY}，至少连续测量三次，取平均值，记录于表 3-6 中。

3）把 S 合向左边，使电动机 D 连接起动，观察并记录起动瞬间电流 $I_{st\triangle}$。连续测量三次，取平均值。数据记录于表 3-6 中，然后降压，切断电源。

4）比较并计算 Y 连接与 D 连接起动电流的比值 $I_{stY}/I_{st\triangle}$。

5）注意事项。

a. 由于异步电动机的起动电流具有不确定性，只能在起动瞬间读取（电动机起动瞬间出现）。因此，最少连接起动三次，测取起动电流的平均值。

b. 连续起动异步电动机会造成电动机过热损坏。为防止异步电动机过热，每次起动电动机应间隔一定的时间（10~30s）。

📢【任务三】三相异步电动机接自耦变压器降压起动

（1）试验目的。通过用自耦变压器对异步电动机进行降压起动，达到降低异步电动机起动电流的目的。通过试验加深理解降压起动不仅降低了起动电流，同时也降低了起动转矩。

（2）试验电路。试验电路如图 3-6所示。

（3）试验方法。

1）按图 3-6 接线，使用 DD01 控制屏上的调压器，在三相电源断电的条件

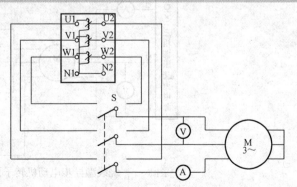

图 3-6 自耦变压器起动原理接线图

下，电动机选用 DJ16 三相笼型异步电动机，三角形连接（也可用铭牌为星形联结的三相电动机进行试验）。

2）将控制屏左侧调压旋钮逆时针旋转到底，使输出电压为零，开关 S 合向右边。

3）按下"起动"按钮，接通交流电源，缓慢旋转控制屏左侧的调压旋钮，使三相调压器输出电压分别达到额定电压的 40％（88V）、60％（132V）、80％（176V）进行起动，读取每次起动瞬间电流值，至少起动三次，数据记录于表 3-6 中。

4）试验结束，降压、切断电源。

表 3-6　　　　　　　　　三相笼型异步电动机起动试验数据记录及计算

序号	名称		最大瞬时电流 I_{st}（A）				稳定电流值（A）			
1	直接起动 $U=220V$（D 接法）		1	2	3	平均值	1	2	3	平均值
2	Y-D 换接起动 （D 电动机）		电动机 Y 连接降压起动电流 I_{stmax}				电动机 D 连接起动电流 I_{stmax}			
			1	2	3	平均值	1	2	3	平均值
3	自耦变降压起动	88V （40％U_N）								
		132V （60％U_N）								
		176V （80％U_N）								

【任务四】绕线型异步电动机转子回路串入可变电阻器起动

（1）试验目的。通过在绕线型异步电动机转子回路中串入电阻器，测取电动机的起动电流，掌握绕线型异步电动机转子回路串电阻的起动方法。从而加深理解绕线型异步电动机转子回路串入适当的电阻后，既可以降低起动电流，又可以提高转子回路的功率因数、增大电动机的起动转矩，达到改善异步电动机起动性能的目的。

（2）试验电路。试验电路如图 3-7 所示。

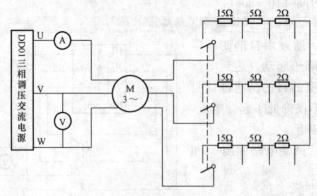

图 3-7　绕线型异步电动机转子回路串电阻起动接线图

(3) 试验方法。绕线型异步电动机转子绕组一般接成星形,可通过外部设备接入电阻。

1) 按图 3-7 所示接线。电动机选用 DJ17 线绕型三相异步电动机。转子每相串入的电阻使用 DJ17-1 起动与调速电阻箱,电阻值为 0、2、5、15Ω。电源调压器退到零位。

2) 接通交流电源,调节输出电压(观察电动机转向应符合要求),在定子电压为 220V,转子绕组回路串入 15Ω 电阻时,测取定子起动电流 I_{st}。将数据记入表 3-7 中。

3) 当转子绕组串入 0、2、5Ω 电阻时,测取定子起动电流,若转子开路(串入无穷大电阻,$I_2=0$),电动机将停转。将数据记入表 3-7 中。试验时通电时间不应超过 10s 以免绕组过热。试验结束,降压,切断电源。

【任务五】绕线型异步电动机转子回路串入可变电阻器调速

(1) 试验目的。通过试验掌握绕线型异步电动机转子回路串入可变电阻器的调速方法。

(2) 试验电路。试验电路如图 3-7 所示。

(3) 试验方法。

1) 按图 3-7 接线,合上电源开关,电动机空载起动,保持调压器的输出电压为电动机额定电压 220V,转子附加电阻调至零,测量电动机的转速。

2) 合上电源开关,改变转子附加电阻(每相附加电阻分别为 0、2、5、15Ω),测量相应的转速记录于表 3-7 中。试验结束,降压,切断电源。

表 3-7   绕线型异步电动机起动及调速试验数据记录及计算

序号	名称	最大瞬时电流 I_{st}(A)					稳定电流值(A)			
		电阻(Ω)	1	2	3	平均值	1	2	3	平均值
1	绕线型电动机串电阻起动(电动机 Y 接法)试验	0								
		2								
		5								
		15								
		∞								
2	绕线型电动机的调速试验	电阻(Ω)	0		2		5		15	∞(开路)
		转速(r/min)								

(4) 异步电动机反转。进行异步电动机试验时,若想改变异步电动机的转向,只需任意改变接电动机的三相电源中的任意两相电源,即可改变异步电动机的旋转方向。如在图 3-7 中将接异步电动机的 U、V、W 三根相线中的任意两根导线交换连接(如接成 V、U、W 或 U、W、V),电动机即反转运行。

四、试验报告(见附录 A)

试验报告包含的内容:

(1) 报告封面应写明试验报告名称、专业班级、姓名学号、同组成员、试验日期、试验台号。

(2) 写明试验目的、试验设备,绘出试验电路,记录测量数据。

(3) 进行试验数据分析,写出心得体会(或结论 200 字以上)等。

(4) 比较异步电动机不同起动方法的优缺点。说明绕线型异步电动机转子绕组串入电阻对起动电流和电动机转速的影响。

五、考核评定（见附录 B）

考核评定应包括的内容：

（1）三相异步电动机的起动与调速试验接线是否正确，有无团队协作精神。

（2）三相异步电动机的起动与调速试验操作是否正确，能否排除试验中出现的故障。

（3）知识应用，回答问题是否正确，语言表达是否清楚。

（4）有无安全环保意识，是否遵守纪律。试验能否按时完成。

（5）试验报告质量，有无资料查阅、汇总分析能力。

（6）小组评价、老师评价等。

项目三　单相电容运转异步电动机试验

一、教学目标

（一）能力目标

（1）能进行单相电容运转异步电动机的试验接线。

（2）能进行单相电容运转异步电动机的试验操作和数据测定。

（3）能根据试验数据计算单相电动机的技术指标和参数。

（二）知识目标

（1）了解单相电容运转异步电动机的技术指标和参数。

（2）熟悉用试验方法测定单相电容运转异步电动机的技术指标和参数。

（3）掌握单相电容运转异步电动机的工作特性。

二、仪器设备

单相电容运转异步电动机试验仪器设备见表 3-8。

表 3-8　　　　　　　　　单相电容运转异步电动机试验仪器设备表

序号	型号	名　　　称	数量
1	DD01、DD03	三相调压交流电源；导轨、测速发电机及转速表	各1件
2	DJ23、DJ20	校正过的直流电动机；单相电容运转异步电动机	各1件
3	D32、D33	数/模交流电流表；数/模交流电压表	各1件
4	D34-3	智能型功率表	1件
5	D31	直流数字电压表、毫安表、安培表	1件
6	D42、D44	三相可调电阻器；可调电阻器、电容器	各1件
7	D51	波形测试及开关板	1件

单相电容运转异步电动机试验设备排列顺序如图 3-8 所示。

三、工作任务

进行某一型号单相电容运转异步电动机试验（如 DJ20 单相电容运转异步电动机）。

【任务一】测量单相异步电动机定子主、副绕组的冷态电阻

（1）试验目的。用伏安法测定单相电容运转异步电动机定子主、副绕组的冷态电阻。

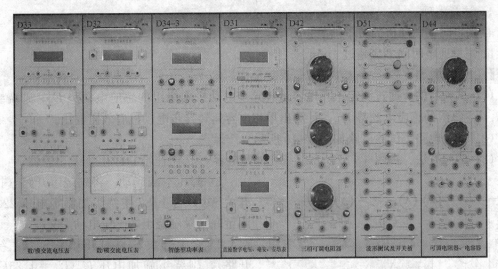

图 3-8 单相电容运转异步电动机试验设备排列顺序（D33、D32、D34-3、D31、D42、D51、D44）

（2）试验电路。试验电路如图 3-9 所示。

（3）试验方法。测量定子绕组的冷态电阻主要用伏安法或电桥法。

1）伏安法测量线路如图 3-9 所示。把电枢电源输出电压调到 50V（直流电源用主控屏上的电枢电源）。开关 S1、S2 选用 D51 挂箱组件，电阻 R 选用 D42 挂箱上 1800Ω 可调电阻。

2）量程选择。直流电流表量程选择 200mA 挡，直流电压表量程选择 20V 挡。

原因：测量时通过的测量电流应小于额定电流 20%，约小于 60mA，直流电流表的量程可选用 200mA 挡。三相笼型异步电动机定子一相绕组的电阻大约为 50Ω，当流过的电流为 60mA 时绕组两端的电压约为 3V，所以直流电压表量程选用 20V 挡。

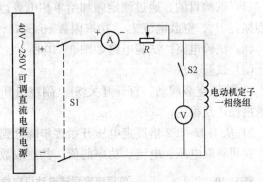

图 3-9 测量定子绕组的实际冷态电阻试验接线图

3）按图 3-9 接线。把电阻 R 调至最大电阻值，合上开关 S1，调节直流电源及 R 阻值使试验电流不超过电动机额定电流的 20%（防止试验电流过大而引起绕组温度上升），读取电流表的电流值，再接通开关 S2 读取电压表的电压值，数据记录于表 3-9 中。数据读取完毕，打开开关 S2，再打开开关 S1。试验结束，降压、切断电源。

表 3-9   测量单相异步电动机冷态电阻试验数据记录及计算   室温____℃

	主绕组（工作绕组）			副绕组（起动绕组）		
I(mA)						
U(V)						
R(Ω)						
R 平均值（Ω）						

4）注意事项。

a. 测量时，电动机的转子须静止不动。

b. 测量通电时间不应超过 1min。

【任务二】单相电容运转电动机有效匝数比的测定

（1）试验目的。通过测定单相电容运转异步电动机副绕组的感应电动势 E_a、副绕组电压 U_a，主绕组的感应电动势 E_m，计算出单相电容运转异步电动机有效匝数比。

（2）试验电路。试验电路如图 3-10 所示。

（3）试验方法。按图 3-10 所示接线，外配电容 C 选用挂箱 D44 上 $4\mu F$ 电容器。

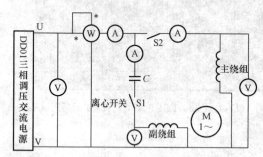

1）降压空载起动。将副绕组开路（打开开关 S1），合上 S2 主绕组加额定电压 220V，测量并记录副绕组的感应电动势 E_a。

2）合上开关 S1，打开开关 S2（主绕组开路），副绕组施加电压 U_a（$U_a = 1.25 E_a$），测量并记录主绕组的感应电动势 E_m 的大小。

3）计算主、副绕组有效匝数比 k。

图 3-10 单相电容运转异步电动机接线图

$$k = \sqrt{\frac{U_a E_a}{E_m \times 220}}$$

【任务三】单相电容运转电动机空载试验

（1）试验目的。通过测定施加给单相电容运转异步电动机空载时的电压 U_0、空载时的铁心损耗 P_0、空载电流 I_0、功率因数 $\cos\varphi_0$，计算出单相异步电动机的励磁参数。

（2）试验电路。试验电路如图 3-10 所示。

（3）试验方法。

1）降压空载起动，打开开关 S1（副绕组开路），主绕组加额定电压空载运转 15min 使机械损耗达到稳定。

2）从 1.1～1.2 倍额定电压开始逐步降低到最低电压值（当功率和电流出现回升时）为止，其间测取电压、电流、功率的值。共测取数据 7～9 组记录于表 3-10 中。

表 3-10　　　　　　　单相电容运转电动机空载试验数据记录及计算

序号	1	2	3	4	5	6	7	8	9
$U_0(\text{V})$									
$I_0(\text{A})$									
$P_0(\text{W})$									
$\cos\varphi_0$									

【任务四】单相电容运转电动机短路及负载试验

（1）试验目的。通过测定施加给单相电容运转异步电动机短路时的阻抗电压、短路电流和短路（负载）损耗功率，计算出单相电容运转异步电动机的短路参数，并由负载试验计算出单相电容运转电动机的工作特性曲线：P_1、I_1、η、$\cos\varphi$、$S = f(P_2)$。

（2）试验电路。试验电路如图 3-10 所示。

（3）试验方法。在短路试验时可升高电压到 $0.95 \sim 1.05 U_N$，再逐次降压至短路电流接近额定电流为止。其间测取 U_k、I_k、T_k 等数据 5～7 组。将短路试验、负载试验测量数据记录于表 3-11、表 3-12 中。试验结束，降压、切断电源。

表 3-11　　　　　　单相电容运转电动机短路及负载试验数据记录及计算

序号	1	2	3	4	5	6
U_k(V)						
I_k(A)						
P_k						
F(N)						
T_k(N·m)						

表 3-12　　　　　　单相电容运转电动机短路及负载试验数据记录及计算

$(U_N = 220\text{V}, \ I_f = \underline{\quad} \text{ mA})$

序号	1	2	3	4	5	6	7	8	9
$I_{主}$(A)									
$I_{副}$(A)									
$I_{总}$(A)									
P_1(W)									
I_F(A)									
n (r/min)									
T_2(N·m)									
P_2(W)									
η(%)									
$\cos\varphi$									
S(%)									

（4）数据计算。计算基准工作温度时的相电阻值。

由试验直接测取的每相电阻为冷态电阻值（冷态温度为室温），再换算到基准工作温度时的定子绕组每相电阻值（基准工作温度，对于 E 级绝缘为 75℃）

$$r_{175°} = r_{1C} \frac{235 + 75}{235 + \theta_C}$$

式中：$r_{175°}$ 为换算到基准工作温度时定子绕组的相电阻（Ω）；r_{1C} 为定子绕组的实际冷态相电阻（Ω）；θ_C 为实际冷态时定子绕组的温度（℃）。

四、试验报告（见附录 A）

试验报告包含的内容：

（1）报告封面应写明试验报告名称、专业班级、姓名学号、同组成员、试验日期、试验台号。

（2）写明试验目的、试验设备、绘出试验电路，记录测量数据。

（3）进行试验数据分析，写出心得体会（或结论 200 字以上）等。

（4）由负载试验计算出电动机工作特性：P_1、I_1、η、$\cos\varphi$、$S=f(P_2)$。

五、考核评定（见附录 B）

考核评定应包括的内容：

（1）单相电容运转异步电动机试验接线是否正确，有无团队协作精神。

（2）单相电容运转异步电动机试验中的操作是否正确，能否排除试验中出现的故障。

（3）知识应用，回答问题是否正确，语言表达是否清楚。

（4）有无安全环保意识，是否遵守纪律。试验能否按时完成。

（5）试验报告质量，有无资料查阅、汇总分析能力。

（6）小组评价、老师评价等。

项目四　三相异步电动机各种运行状态下的机械特性试验

一、教学目标

（一）能力目标

（1）能进行三相异步电动机在不同运行状态下的机械特性试验接线。

（2）能进行三相异步电动机在不同运行状态下的机械特性试验操作。

（3）能根据试验数据作出三相异步电动机的机械特性曲线。

（二）知识目标

（1）了解三相绕线型异步电动机在各种运行状态下机械特性的概念。

（2）掌握三相异步电动机的机械特性测试原理及方法。

（3）掌握三相异步电动机能耗制动时的机械特性测定方法。

二、仪器设备

三相异步电动机各种运行状态下的机械特性试验仪器设备见表 3 - 13。

表 3 - 13　　　　三相异步电动机各种运行状态下的机械特性试验仪器设备表

序号	型号	名　称	数量
1	DD01、DD03	三相调压交流电源；导轨、测速发电机及转速表	各1件
2	DJ23、DJ17	校正直流测功机；三相绕线型异步电动机	各1件
3	D31、D32	直流数字电压表、毫安表、安培表；数/模交流电流表	各1件
4	D33、D34 - 3	数/模交流电压表；智能型功率表	各1件
5	D41、D42	三相可调电阻器；三相可调电阻器	各1件
6	D44、D51	可调电阻器、电容器；波形测试及开关板	各1件

三相异步电动机各种运行状态下的机械特性试验设备排列顺序如图 3 - 11 所示。

三、工作任务

进行某一型号三相异步电动机各种运行状态下的机械特性试验（如 DJ17 三相绕线型异步电动机）。

【任务一】绕线型异步电动机与直流测功机的空载损耗试验

（1）试验目的。通过试验掌握电动机空载损耗的测定方法。

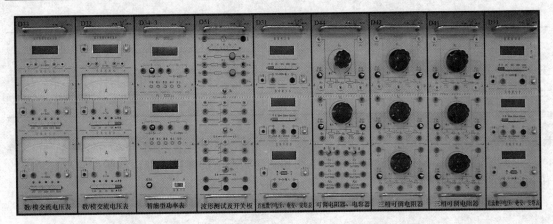

图 3-11　三相异步电动机各种运行状态下的机械特性试验设备排列顺序

（D33、D32、D34-3、D51、D31、D44、D42、D41、D31）

（2）试验电路。试验电路如图 3-12 所示。

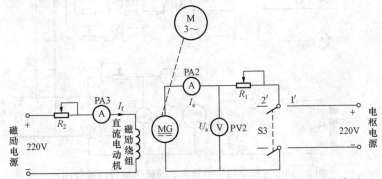

图 3-12　绕线型异步电动机与直流测功机的空载损耗试验接线图

（3）试验方法。

1）按图 3-12 接线，电动机选用 DJ17 三相绕线型异步电动机，$U_N=220V$，Y 接法。MG 用 DJ23 的校正直流测功机。S3 选用 D51 挂箱上对应的开关。R_1 选用 D44 的 180Ω 阻值加上 D42 上 4 只 900Ω 串联再加两只 900Ω 并联共 4230Ω 阻值，R_2 选用 D44 上 1800Ω 电阻器。直流电流表 PA2 的量程为 5A，PA3 量程为 200mA，PV2 的量程为 1000V。

2）打开"励磁电源"，调节 R_2 阻值，使 PA3 表 $I_f=100mA$，检查 R_1 阻值在最大位置时打开"电枢电源"，使电动机 MG 起动运转，减小 R_1 阻值及调高"电枢电源"输出电压，使电动机转速约为 1700r/min，逐次增大 R_1 阻值或减小"电枢电源"输出电压，使电动机转速下降直至 $n=100r/min$，测取电动机 MG 的 U_{a0}、I_{a0} 及 n 值，将数据记录于表 3-14 中。

表 3-14　　绕线型异步电动机与直流测功机空载损耗试验数据记录及计算（$I_f=100mA$）

$n(r/min)$	1700	1600	1500	1400	1300	1200	1100	1000	900
$U_{a0}(V)$									
$I_{a0}(A)$									
计算 $P_{a0}(W)$									

续表

n(r/min)	800	700	600	500	400	300	200	100	0
U_{a0}(V)									
I_{a0}(A)									
计算 P_{a0}(W)									

【任务二】异步电动机电动状态及再生发电制动状态机械特性的测定（$R_{st}=0\Omega$）

（1）试验目的。通过测定电动机的电动和制动状态下的参数，作出绕线型异步电动机的机械特性曲线（$R_{st}=0\Omega$）。

（2）试验电路。试验电路如图 3-13 所示。

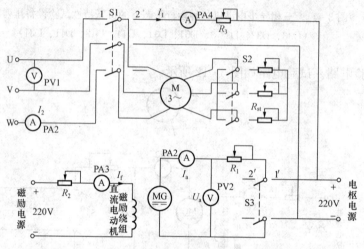

图 3-13　三相绕线转子异步电动机机械特性接线图

（3）试验方法。

1）用伏安法测定直流电动机 MG 电枢电阻 $R_a=$ ＿＿ Ω。

2）按图 3-13 接线，S1、S2、S3 选用 D51 挂箱上的对应开关，并将 S1 合向左边 1 端，S2 合在左边短接端（即绕线型电动机转子短路），S3 合在 2′位置。R_{st} 选用挂箱 D41 上三组 45Ω 可调电阻（每组为 90Ω 与 90Ω 并联），并用万用表调定在 36Ω 阻值，R_3 暂不接。直流电流表 PA2、PA4 的量程为 5A，交流电压表 PV1 的量程为 300V，电流表 PA1 量程为 3A。转速表置正向 1800r/min 量程。

3）确定 S1 合在左边 1 端，S2 合在左边短接端，S3 合在 2′位置，M 的定子绕组接成星形的情况下。把 R_1、R_2 阻值置最大位置，将控制屏左侧三相调压器旋钮向逆时针方向旋到底，即把输出电压调到零。

4）检查控制屏下方"直流电动机电源"的"励磁电源"开关及"电枢电源"开关是否在断开位置。接通三相调压"电源总开关"，按下"起动"按钮，旋转调压器旋钮使三相交流电压慢慢升高，观察电动机转向是否符合要求。若符合要求则升高到 $U=110$V，并在以后试验中保持不变。接通"励磁电源"，调节 R_2 阻值，使校正直流测功机的励磁电流为校正值 100mA 并保持不变。

5）接通控制屏右下方的"电枢电源"开关，在开关 S3 的 2′端测量校正直流测功机的输出电压的极性，先使其极性与 S3 开关 1′端的电枢电源相反。在 R_1 阻值为最大的条件下将 S3 合向 1′位置。

6）调节"电枢电源"输出电压或 R_1 阻值，使电动机 M 的转速下降，直至 n 为零。把转速表置反向位置，并把 R_1（挂箱 D42 上四个 900Ω 串联电阻）调至零后用导线短接，继续减小 R_1 阻值或调高电枢电压使电动机反向运转。直至 $n = -1300\text{r/min}$ 为止。然后增大电阻 R_1 或者减小校正直流测功机的电枢电压使电动机从反转运行状态进入堵转然后进入电动运行状态，在该范围内测取电动机 MG 的 U_a、I_a、n 及电动机 M 的交流电流表 PA1 的 I_1 值，将数据记录于表 3-15 中。

当电动机接近空载而转速不能调高时，将 S3 合向 2′位置，调换 MG 电枢极性（在开关 S3 的两端换）使其与"电枢电源"同极性。调节"电枢电源"电压值使其与 MG 电压值接近相等，将 S3 合至 1′端。减小 R_1 阻值直至短路位置（注意：挂箱 D42 上 6 只 900Ω 阻值调至短路后应用导线短接）。升高"电枢电源"电压或增大 R_2 阻值（减小电动机 MG 的励磁电流）使电动机 M 的转速超过同步转速 n_0 而进入回馈制动状态，在 $1700\text{r/min} \sim n_0$ 范围内测取电动机 MG 的 U_a、I_a、n 及电动机 M 的定子电流 I_1 值。将数据记录于表 3-15 对应的表格中。

7）停机。先将 S3 合至 2′端，关断"电枢电源"再关断"励磁电源"，将调压器调至零位，按下"停止"按钮。

表 3-15　　　　　　　　　　　电动机机械特性的测定数据记录及计算
（$R_{st} = 0\Omega$）（$U = 110\text{V}$，$R_{st} = 0\Omega$，$I_f = \underline{\quad}$ mA）

n(r/min)	1800	1700	1600	1500	1400	1300	1200	1100	1000	900	800
U_a(V)											
I_a(A)											
I_1(A)											
计算 T(N·m)											
n(r/min)	700	600	500	400	300	200	100	0	−100	−200	−300
U_a(V)											
I_a(A)											
I_1(A)											
计算 T(N·m)											
n(r/min)	−400	−500	−600	−700	−800	−900	−1000	−1100	−1200	−1300	−1400
U_a(V)											
I_a(A)											
I_1(A)											
计算 T(N·m)											

【任务三】异步电动机电动状态及再生发电制动状态机械特性的测定（$R_{st} = 36\Omega$）

（1）试验目的。通过测定电动机电动和制动状态下的参数，作出绕线型异步电动机的机械特性曲线（$R_{st} = 36\Omega$）。

(2) 试验电路。试验电路如图 3 - 13 所示。

(3) 试验方法。将开关 S2 合向右端，绕线型异步电动机转子每相串入 36Ω 电阻。重复上述任务二中的试验方法（3）。测量数据记录于表 3 - 16 中。

表 3 - 16　　　　电动机机械特性的测定数据记录及计算

$(R_{st}=36\Omega)$　$(U=110V,\ R_{st}=36\Omega,\ I_f=$____ mA$)$

n (r/min)	1800	1700	1600	1500	1400	1300	1200	1100	1000	900	800
U_a(V)											
I_a(A)											
I_1(A)											
计算 T(N·m)											
n(r/min)	700	600	500	400	300	200	100	0	−100	−200	−300
U_a(V)											
I_a(A)											
I_1(A)											
计算 T(N·m)											
n(r/min)	−400	−500	−600	−700	−800	−900	−1000	−1100	−1200	−1300	−1400
U_a(V)											
I_a(A)											
I_1(A)											
计算 T(N·m)											

【任务四】电动机能耗制动状态下机械特性的测定

(1) 试验目的。通过试验，利用 M - MG 机组，选 $R_{st}=36\Omega$ 测出定子绕组加直流励磁电流 $I_1=0.36A$ 及 $I_2=0.6A$ 时直流电动机的电压 U_a 和电流 I_a，计算输出转矩，作出能耗制动状态下的机械特性曲线。

(2) 试验电路。试验电路如图 3 - 13 所示。

(3) 试验方法。

1）确认在"停机"状态下，把开关 S1 合向右边 2 端，S2 合向右端（R_{st} 仍保持 36Ω 不变），S3 合向左边 2′端，R_1 用挂箱 D44 上 180Ω 阻值并调至最大，R_2 用 D42 上 1800Ω 阻值并调至最大，R_3 用 D42 上 900Ω 与 900Ω 并联再加上 900Ω 与 900Ω 并联共 900Ω 阻值并调至最大。

2）开启"励磁电源"，调节 R_2 阻值，使 PA3 表 $I_f=100mA$，开启"电枢电源"，调节电枢电源的输出电压 $U=220V$，再调节 R_3 使电动机 M 的定子绕组流过 $I=0.6I_N=0.36A$ 并保持不变。

3）在 R_1 阻值为最大的条件下，把开关 S3 合向右边 1′端，减小 R_1 阻值，使电动机 MG 起动运转后转速约为 1600r/min，增大 R_1 阻值或减小电枢电源电压（但要保持 PA4 表的电流 I 不变）使电动机转速下降，直至转速 n 约为 50r/min，其间测取电动机 MG 的 U_a、I_a 及 n 值，共取 10～11 组数据记录于表 3 - 17 中。

表 3-17　　　　　　能耗制动状态下机械特性的测定数据记录及计算

($R_{st}=36\Omega$, $I=0.36A$, $I_f=$＿＿ mA)

n(r/min)	1700	1600	1500	1400	1300	1200	1100	1000	900
U_a(V)									
I_a(A)									
计算 T(N·m)									
n(r/min)	800	700	600	500	400	300	200	100	0
U_a(V)									
I_a(A)									
计算 T(N·m)									

4）停机（先将 S3 合至 2′端，关断"电枢电源"再关断"励磁电源"，将调压器调至零位，按下"停止"按钮）。

5）调节 R_3 阻值，使电动机 M 的定子绕组流过的励磁电流 $I=I_N=0.6A$。重复上述操作步骤，测取电动机 MG 的 U_a、I_a 及 n 值，共取 10～11 组数据记录于表 3-18 中。

表 3-18　　　　　　能耗制动状态下机械特性的测定数据记录及计算

($R_{st}=36\Omega$, $I=0.6A$, $I_f=$＿＿ mA)

n(r/min)	1700	1600	1500	1400	1300	1200	1100	1000	900
U_a(V)									
I_a(A)									
计算 T(N·m)									
n(r/min)	800	700	600	500	400	300	200	100	0
U_a(V)									
I_a(A)									
计算 T(N·m)									

（4）数据计算。

根据试验数据绘制各种运行状态下的机械特性。计算公式为

$$T=\frac{9.55}{n}[P_0-(U_aI_a-I_a^2R_a)]$$

式中：T 为试验异步电动机 M 的输出转矩（N·m）；U_a 为测功机 MG 的电枢端电压（V）；I_a 为测功机 MG 的电枢电流（A）；R_a 为测功机 MG 的电枢电阻（Ω），可由试验室提供；P_0 为对应某转速 n 时的空载损耗（W）。

注：上式计算的 T 值为电动机在 $U=110V$ 时的 T 值，实际转矩应折算为额定电压时的异步电动机转矩。

四、试验报告（见附录 A）

试验报告包含的内容：

（1）报告封面应写明试验报告名称、专业班级、姓名学号、同组成员、试验日期、试验台号。

（2）写出试验目的、试验设备，绘出试验电路，记录测量数据。

（3）进行试验数据分析，写出心得体会（或结论 200 字以上）等。

（4）绘制电动机 M－MG 机组的空载损耗曲线 $P_0 = f(n)$。

五、考核评定（见附录 B）

考核评定应包括的内容：

（1）三相异步电动机在各种运行状态下的机械特性试验接线是否正确，有无团队协作精神。

（2）三相异步电动机在各种运行状态下的机械特性试验中的操作是否正确，能否排除试验中出现的故障。

（3）知识应用，回答问题是否正确，语言表达是否清楚。

（4）有无安全环保意识，是否遵守纪律。试验能否按时完成。

（5）试验报告质量，有无资料查阅、汇总分析能力。

（6）小组评价、老师评价等。

项目五　三相异步电动机 *T-S* 曲线测绘试验

一、教学目标

（一）能力目标

（1）能进行三相异步电动机 *T-S* 曲线测绘试验接线。

（2）能进行三相异步电动机 *T-S* 曲线测绘试验操作。

（3）能绘制三相异步电动机的 *T-S* 曲线。

（二）知识目标

（1）理解三相异步电动机 *T-S* 曲线的测绘原理和测绘方法。

（2）掌握三相笼型、绕线型异步电动机 *T-S* 曲线的试验接线及操作方法。

二、仪器设备

三相异步电动机 *T-S* 曲线的测绘试验仪器设备见表 3 - 19。

表 3 - 19　　　　　　　　　三相异步电动机 *T-S* 曲线的测绘试验仪器设备表

序号	型号	名　　称	数量
1	DD01、DD03	三相调压交流电源；导轨、测速发电机及转速表	各 1 件
2	DJ23、DJ16	校正直流测功机；三相笼型异步电动机	各 1 件
3	DJ17、D31	三相绕线型异步电动机；直流数字电压表、毫安表、安培表	各 1 件
4	D32、D33	数/模交流电流表；数/模交流电压表	各 1 件
5	D34 - 3、D42	智能功率表；三相可调电阻器	各 1 件
6	D44、D51	可调电阻器、电容器；波形测试及开关板	各 1 件

电动机 *T-S* 曲线测绘设备排列顺序如图 3 - 14 所示。

三、工作任务

进行某一型号三相异步电动机 *T-S* 曲线的测绘试验（如 DJ16 三相笼型异步电动机、DJ17 三相绕线型异步电动机）。

图 3-14 电动机 T-S 曲线测绘设备排列顺序（D33、D32、D34-3、D51、D31、D44、D42）

【任务一】三相笼型异步电动机与校正直流测功机空载损耗的测定

（1）试验目的。通过试验掌握测定电动机空载损耗 P_{a0} 的方法。

（2）试验电路。试验电路如图 3-15 所示。

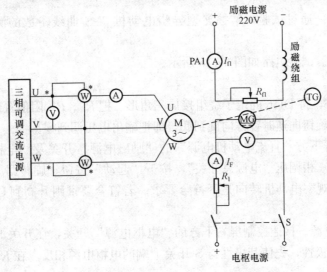

图 3-15 三相笼型异步电动机 T-S 测绘接线图

（3）试验方法。

1）用伏安法测定直流电动机 MG 电枢电阻 $R_a = $ ____ Ω。

2）按图 3-15 接线，图中 M 用编号为 DJ16 的三相笼型异步电动机，额定电压为 220V，D 接法。MG 用编号为 DJ23 的校正直流测功机。S 选用挂箱 D51 上的对应开关，并将 S 断开。R_1 选用挂箱 D44 上 180Ω 电阻加上 D42 上 4 只 900Ω 串联再加两只 900Ω 并联共 4230Ω 电阻值，R_{f1} 选用挂箱 D44 上 1800Ω 电阻。

3）三相笼型异步电动机与校正直流测功机同轴连接。将 R_{f1} 调至最小位置，R_1 调至最大位置。先开启励磁电源，然后接通电枢电源，使电动机 MG 起动运转。调高电枢电源输出电压至 220V 及调节 R_{f1} 的阻值，使电动机转速为 1500r/min，逐次减小电枢电源输出电压或增大 R_1 阻值，使电动机转速下降直至 $n=0$r/min，在其间测量电动机每间隔 100r/minMG 的 U_{a0}、I_{a0} 及 n 值，共取 16 组数据记录于表 3-20 中。

表 3-20   笼型异步电动机与校正直流测功机空载损耗测定数据记录及计算

序号	1	2	3	4	5	6	7	8
n(r/min)	1500	1400	1300	1200	1100	1000	900	800
U_{a0}(V)								
I_{a0}(A)								
计算 P_0(W)								
序号	9	10	11	12	13	14	15	16
n(r/min)	700	600	500	400	300	200	100	0
U_{a0}(V)								
I_{a0}(A)								
计算 P_0(W)								

【任务二】三相笼型异步电动机 T-S 曲线的测绘

（1）试验目的。通过试验，掌握笼型异步电动机 T-S 曲线参数的测定及绘制曲线的方法。

（2）试验电路。试验电路如图 3-15 所示。

（3）试验方法。

1）断开开关 S，将 DJ16 的定子绕组接成三角形。把 R_1、R_{f1} 阻值置最大位置，将控制屏左侧三相调压器旋钮向逆时针方向旋到底，即把输出电压调到零。

2）检查控制屏下方"直流电动机电源"的"励磁电源"开关及"电枢电源"开关是否在断开位置。接通三相调压"电源总开关"，按下"起动"按钮，旋转调压器旋钮使三相交流电压慢慢升高，观察电动机转向是否符合要求。若符合要求则升高到 $U=127$V，并在以后试验中保持不变。

3）接通励磁电源。接通控制屏右下方的"电枢电源"开关，在开关 S 的下端测量电动机 MG 输出电压的极性，先使其极性与 S 开关 1′端的电枢电源相反。在 R_1 阻值为最大的条件下将 S 闭合。

4）调节"电枢电源"输出电压或 R_1 阻值，使电动机从接近堵转到接近空载状态。当电动机接近空载而转速不能调高时，将 S 断开，调换 MG 电枢极性（在开关 S 的两端换）使其与"电枢电源"同极性。调节"电枢电源"电压值使其与 MG 电压值接近相等，将 S 闭合。保持 M 端三相交流电压 $U=127$V，减小 R_1 阻值直至短路位置（注意：D42 上 6 只 900Ω 阻值调至短路后用导线短接）。升高"电枢电源"电压使电动机 M 的转速达同步转速

n_0，在 0～1500r/min 范围内测取电动机 MG 的 U_a、I_a、n 等值，共取 16 组数据记录于表 3-21 中。

表 3-21　　　　三相笼型异步电动机 T-S 曲线的测绘数据记录及计算　(U＝127V)

序号	1	2	3	4	5	6	7	8
n(r/min)	0	100	200	300	400	500	600	700
S								
U_a(V)								
I_a(A)								
T(N·M)								
序号	9	10	11	12	13	14	15	16
n(r/min)	800	900	1000	1100	1200	1300	1400	1500
S								
U_a(V)								
I_a(A)								
T(N·M)								

【任务三】三相绕线型异步电动机与直流测功机空载损耗的测定

(1) 试验目的。通过试验，掌握绕线型异步电动机与校正直流测功机空载损耗 P_{a0} 的测定方法。

(2) 试验电路。试验电路如图 3-16 所示。

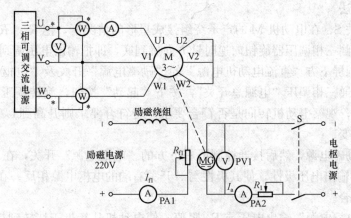

图 3-16　三相绕线转子异步电动机转矩特性的接线图

(3) 试验方法。

1) 按图 3-16 接线，M 选用 DJ17 三相绕线型异步电动机，额定电压 220V，Y 接法。MG 选用 DJ23 校正直流测功机。绕线型电动机转子短路，开关 S 选用 D51 挂箱上的对应开关。R_1 选用 D44 上的 180Ω 阻值加上 D42 上 4 只 900Ω 串联再加两只 900Ω 并联共 4230Ω 阻值，R_{f1} 选用 D44 上的 1800Ω 阻值。

2) 三相绕线型异步电动机与校正直流测功机导轨同轴连接。将电阻 R_{f1} 调至最大位置。

开启"励磁电源",检查 R_1 阻值在最大位置时开启"电枢电源",使电动机 MG 起动运转,调高"电枢电源"输出电压及减小 R_1 阻值,使电动机转速为 1500r/min,逐次减小"电枢电源"输出电压或增大 R_1 阻值,使电动机转速下降直至 $n=0$ r/min,在其间测量电动机每间隔 100r/minMG 的 U_{a0}、I_{a0} 及 n 值,共取 16 组数据记录于表 3 - 22 中。

表 3 - 22　　　　　三相绕线型异步电动机与直流测功机空载损耗测定数据记录及计算

序号	1	2	3	4	5	6	7	8
n(r/min)	1500	1400	1300	1200	1100	1000	900	800
U_{a0}(V)								
I_{a0}(A)								
计算 P_0(W)								
序号	9	10	11	12	13	14	15	16
n(r/min)	700	600	500	400	300	200	100	0
U_{a0}(V)								
I_{a0}(A)								
计算 P_0(W)								

【任务四】测绘笼型异步电动机的 T-S 曲线

(1) 试验目的。通过试验,利用 M-MG 机组,测定直流电动机的电压 U_a 和电流 I_a,计算电动机的输出转矩 T,作出绕线型异步电动机的 T-S 曲线。

(2) 试验电路。试验电路如图 3 - 16 所示。

(3) 试验方法。

1) 断开开关 S,在电动机 M 的定子绕组接成星形的情况下,把 R_1、R_{f1} 阻值置最大位置,将控制屏左侧三相调压器旋钮向逆时针方向旋到底,即把输出电压调到零。

2) 检查控制屏下方"直流电动机电源"的"励磁电源"开关及"电枢电源"开关是否在断开位置。接通三相调压"电源总开关",按下"起动"按钮,旋转调压器旋钮使三相交流电压慢慢升高,观察电动机转向是否符合要求。若符合要求则升高到 $U=127$V,并在以后试验中保持不变。

3) 先接通励磁电源,然后接通控制屏右下方的"电枢电源"开关,在开关 S 的左端测量电动机 MG 的输出电压极性,使其极性与 S 开关右端的电枢电源相反。在 R_1 阻值为最大的条件下将 S 闭合。

4) 调节"电枢电源"输出电压或 R_1 阻值,使电动机从接近于堵转到接近于空载状态。当电动机接近空载而转速不能调高时,将 S 合向左端位置,调换 MG 电枢极性(在开关 S 的两端换)使其与"电枢电源"同极性。调节"电枢电源"电压值使其与 MG 电压值接近相等,将 S 闭合。保持 M 端三相交流电压 $U=127$V,减小 R_1 阻值直至短路位置(注意:挂箱 D42 上 6 只 900Ω 阻调至短路后应用导线短接)。升高"电枢电源"电压使电动机 M 的转速达同步转速 n_0,在 0~1500r/min 范围内测取电动机 MG 的 U_a、I_a、n 等值,共读取16 组数据记录于表 3 - 23 中。

表 3 - 23　　　　测绘笼型异步电动机的 *T-S* 曲线数据记录及计算　($U=127V$, $R_{st}=0\Omega$)

序号	1	2	3	4	5	6	7	8
n(r/min)	0	100	200	300	400	500	600	700
S								
U_a (V)								
I_a (A)								
计算 T(N·M)								

序号	9	10	11	12	13	14	15	16
n(r/min)	800	900	1000	1100	1200	1300	1400	1500
S								
U_a(V)								
I_a(A)								
计算 T(N·M)								

（4）数据计算。

根据试验数据绘制笼型异步电动机与绕线型异步电动机的 *T-S* 曲线。

转矩 *T* 的计算公式

$$T = \frac{9.55}{n_0(1-S)}[P_0 - (U_a I_a - I_a^2 R_a)] \times 3$$

式中：*T* 为试验异步电动机 M 的输出转矩（N·m）；U_a 为测功机 MG 的电枢端电压（V）；I_a 为测功机 MG 的电枢电流（A）；R_a 为测功机 MG 的电枢电阻（Ω）；P_0 为对应某转速 *n* 时的空载损耗（W）。

注：上式计算的 M 值为电动机在 $U=220V$ 时，由 $U=127V$ 时的转矩值折算。

四、试验报告（见附录 A）

试验报告包含的内容：

（1）报告封面应写明试验报告名称、专业班级、姓名学号、同组成员、试验日期、试验台号。

（2）写出试验目的、试验设备，绘出试验电路，记录测量数据。

（3）进行试验数据分析，写出心得体会（或结论 200 字以上）等。

（4）绘制电动机机组的空载损耗曲线 $P_0 = f(n)$。

五、考核评定（见附录 B）

考核评定应包括的内容：

（1）三相异步电动机 *T-S* 曲线的测绘试验接线是否正确，有无团队协作精神。

（2）三相异步电动机 *T-S* 曲线的测绘试验中的操作是否正确，能否排除试验中出现的故障。

（3）知识应用，回答问题是否正确，语言表达是否清楚。

（4）有无安全环保意识，是否遵守纪律。试验能否按时完成。

（5）试验报告质量，有无资料查阅、汇总分析能力。

（6）小组评价、老师评价等。

第四章 同步电机试验

项目一 三相同步发电机空载短路及负载特性试验

一、教学目标

（一）能力目标

（1）能进行同步发电机的空载、短路特性试验接线。

（2）能进行同步发电机的空载、短路特性试验操作。

（3）能进行三相同步发电机的负载特性试验并绘出负载特性曲线。

（二）知识目标

（1）了解同步发电机空载、短路试验的目的和试验方法。

（2）熟悉同步发电机空载、短路试验的操作步骤及注意事项。

（3）掌握三相同步发电机空载、短路和负载特性曲线的绘制。

二、仪器设备

三相同步发电机空载、短路及负载特性试验设备见表 4-1。

表 4-1 　　　　　三相同步发电机空载、短路及负载特性试验设备表

序号	型号	名　　称	数量
1	DD03	导轨、测速发电机及转速表	1件
2	DJ23、DJ18	校正直流测功机；三相凸极式同步发电机	各1件
3	D32、D33	数/模交流电流表；数/模交流电压表	各1件
4	D31	直流数字电压表、毫安表、安培表	1件
5	D41、D44	三相可调电阻器；可调电阻器、电容器	各1件
6	D52、D43	旋转灯、并网开关、励磁电源；三相可调电抗器	各1件

电机空载、短路及负载特性试验设备排列顺序如图 4-1 所示。

三、工作任务

进行某一型号三相同步发电机的空载、短路及负载特性试验（如 DJ18 三相同步电机）。

📢 **【任务一】三相同步发电机空载试验**

（1）试验目的。通过测定三相同步发电机空载时的电压 U_0、励磁电流 I_f，绘出同步发电机的空载特性曲线 $U_0 = f(I_f)$。

（2）试验电路。试验电路如图 4-2 所示。

（3）试验方法。

1）在图 4-2 中，原动机（MG）选用校正直流测功机 DJ23，按他励方式连接，用来拖动三相同步发电机 GS 旋转，其额定功率 $P_N = 355\text{W}$，额定电压 $U_N = 220\text{V}$（Y 接法），额定电流 $I_N = 2.2\text{A}$，额定转速 $n_N = 1500\text{r/min}$，额定励磁电压 $U_{fN} = 220\text{V}$，额定励磁电流 $I_{fN} \leqslant 0.16\text{A}$。发电机（GS）选用 DJ18 三相同步发电机，其额定功率 $P_N = 170\text{W}$，额定电压 $U_N = 220\text{V}$（Y 接法），额定电流 $I_N = 0.45\text{A}$，额定转速 $n_N = 1500\text{r/min}$，额定励磁电压 $U_{fN} =$

图 4-1 电机空载、短路及负载特性试验设备排列顺序（D44、D33、D32、D52、D31、D41、D43）

14V，额定励磁电流 $I_{fN}=1.2A$。

2）发电机励磁回路电阻 R_{f2} 选用挂箱 D41 组件上的电阻器（两个 90Ω 电阻串联加上两个 90Ω 电阻并联共 225Ω），校正直流测功机起动电阻 R_{st} 用 D44 组件上的 180Ω 电阻器，校正直流测功机励磁电阻 R_{f1} 选用挂箱 D44 上的 1800Ω 电阻器。

3）按图 4-2 接线，发电机励磁电源串接电阻 R_{f2} 调至最大值，直流电机 MG 电枢串联电阻 R_{st} 调至最大值，MG 励磁调节电阻 R_{f1} 调至最小值。

4）接通控制屏上的电源总开关，按下"起动"按钮，接通励磁电源开关，看到电流表 PA2 有励磁电流指示后，再接通控制屏上

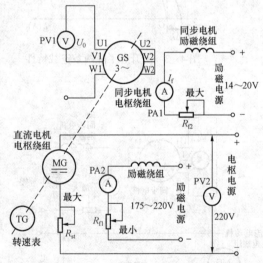

图 4-2 三相同步发电机空载特性试验接线图

的电枢电源开关，起动 MG。MG 起动运行正常后，把 R_{st} 调至最小，调节 R_{f1} 使 MG 转速达到同步发电机的额定转速 1500r/min。

5）接通发电机 GS 励磁电源，调节 GS 励磁电流（单方向调节），使 I_f 单方向递增至发电机（GS）输出电压 $U_0 \approx 1.3U_N$ 为止。

6）单方向减小发电机 GS 励磁电流（I_f）至零值，读取励磁电流 I_f 和相应的空载电压 U_0（减少励磁电流 I_f，当 $I_f=0A$ 时对应的电压称为剩磁电压）。

7）在调节 I_f 至零值的过程中共读取 7～10 组数据记录于表 4-2 中。

表 4 - 2　　　　三相同步发电机空载试验数据记录 （$n = n_N = 1500 \text{r/min}$，$I = 0$）

序号 名称	1	2	3	4	5	6	7	8	9	10	11
U_0(V)											
I_f(A)											

（4）数据处理。用试验方法测定同步发电机的空载特性时，由于转子磁路中剩磁情况的不同，当单方向改变励磁电流 I_f 从零到某一最大值，再反过来由此最大值减小到零时将得到上升和下降的两条不同曲线，如图 4-3 所示。曲线反映铁磁材料中的磁滞现象。测定参数时使用下降曲线，其最高点取 $U_0 \approx 1.3U_N$，如剩磁电压较高，可延伸曲线的直线部分使与横轴相交，则交点的横坐标绝对值 ΔI_{f0} 应作为校正量，在所有试验测得的励磁电流数据上加上此值，即得到通过原点之校正曲线，如图 4-4 所示。

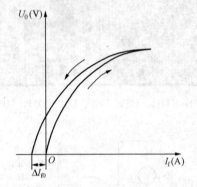

图 4 - 3　上升和下降两条空载特性

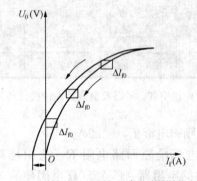

图 4 - 4　校正过的下降空载特性

（5）试验注意事项。

1）直流电机起动时，电阻 R_{f2}、R_{st} 应调至最大值，电阻 R_{f1} 调至最小值。转速保持恒定。

2）读取数据时保持 $n = n_N = 1500 \text{r/min}$，在额定电压附近测量点相应多些。

【任务二】三相同步发电机短路试验

（1）试验目的。通过测定同步发电机短路时的短路电流 I_k 和励磁电流 I_f，绘出同步电机的短路特性曲线 $I_k = f(I_f)$。

（2）试验电路。试验电路如图 4-5 所示。

（3）试验方法。

1）按图 4-5 所示接线，直流电机、三相同步发电机、各电阻器的选择同任务一中（3）试验方法的 1）、2）点。

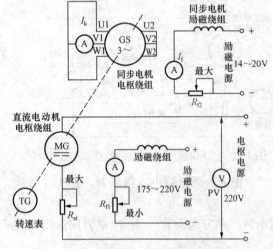

图 4 - 5　三相步发电机短路特性试验接线图

2）调节发电机（GS）励磁电源串接电阻 R_{f2} 至最大值。调节电机转速为额定转速

1500r/min，且保持恒定。

3）接通发电机（GS）的 14～20V 励磁电源，调节 R_{f2} 使发电机（GS）输出的三相线电压（电压表 PV 的读数）最小，然后把发电机 GS 输出三个端点短接，即把电流表输出端短接，调节 R_{f1} 使 MG 转速达到同步发电机额定转速 1500r/min 并保持恒定。

4）调节发电机（GS）励磁电流 I_f 使其定子电流 $I_K = 1.2I_N$，读取发电机（GS）的励磁电流值 I_f 和相应的定子电流 I_K 值，取 5～7 组数据记录于表 4-3 中。

表 4-3　　　三相同步发电机短路试验数据记录 $(U = 0V,\ n = n_N = 1500r/min)$

序号 名称	1	2	3	4	5	6	7
$I_K(A)$							
$I_f(A)$							

5）减小发电机（GS）励磁电流 I_f 使定子电流减小，直至励磁电流为零，读取励磁电流 I_f 和相应的定子电流 I_K。读数时要求保持 $U = 0V$，$n = n_N = 1500r/min$。

【任务三】三相同步发电机带纯电感性负载试验

（1）试验目的。通过同步发电机接纯电感负载，测定发电机的端电压和励磁电流，绘出发电机带纯电感性负载时的特性曲线。

（2）试验电路。试验电路如图 4-6 所示。

（3）试验方法。

1）按图 4-6 接线，经检查无误后调节发电机（GS）励磁回路电阻 R_{f2} 至最大值，调节可变电抗器 X_L 使其阻抗达到最大。

2）起动直流电机 MG，调节 MG 的转速达 1500r/min 且保持恒定。

3）调节 R_{f2} 和可变电抗器 X_L 使同步发电机端电压 $U = 1.1U_N$，$I \approx I_N$（额定电流），读取发电机端电压 U 和励磁电流 I_f。

4）每次调节励磁电流使发电机端电压减小且调节可变电抗器使定子电流保持额定电流 I_N。读取端电压 U 和相应的励磁电流 I_f。共读取 5～8 组数据记录于表 4-4 中。

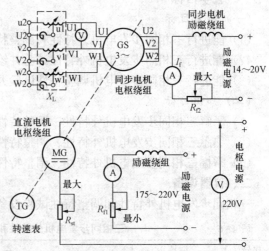

图 4-6　三相同步发电机纯电感负载特性试验接线图

表 4-4　　三相同步发电机带纯电感性负载试验数据记录 $(n = n_N = 1500r/min,\ I = I_N = \underline{\quad} A)$

序号 名称	1	2	3	4	5	6	7	8	9
$U(V)$									
$I_f(A)$									

四、试验报告（见附录 A）

试验报告包含的内容：

(1) 报告封面应写明试验报告名称、专业班级、姓名学号、同组成员、试验日期、试验台号。

(2) 写明试验目的、试验设备，绘出试验电路，记录测量数据。

(3) 进行试验数据分析，写出心得体会（或结论200字以上）等。

(4) 作出空载、短路、负载特性曲线。

五、考核评定（见附录 B）

考核评定应包括的内容：

(1) 三相同步发电机空载、短路和负载试验接线是否正确，有无团队协作精神。

(2) 三相同步发电机空载、短路和负载试验中的操作是否正确，能否排除试验中出现的故障。

(3) 知识应用，回答问题是否正确，语言表达是否清楚。

(4) 有无安全环保意识，是否遵守纪律。试验能否按时完成。

(5) 试验报告质量，有无资料查阅、汇总分析能力。

(6) 小组评价、老师评价等。

项目二 三相同步发电机外特性和调整特性试验

一、教学目标

（一）能力目标

(1) 能进行三相同步发电机外特性和调整特性试验接线。

(2) 能进行三相同步发电机外特性试验并绘出外特性曲线。

(3) 能进行三相同步发电机调整特性试验并绘出调整特性曲线。

（二）知识目标

(1) 了解三相同步发电机外特性、调整特性的概念及作用。

(2) 熟悉三相同步发电机外特性、调整特性试验方法。

(3) 掌握三相同步发电机外特性、调整特性曲线的绘制。

二、仪器设备

三相同步发电机外特性和调整特性试验设备见表4-5。

表4-5 三相同步发电机外特性和调整特性试验设备表

序号	型号	名　称	数量
1	DD03、DJ23	导轨、测速发电机及转速表、校正直流测功机	各1件
2	DJ18、D32	三相凸极式同步电机；数/模交流电流表	各1件
3	D33、D34-3	数/模交流电压表；智能型功率表	各1件
4	D31、D41	直流数字电压表、毫安表、安培表；三相可调电阻器	各1件
5	D42、D43	三相可调电阻器；三相可调电抗器	各1件
6	D44、D51	可调电阻器、电容器；波形测试及开关板	各1件
7	D52	旋转灯、并网开关、同步机励磁电源	1件

三相同步发电机外特性和调整特性试验设备排列顺序如图4-7所示。

三、工作任务

进行某一型号三相同步发电机的外特性及调整特性试验（如DJ18三相同步发电机）。

图 4 - 7　三相同步发电机外特性和调整特性试验设备排列顺序
（D44、D33、D32、D34-3、D52、D31、D51、D41、D42、D43）

【任务一】测定三相同步发电机带纯电阻性负载时的外特性

（1）试验目的。通过测量同步发电机带纯电阻性负载时的端电压 U 和负载电流 I，绘出同步发电机带纯电阻性负载时的外特性曲线 $U = f(I)$。

（2）试验电路。试验电路如图 4 - 8 所示。

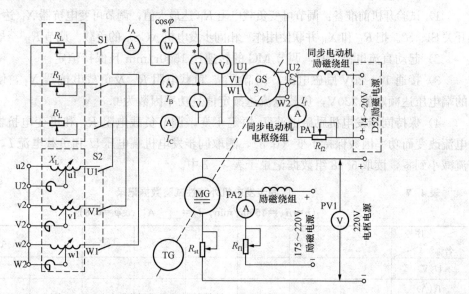

图 4 - 8　三相同步发电机的外特性、调整特性试验接线图

（3）试验方法。

1）试验开机前准备。在图 4-8 中，三相同步发电机 DJ18 及直流电动机参数与项目一中的参数相同。三相纯电阻负载 R_L（D42 挂箱）接成星形，每相用挂箱 D42 组件上的两个 900Ω 电阻串联，调节其阻值为最大值。断开开关 S2，合上 S1，同步发电机 GS 连接三相纯电阻负载。

2）起动直流电机 MG，调节 MG 的转速达 1500r/min 且保持恒定。

3）接通三相同步发电机的励磁回路 14～20V 励磁电源电压，调节 R_{f2} 和负载电阻 R_L 使同步发电机的端电压达额定值 220V 且负载电流达额定值。

4）保持此时同步发电机的励磁电流 I_f 恒定不变，调节负载电阻 R_L，测取同步发电机端电压 U 和负载电流 I，直至负载电流减小到零，读取 5～8 组数据记录于表 4-6 中。

表 4-6　　　　　　　　　同步发电机外特性试验数据记录

$(n = n_N = 1500r/min, \ I_f = \_\_\_\_ A, \ cos\varphi = 1)$

名称　　　　序号	1	2	3	4	5	6	7	8	9
$U(V)$									
$I_f(A)$									

【任务二】测定三相同步发电机负载功率因数为 0.8 时的外特性

（1）试验目的。通过测定三相同步发电机负载功率因数为 0.8 时的端电压和负载电流，绘出负载功率因数为 0.8 时的外特性曲线。

（2）试验电路。试验电路如图 4-8 所示。

（3）试验方法。

1）试验开机前准备：调节可变负载电阻 R_L 达最大值，调节可变电抗器 X_L 达最大值。合上开关 S1、S2。把 R_L 和 X_L 并联使用作三相同步发电机（GS）的负载。调节 R_{f2} 至最大值。

2）起动直流电机 MG，调节 MG 的转速达 1500r/min 且保持恒定。

3）接通 14～20V 励磁电源，调节 R_{f2}、负载电阻 R_L 及负载电抗器 X_L，使同步发电机的端电压达额定值 220V，负载电流达额定值且功率因数为 0.8。

4）保持同步发电机励磁电流 I_f 恒定不变，调节负载电阻 R_L 和可变电抗器 X_L 使负载电流改变而功率因数保持不变（0.8），测取同步发电机端电压 U 和负载电流 I，直至负载电流减小到零，读取 5～8 组数据记录于表 4-7 中。

表 4-7　　　　　　　　　同步发电机外特性试验数据记录

$(n = n_N = 1500r/min, \ I_f = \_\_\_\_ A, \ cos\varphi = 0.8)$

名称　　　　序号	1	2	3	4	5	6	7	8	9
$U(V)$									
$I_f(A)$									

【任务三】测定三相同步发电机带纯电阻性负载时的调整特性

（1）试验目的。通过试验，测量同步发电机带纯电阻性负载时的负载电流 I 和励磁电流

I_f，绘出同步电机带纯电阻性负载时的调整特性曲线 $I_f = f(I)$。

（2）试验电路。试验电路如图 4-8 所示。

（3）试验方法。

1）开机前准备：合上 S1，断开 S2，发电机接入三相电阻性负载 R_L，调节 R_L 使阻值达最大值。

2）起动直流电机 MG，调节 MG 使转速达 1500r/min 且保持恒定。

3）调节 R_{f2} 使发电机端电压达额定值（220V）且保持恒定。调节 R_L 阻值改变负载电流，测取相应励磁电流 I_f 及负载电流 I。读取 5~8 组数据记录于表 4-8 中。

表 4-8　　同步发电机调整特性试验数据记录 $(U=U_N=220V,\ n=n_N=1500r/min)$

名称＼序号	1	2	3	4	5	6	7	8	9
U(V)									
I_f(A)									

四、试验报告（见附录 A）

试验报告包含的内容：

（1）报告封面应写明试验报告名称、专业班级、姓名学号、同组成员、试验日期、试验台号。

（2）写明试验目的、试验设备，绘出试验电路，记录测量数据。

（3）进行试验数据分析，写出心得体会（或结论 200 字以上）等。

（4）作出同步发电机的外特性及调整特性曲线。

五、考核评定（见附录 B）

考核评定应包括的内容：

（1）三相同步发电机的外特性、调整特性试验接线是否正确，有无团队协作精神。

（2）三相同步发电机的外特性、调整特性试验中的操作是否正确，能否排除试验中出现的故障。

（3）知识应用，回答问题是否正确，语言表达是否清楚。

（4）有无安全环保意识，是否遵守纪律。试验能否按时完成。

（5）试验报告质量，有无资料查阅、汇总分析能力。

（6）小组评价、老师评价等。

项目三　三相同步发电机并列运行试验

一、教学目标

（一）能力目标

（1）能判断同步发电机并列运行的条件。

（2）能进行三相同步发电机并列运行试验接线。

（3）能进行三相同步发电机并列运行试验操作。

（4）能进行三相同步发电机并列后有功、无功功率的调节。

（二）知识目标

（1）了解自同步并列法，了解三相同步发电机并列条件不满足时产生的后果。

（2）掌握三相同步发电机并列运行的操作方法。

（3）掌握三相同步发电机准同步并列的条件。

（4）掌握三相同步发电机并列后有功、无功功率的调节。

二、仪器设备

三相同步发电机并列运行试验设备见表 4-9。

表 4-9　　　　　　　　　　三相同步发电机并列运行试验设备表

序号	型号	名　　　　称	数量
1	DD01、DD03	三相调压交流电源；导轨、测速发电机及转速表	各1件
2	DJ23、DJ18	校正直流测功机；三相同步电机	各1件
3	D32、D33	数/模交流电流表；数/模交流电压表	各1件
4	D34-3、D53	智能型功率表；整步表、开关	各1件
5	D31、D41	直流数字电压、毫安、安培表；三相可调电阻器	各1件
6	D44、D52	可调电阻器、电容器；旋转灯、并网开关、励磁电源等	各1件

三相同步发电机并列运行试验设备排列顺序如图 4-9 所示。

图 4-9　三相同步发电机并列运行试验设备排列顺序（D44、D52、D53、D33、D32、D34-3、D31、D41）

三、工作任务

进行某一型号三相同步发电机的并列运行及并列后有功、无功功率的调节。

【任务一】用准同步法将三相同步发电机并列投入电网运行

（1）试验目的。通过试验，掌握三相同步发电机准同步并列投入电网运行的条件和方法。

（2）试验电路。试验电路如图 4-10 所示。

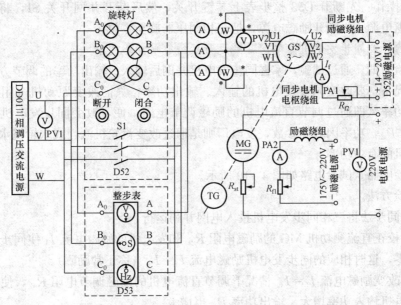

图 4-10 三相同步发电机并列运行试验接线图

（3）试验方法。

1）按图 4-10 所示接线。原动机采用 DJ23 校正直流测功机 MG（带动三相同步发电机 GS 发电），三相同步电机选用 DJ18，R_{st} 选用挂箱 D44 上 180Ω 电阻，R_{fl} 选用挂箱 D44 上 1800Ω 电阻，R_{f2} 选用挂箱 D41 上两个 90Ω 电阻串联后再与两个 90Ω 电阻并联共 225Ω 电阻。开关 S1 选用 D52 挂箱。

2）经检查接线无误后，把开关 S1 打在"关断"位置。三相调压器旋钮退至零位，电枢电源及励磁电源开关置于"关断"位置。

3）并网操作步骤。

步骤一：合上电源总开关，按下"起动"按钮，调节调压器使电压 PV1 升至额定电压 220V。起动直流电机 MG，调节 R_{st}、R_{fl} 使直流电机转速达到同步转速 1500r/min。

步骤二：接通同步发电机 14～20V 励磁电源，调节 R_{f2} 改变发电机励磁电流 I_f，使发电机电压升高到额定电压 220V。观察三组相灯明灭情况，若依次明灭形成旋转灯光，则表示发电机相序和电网相序相同，若三组相灯同时发亮、同时熄灭则表示发电机相序和电网相序不相同（图 4-10 中的三组相灯按旋转灯光接线）。当发电机相序和电网相序不同时，应停机（将 R_{st} 调最大位置，断开电枢电源开关，再按下交流电源"停止"按钮）检查，并把三相调压器旋至零位。在确保断电的情况下，调换发电机或三相电源任意二根端线以改变相序，再按前述方法重新起动直流电动机 MG，观察此时发电机与电网的相序是否一致。

步骤三：当发电机相序和电网相序相同时，调节同步发电机励磁电流使同步发电机电压和电网（电源）电压相同。再进一步细调原动机转速。使各相灯光缓慢轮流旋转发亮，此时接通 D53 整步表上琴键开关，观察 D53 上电压表 PV 和频率表 PF 上指针的偏转情况。

步骤四：若整步表 PS 指针缓慢旋转（顺时针偏转）。表示发电机与电网的频差、电压相位差已基本相同，待 A 相相灯熄灭瞬间，合上并网开关 S1，把同步发电机投入电网并列运行（为选择并网时机，可让其循环数次后再并网）。

4）解列操作。先断开 D53 整步表上琴键开关，然后断开并网开关 S1，将 R_{st} 调至最大，断开电枢电源，再断开励磁电源，把三相调压器旋至零位。

【任务二】三相同步发电机与电网并列运行后的有功功率调节

（1）试验目的。通过试验，掌握同步发电机并网后输入、输出功率的调节方法。

一般情况下，要改变同步发电机的输入、输出功率，只需改变原动机（用直流电机模拟）的输入功率（即通过调节直流电机的励磁调节电阻，便可改变同步发电机的输出电流 I、输出功率 P_2，功率因数等参数，发电厂则是通过改变汽轮机汽门或水轮机水门开度来调节同步发电机的有功功率）。

（2）试验电路。试验电路如图 4-10 所示。

（3）试验方法。

1）用准同步法将三相同步发电机投入电网并列运行。

2）调节校正直流测功机 MG 的励磁电阻 R_{f1} 和发电机的励磁电流 I_f 使同步发电机定子电流接近于零，这时相应的同步发电机励磁电流 $I_f = I_{f0}$（称正常励磁）。

3）在不改变励磁电流 $I_f = I_{f0}$ 情况下调节直流电机的励磁调节电阻 R_{f1}，使其电阻值增加，同步发电机输入功率增大、输出功率 P_2 也增大。

4）在同步机定子电流从零到额定电流范围内读取三相电流、三相功率、功率因数的值，取 6～7 组数据记录于表 4-10 中。

表 4-10 同步发电机并列运行有功调节数据记录及计算 $[U = 220V\ (Y),\ I_f = I_{f0} = \underline{\quad} A]$

名称 序号	试验数据							计算数据
	输出电流 I(A)				输出功率 P_2(W)			功率因数
	I_A	I_B	I_C	I	P_{I}	P_{II}	P_2	$\cos\varphi$

（4）数据计算。相关计算公式如下

$$I = (I_A + I_B + I_C)/3,\ P_2 = P_{\mathrm{I}} + P_{\mathrm{II}},\ \cos\varphi = P_2/\sqrt{3}UI$$

【任务三】三相同步发电机与电网并列运行后的无功功率调节

（1）试验目的。通过试验，掌握同步发电机送出 Q_L 和吸收无功功率的调节方法。

（2）试验电路。试验电路如图 4-10 所示。

（3）试验方法。

1）测取 $P_2 = 0$ 时三相同步发电机的 V 形曲线。

a. 用准同步法将三相同步发电机投入电网并列运行。

b. 保持同步发电机的输出功率 $P_2 \approx 0$。

c. 调节 R_{f2} 使同步发电机励磁电流 I_f 上升（即调节两个 90Ω 电阻串联部分，调至零位后用导线短接，再调节两个 90Ω 电阻并联部分），使同步发电机定子电流上升到额定电流，调节 R_{st} 保持 $P_2 \approx 0$。记录此点同步发电机的励磁电流 I_f、定子电流 I。

d. 减小同步电机励磁电流 I_f 使定子电流 I 减小到最小值，记录此点 I_f 及 I 的大小。

e. 继续减小同步电机励磁电流 I_f（欠励），这时定子电流 I 又将增大。

f. 在过励和欠励情况下读取 9～10 组数据记录于表 4 - 11 中。

表 4 - 11 同步发电机并列运行无功调节数据记录及计算 （$n=$____ r/min, $U=$____ V, $P_2 \approx 0$W）

序号	电枢电流 I（A）				励磁电流 I_f（A）
	I_A	I_B	I_C	I	I_f

2）测取 $P_2 = 0.5 P_N$ 时三相同步发电机的 V 形曲线。

a. 用准同步法将三相同步发电机投入电网并列运行。

b. 保持同步发电机的输出功率 P_2 等于 0.5 倍额定功率。

c. 增加同步发电机励磁电流 I_f，使同步发电机定子电流上升到额定电流，记录此点同步发电机的励磁电流 I_f 和定子电流 I。

d. 减小同步电机励磁电流 I_f 使定子电流 I 减小到最小值并记录此点数据。

e. 继续减小同步电机励磁电流 I_f，这时定子电流又将增大至额定电流。

f. 在过励和欠励情况下共读取 9～10 组数据记录于表 4 - 12 中。

表 4 - 12 同步发电机并列运行无功调节数据记录及计算 （$n=$____ r/min, $U=$____ V, $P_2 \approx 0.5 P_N$）

名称 序号	三相电流 I（A）				励磁电流 I_f（A）
	I_A	I_B	I_C	I	I_f
1					
2					
3					
4					
5					
6					
7					
8					
9					
10					

（4）数据计算。计算公式如下

$$I = (I_A + I_B + I_C)/3$$

四、试验报告（见附录 A）

试验报告包含的内容：

（1）报告封面应写明试验报告名称、专业班级、姓名学号、同组成员、试验日期、试验台号。

（2）写明试验目的、试验设备，绘出试验电路，记录测量数据。

（3）进行试验数据分析，写出心得体会（或结论 200 字以上）等。

（4）绘出 $P_2 \approx 0$ 和 $P_2 \approx 0.5P_N$ 时同步发电机的 V 形曲线。

（5）说明三相同步发电机和电网并列运行时有功、无功功率的调节方法。

五、考核评定（见附录 B）

考核评定应包括的内容：

（1）三相同步发电机并列运行试验接线是否正确，有无团队协作精神。

（2）三相同步发电机并列运行试验中的操作是否正确，能否排除试验中出现的故障。

（3）知识应用，回答问题是否正确，语言表达是否清楚。

（4）有无安全环保意识，是否遵守纪律。试验能否按时完成。

（5）试验报告质量，有无资料查阅、汇总分析能力。

（6）小组评价、老师评价等。

项目四 三相同步电动机起动及工作特性试验

一、教学目标

（一）能力目标

（1）能进行三相同步电动机异步起动操作。

（2）能读取三相同步电动机 V 形曲线的有关数据。

（3）能作出三相同步电动机的工作特性曲线。

（二）知识目标

（1）了解三相同步电动机异步起动的原理。

（2）理解三相同步电动机的 V 形曲线。

（3）掌握三相同步电动机的工作特性及曲线绘制。

二、仪器设备

三相同步电动机起动及工作特性试验设备见表 4-13。

表 4-13 三相同步电动机起动及工作特性试验设备表

序号	型号	名　称	数量
1	DD01、DD03	三相调压交流电源；导轨、测速发电机及转速表	各1件
2	DJ23、DJ18	校正直流测功机；三相凸极式同步电机	各1件
3	D32、D33	数/模交流电流表；数/模交流电压表	各1件
4	D34-3、D31	智能型功率表；直流数字电压表、毫安表、安培表	各1件
5	D41、D42	三相可调电阻器	各1件
6	D51、D52	波形测试及开关板；旋转灯、并网开关、励磁电源	各1件

三相同步电动机起动及工作特性试验设备排列顺序如图 4-11 所示。

图 4-11　三相同步电动机起动及工作特性试验设备排列顺序

(D31、D42、D33、D32、D34-3、D41、D52、D51、D31)

三、工作任务

进行某一型号三相同步电动机的起动及工作特性测定试验（如 DJ18 电动机）。

【任务一】三相同步电动机的异步起动试验

(1) 试验目的。通过试验，掌握三相同步电动机异步起动的方法。

(2) 试验电路。试验电路如图 4-12 所示。

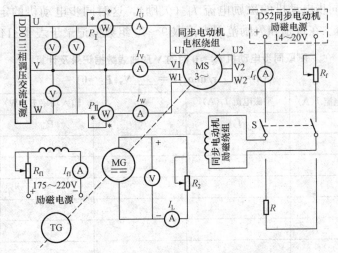

图 4-12　三相同步电动机起动及工作特性试验接线图

（3）试验方法。

1）按图 4 - 12 接线。电阻 R 选用挂箱 D41 上 90Ω 固定电阻。R_f 选用挂箱 D41 上两个 90Ω 电阻串联再加上两个 90Ω 电阻并联共 225Ω。R_{f1} 选用挂箱 D42 上两个 900Ω 电阻串联共 1800Ω 电阻值并调至最小。R_2 选用 D42 上两个 900Ω 电阻串联再加上两个 900Ω 电阻并联共 2250Ω 电阻并调至最大。三相同步电动机 MS 选用 DJ18（Y 接法，额定电压 $U_N=220V$）。

2）开关 S 闭合于励磁电源一侧（图 4 - 12 右上端）。将控制屏左侧调压器旋钮逆时针旋转至零位。按"起动"按钮，接通电源总开关。调节 D52 同步电机励磁电源调压旋钮及 R_f 阻值，使同步电机励磁电流 $I_f\approx0.7A$ 左右。

3）开关 S 闭合于 R 电阻一侧（图 4 - 12 右下端），顺时针方向调节调压器旋钮，升压至同步电动机额定电压 220V，观察电机旋转方向，若不符合则应调整相序使电机旋转方向符合要求。

4）当转速接近同步转速 1500r/min 时，把开关 S 迅速从下端切换到上端让同步电动机励磁绕组加上直流励磁而强制拉入同步运行，异步起动同步电动机的整个起动过程完毕。

【任务二】测取三相同步电动机输出功率 $P_2\approx0$ 时的 V 形曲线

（1）试验目的。通过试验，测取一组输出功率 $P_2\approx0$ 时定子电流 I 和励磁电流 I_f，作出 V 形曲线。

（2）试验电路。试验电路如图 4 - 12 所示。

（3）试验方法。

1）同步电动机空载（轴端不连接校正直流电机 DJ23，直接与导轨相连）按上述方法起动同步电动机。

2）调节增大同步电动机的励磁电流 I_f，使同步电动机的定子三相电流 $I=I_N$，记录定子三相电流 I 和相应的励磁电流 I_f、输入功率 P_1。

3）调节 I_f 使 I_f 逐渐减小，这时 I 随之减小直至最小值，记录这时同步电动机（MS）的定子三相电流 I、励磁电流 I_f 及输入功率 P_1。

4）继续减小同步电动机的磁励电流 I_f（欠励），这时同步电动机的定子三相电流反而增大直到达额定值。在过励和欠励范围内读取 9～10 组数据记录于表 4 - 14 中。

表 4 - 14　　　　　测取同步电动机 $P_2\approx0$ 时的 V 形曲线数据记录及计算

（$n=$ ___ r/min, $U=$ ___ V, $P_2\approx0$）

名称 序号	定子三相电流 I(A)	励磁电流 I_f(A)	输入功率 P_1(W)		
	I	I_f	P_I	P_{II}	P_1（总功率）
1					
2					
3					
4					
5					
6					
7					
8					
9					

序号＼名称	定子三相电流 I(A)	励磁电流 I_f(A)	输入功率 P_1(W)		
	I	I_f	P_I	P_{II}	P_1（总功率）
10					

注　$P_1 = P_I \pm P_{II}$

🔦【任务三】测取三相同步电动机输出功率 $P_2 \approx 0.5P_N$ 时的 V 形曲线

（1）试验目的。通过试验，掌握测取三相同步电动机输出功率 $P_2 \approx 0.5P_N$ 时的各参数，并根据测取参数作出 V 形曲线。

（2）试验电路。试验电路如图 4-12 所示。

（3）试验方法。

1）同轴联接校正直流电机 MG（按他励发电机接线）作 MS 的负载。

2）按任务一方法起动同步电动机，保持直流电机的励磁电流为规定值（50mA 或 100mA），改变直流电机负载电阻 R_2 的大小，使同步电动机输出功率 P_2 改变。直至同步电动机输出功率 $P_2 \approx 0.5P_N$ 且保持不变。输出功率按下式计算

$$P_2 = 0.105nT_2$$

式中：n 为电机转速，r/min；T_2 为由直流电机负载电流 I_L 查得的对应转矩，N·m。

3）调节同步电动机的励磁电流 I_f 使其增加，这时同步电动机的定子三相电流 I 也随之增加，直到同步电动机达额定电流，记录定子三相电流 I 和相应的励磁电流 I_f、输入功率 P_1。

4）调节 I_f 使 I_f 逐渐减小，这时 I 也随之减小直至最小值，记录这时的定子三相电流 I、励磁电流 I_f、输入功率 P_1。

5）继续调小 I_f，这时同步电动机的定子电流 I 反而增大直到额定值。在过励和欠励范围内读取 9～10 组数据记录于表 4-15 中。

表 4-15　测取 $P_2 \approx 0.5P_N$ 时的 V 形曲线数据记录及计算（$n=$＿＿ r/min，$U=$＿＿ V，$P_2 \approx 0.5P_N$）

序号＼名称	定子三相电流 I(A)	励磁电流 I_f(A)	输入功率 P_1(W)		
	I	I_f	P_I	P_{II}	P_1（总功率）
1					
2					
3					
4					
5					
6					
7					
8					
9					
10					

表中：$P_1 = P_I + P_{II}$

【任务四】测量三相同步电动机的工作特性

（1）试验目的。通过试验，掌握同步电动机工作特性的测定方法，掌握利用测量参数绘制同步电动机工作特性曲线的方法。

（2）试验电路。试验电路如图 4-12 所示。

（3）试验方法。

1）按任务一方法起动同步电动机。

2）调节直流发电机的励磁电流为规定值并保持不变。

3）调节直流电机的负载电流 I_L，同时调节同步电动机的励磁电流 I_f 使同步电动机输出功率 P_2 达额定值且功率因数为 1.0。

4）保持此时同步电动机的励磁电流 I_f 及校正直流测功机的励磁电流恒定不变，逐渐减小直流电机的负载电流，使同步电动机输出功率逐渐减小至零值，读取定子电流 I、输入功率 P_1、输出转矩 T_2、转速 n。共读取 6~7 组数据记录于表 4-16 中。

表 4-16　三相同步电动机的工作特性试验数据记录 $(U = U_N = $___ V, $I_f = $___ A, $n = $___ r/min)

同步电动机输入					同步电动机输出			
I(A)	P_I(W)	P_{II}(W)	P_1(W)	$\cos\varphi$	I_L(A)	T_2(N·m)	P_2(W)	η(%)

表中：$P_1 = P_I \pm P_{II}$，$P_2 = 0.105nT_2$，$\eta = P_2/P_1 \times 100\%$

四、试验报告（见附录 A）

试验报告包含的内容：

（1）报告封面应写明试验报告名称、专业班级、姓名学号、同组成员、试验日期、试验台号。

（2）写明试验目的、试验设备，绘出试验电路，记录测量数据。

（3）进行试验数据分析，写出心得体会（或结论 200 字以上）等。

（4）作出 $P_2 \approx 0$ 时同步电动机 V 形曲线 $I = f(I_f)$。作 $P_2 \approx 0.5P_N$ 时同步电动机的 V 形曲线 $I = f(I_f)$。绘制同步电动机的工作特性曲线：I、P、$\cos\varphi$、T_2、$\eta = f(P_2)$。

五、考核评定（见附录 B）

考核评定应包括的内容：

（1）三相同步电动机起动及工作特性试验接线是否正确，有无团队协作精神。

（2）试验操作是否正确，能否排除试验中出现的故障。

（3）知识应用，回答问题是否正确，语言表达是否清楚。

（4）有无安全环保意识，是否遵守纪律。试验能否按时完成。

（5）试验报告质量，有无资料查阅、汇总分析能力。小组评价、老师评价等。

项目五 三相同步电机参数测定试验

一、教学目标

(一)能力目标

(1)能进行三相同步电机参数测定试验接线。

(2)能用转差法、反同步旋转法、单相电源法、静止法进行同步电机的各项试验。

(3)能根据试验数据计算三相同步电机的各参数。

(二)知识目标

(1)了解同步电机参数 x_d、x_q、x_2、r_2、x_0、x_d''、x_q''各代表的物理意义。

(2)理解各项试验的理论根据。

(3)掌握三相同步电机参数的测定方法。

二、仪器设备

三相同步电机参数测定试验设备见表 4 - 17。

表 4 - 17　　　　　　　　　三相同步电机参数测定试验设备表

序号	型号	名　　称	数量
1	DD01、DD03	三相调压交流电源;导轨、测速发电机及转速表	各1件
2	DJ23、DJ18	校正直流测功机;三相同步电机	各1件
3	D41、D44	三相可调电阻器;可调电阻器、电容器	各1件
4	D32、D33	数/模交流电流表;数/模交流电压表	各1件
5	D34-3、D51	智能型功率表;波形测试及开关板	各1件

三相同步电机参数测定设备排列顺序如图 4 - 13 所示。

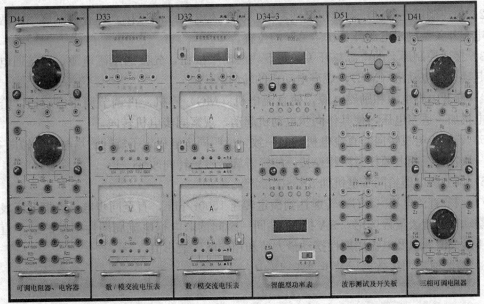

图 4 - 13　三相同步电机参数测定设备排列顺序(D44、D33、D32、D34 - 3、D51、D41)

三、工作任务

进行某一型号三相同步电机的参数测定（如 DJ18 三相同步发电机）。

【任务一】同步电机的同步电抗 x_d、x_q 的测定

（1）试验目的。通过试验，掌握用转差法测定同步电机同步电抗 x_d、x_q 的方法。

（2）试验电路。试验电路如图 4-14 所示。

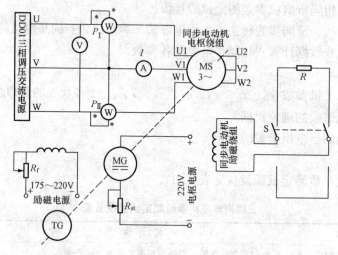

图 4-14　转差法测同步发电机同步电抗接线图

（3）试验方法。

1）按图 4-14 所示接线。同步电机（GS）定子绕组接成星形。校正直流测功机 MG 按他励电动机方式接线（用作 GS 的原动机）。R_f 选用挂箱 D44 上 1800Ω 电阻，并调至最小值。R_{st} 选用挂箱 D44 上 180Ω 电阻，并调至最大值。R 选用挂箱 D41 上 90Ω 固定电阻。开关 S 合向 R 端。

2）把控制屏左侧调压器旋钮退到零位，功率表电流线圈短接。检查控制屏下方两边的电枢电源开关及励磁电源开关在"关"的位置。

3）接通控制屏上的电源总开关，按下"起动"按钮，先接通励磁电源，后接通电枢电源，起动直流电动机（MG），观察电动机的转向。

4）断开电枢电源和励磁电源，使直流电机（MG）停机。再调节调压器旋钮，给三相同步电机加一适当电压，使其作同步电动机起动，观察同步电机转向。

5）若同步电机转向与直流电机转向一致，说明同步电机定子旋转磁场与转子转向一致，若不一致，将三相电源任意两相换接，使定子旋转磁场转向改变。

6）调节调压器给同步电机加 5%～15%U_N。

7）调节直流电机（MG）转速达到额定转速 1500r/min，直至同步电机电枢电流表指针缓慢摆动（电流表量程选用 0.3A 挡），在同一瞬间读取电枢电流周期性摆动的最小值与相应电压最大值，以及电流周期性摆动最大值和相应电压最小值。

8）将测取的两组数据记录于表 4-18 中。

表 4 - 18　　　　　　　　同步电机的同步电抗 x_d 测定数据记录及计算

序号	测量值		计算值	测量值		计算值
	I_{max}(A)	U_{min}(V)	x_q(Ω)	I_{min}(A)	U_{max}(V)	x_d(Ω)
1						
2						

（4）数据计算。相关计算公式如下

$$x_q = U_{min} / \sqrt{3}\, I_{max}$$

$$x_d = U_{max} / \sqrt{3}\, I_{min}$$

【任务二】同步电机负序电抗 x_2 及负序电阻 r_2 的测定

（1）试验目的。通过试验，掌握同步电机负序电抗 x_2 及负序电阻 r_2 的测定方法。

（2）试验电路。试验电路如图 4 - 14 所示。

（3）试验方法。

1）将同步电机电枢绕组任意两相对换，以改换相序使同步电机的定子旋转磁场和转子转向相反。

2）开关 S 闭合在短接端（图 4 - 14 所示下端），调压器旋钮退至零位。

3）接通控制屏上的钥匙开关，按下起动按钮，先接通励磁电源后接通电枢电源。起动直流电机（MG），并使电机升至额定转速 1500r/min。

4）顺时针缓慢调节调压器旋钮，使三相交流电源逐渐升压直至同步电机电枢电流达 30%～40%额定电流。读取电枢绕组电压、电流和功率值并记录于表 4 - 19 中。

表 4 - 19　　　　　同步电机负序电抗 x_2 及负序电阻 r_2 的测定数据记录及计算

序号	测量值					计算值	
	I(A)	U(V)	P_I(W)	P_{II}(W)	P(W)	r_2(Ω)	x_2(Ω)
1							
2							

（4）数据计算。相关计算公式如下

$$P = P_I \pm P_{II}$$

$$Z_2 = U/(\sqrt{3}\, I)$$

$$r_2 = P/(3I^2)$$

$$x_2 = \sqrt{Z_2^2 - r_2^2}$$

【任务三】同步电机零序电抗 x_0 的测定

（1）试验目的。通过试验，掌握同步电机零序电抗 x_0 的测定方法。

（2）试验电路。试验电路如图 4 - 15 所示。

（3）试验方法。

1）按图 4 - 15 接线，将同步电机（GS）三相电枢绕组首尾依次串联，接至单相交流电源 U、N 端上。

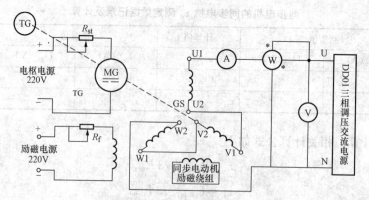

图 4-15 用单相电源测同步发电机的零序电抗

2) 调压器退至零位, 同步电机励磁绕组短接。

3) 起动直流电机（MG）并使电机升至额定转速 1500r/min。

4) 接通交流电源并调节调压器使同步电机（GS）定子绕组电流上升至额定电流值。读取此时的电压、电流和功率值并记录于表 4-20 中。

表 4-20   同步电机零序电抗 X_0 的测定数据记录及计算

测 量 值			计 算 值
$U(V)$	$I(A)$	$P(W)$	$x_0(\Omega)$

（4）数据计算。相关计算公式如下

$$Z_0 = U/(3I)$$

$$r_0 = P/(3I^2)$$

$$x_0 = \sqrt{Z_0^2 - r_0^2}$$

【任务四】静止法测定同步电机的超瞬变电抗 x_d''、x_q''

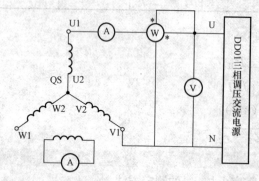

图 4-16 静止法测定同步电机超瞬变电抗接线图

（1）试验目的。通过试验, 掌握用静止法测定同步电机超瞬变电抗 x_d''、x_q'' 的方法。

（2）试验电路。试验电路如图 4-16 所示。

（3）试验方法。

1) 按图 4-16 接线, 将 GS 三相电枢绕组连接成星形, 任取二相端点接至单相交流电源 U、N 端上。两只电流表均用 D32 挂件上的电流表。

2) 调压器退到零位, 同步电机处于静止状态。

3) 接通交流电源并调节调压器逐渐升高输出电压, 使同步电机定子绕组电流接近 $20\% I_N$。

4）用手慢慢转动同步电机转子，观察两只电流表读数的变化，细调同步电机转子的位置使两只电流表读数达最大。

5）读取该位置的电压、定子绕组电流、功率值，将数据记录于表 4 - 21 中（可计算 x_d''）。

表 4 - 21 测定同步电机的超瞬变电抗 x_d'' 数据记录及计算

测 量 值			计 算 值
$U(V)$	$I(A)$	$P(W)$	$x_d''(\Omega)$

6）把同步电机转子转过 45°角，在这附近仔细调整同步电机转子的位置使二只电流表指示达最小值。

7）读取该位置的电压 U、电流 I、功率 P 值，数据记录于表 4 - 22 中（可计算 x_q''）。

表 4 - 22 测定同步电机的超瞬变电抗 x_q'' 数据记录及计算

测 量 值			计 算 值
$U(V)$	$I(A)$	$P(W)$	$x_q''(\Omega)$

（4）数据计算。相关计算公式如下

$$Z_d''=U/(2I) \qquad Z_q''=U/(2I)$$
$$r_d''=P/(2I^2) \qquad r_q''=P/(2I^2)$$
$$x_d''=\sqrt{Z_d''^2-r_d''^2} \qquad x_q''=\sqrt{Z_q''^2-r_q''^2}$$

四、试验报告（见附录 A）

试验报告包含的内容：

（1）报告封面应写明试验报告名称、专业班级、姓名学号、同组成员、试验日期、试验台号。

（2）写明试验目的、试验设备，绘出试验电路，记录测量数据。

（3）进行试验数据分析，写出心得体会（或结论 200 字以上）等。

（4）根据试验数据计算 x_d、x_q、x_2、r_2、x_0、x_d''、x_q'' 的值。

五、考核评定（见附录 B）

考核评定应包括的内容：

（1）三相同步电机参数测定试验接线是否正确，有无团队协作精神。

（2）三相同步电机参数测定试验中的操作是否正确，能否排除试验中出现的故障。

（3）知识应用，回答问题是否正确，语言表达是否清楚。

（4）有无安全环保意识，是否遵守纪律。试验能否按时完成。

（5）试验报告质量，有无资料查阅、汇总分析能力。

（6）小组评价、老师评价等。

项目六 三相同步发电机突然短路试验

一、教学目标

（一）能力目标

（1）能进行三相同步发电机突然短路试验接线。

（2）能进行三相同步发电机突然短路试验操作。

（3）能根据试验数据和波形计算突然短路电流值。

（二）知识目标

（1）了解瞬变电抗和超瞬变电抗及其测定方法。

（2）熟悉三相突然短路试验接线电路。

（3）掌握三相同步发电机突然短路试验的操作方法。

（4）掌握突然短路电流及时间常数的计算方法。

二、仪器设备

三相同步发电机突然短路试验设备见表 4-23。

表 4-23　　　　　　　三相同步发电机突然短路试验设备表

序号	型号	名　称	数量
1	DD03、DJ18	导轨、测速发电机及转速表；三相同步电机	各1件
2	DJ23、D31	校正直流测功机；直流数字电压表、毫安表、安培表	各1台
3	D32、D33	数/模交流电流表；数/模交流电压表	各1件
4	D41、D42	可调电阻器	各1件
5	D44	可调电阻器、电容器	1件
6	D52	旋转灯、并网开关、励磁电源	1件
7		数字记忆示波器（自备）	1件

发电机突然短路试验设备排列顺序如图 4-17 所示。

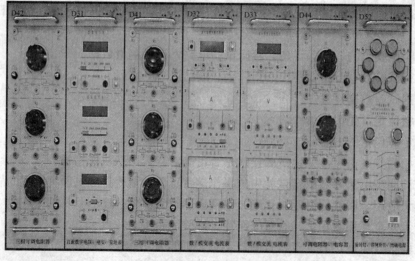

图 4-17　发电机突然短路试验设备排列顺序（D42、D31、D41、D32、D33、D44、D52）

三、工作任务

进行某一型号三相同步发电机突然短路试验（如 DJ18 三相同步电机）。

（1）试验目的。通过试验，掌握三相同步发电机突然短路试验的操作方法和定子短路电流各分量的计算。

（2）试验电路。试验电路如图 4-18 所示。

（3）试验方法。

1）按照图 4-18 接线，其中校正直流测功机励磁电阻 R_{f1} 选用挂箱 D44 上的两个 900Ω 串联共 1800Ω 电阻，限流电阻选用挂箱 D44 上两个 90Ω 电阻串联共 180Ω 电阻。电阻 R 选用挂箱 D41 上两个 90Ω 电阻并联共 45Ω 电阻，R_{f2} 选用挂箱 D42 上 900Ω 串联 900Ω 共 1800Ω 阻值。交流电流表选用挂箱 D32 上的电流表，开关 S 选用挂箱 D52 上的交流接触器。三相同步发电机的励磁电源选用挂箱 D52 上提供的电源。起动之前电阻 R_1 调至最大位置，R_{f1} 调至最小位置，电阻 R_{f2} 调至最大位置。开关 S 处于断开状态。

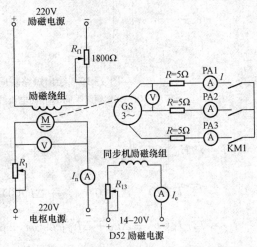

图 4-18 三相同步发电机突然短路试验接线

2）接通校正直流测功机的励磁电源，然后接通电枢电源，同时使电机的转向符合正转要求。升高电枢电压至 220V，将起动电阻 R_1 调至最小位置使校正直流测功机在额定电压下运行，再调节励磁电阻 R_{f1} 使其转速达到同步转速 1500r/min。

3）然后调节同步电机的励磁电流使同步电机输出电压等于额定电压 110V。在表 4-24 中记录此时电机的转速、电压、定子电流、励磁电流以及校正直流测功机的电枢电流。

表 4-24　　　　　　　　　三相同步发电机突然短路试验数据记录

序号	n(r/min)	U(V)	I(A)	I_f(A)	I_a(A)
短路前					
短路后					

4）将数字式记忆示波器的探头接至 A 相绕组所串联电阻 R 两端。按下挂箱 D52 上的起动按钮使同步发电机突然短路，用示波器摄录短路后定子绕组电流的波形。将短路后转速、电压、定子电流、励磁电流以及校正直流测功机的电枢电流数据记录于表 4-24 中。然后将数字示波器的触发电平位置调高。按下挂箱 D52 上的停止按钮，使同步发电机开路，将数字式记忆示波器设为单脉冲触发状态。重新按下挂箱 D52 上的起动按钮使同步发电机突然短路，数字示波器上将显示突然短路时 A 相绕组瞬时的电流波形。在图 4-19 画出突然短路瞬间 A 相电流的瞬时波形。

5）按下挂箱 D52 上的停止按钮使三相同步发电机开路。将示波器的探头接至励磁绕组所串联电阻 R_{f2} 两端，按上述步骤 4）所述方法用数字式记忆示波器摄录短路瞬间三相同步发电机的励磁电流的波形，并在图 4-19 中画出突然短路瞬间励磁电流的波形。

（4）数据计算。根据电机学可知，定子电流一般应为周期分量、非周期分量和 2 次谐波等三个分量之和。若忽略 2 次谐波，则有

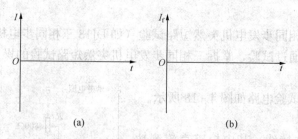

图 4-19　绘出短路瞬间电枢电流和励磁电流的波形图

(a) 突然短路瞬间 A 相的电流波形；(b) 突然短路瞬间励磁电流的波形

$$i=\sqrt{2}E_0\left[\frac{1}{x_d}+\left(\frac{1}{x_d'}-\frac{1}{x_d}\right)\mathrm{e}^{-\frac{t}{T_d'}}+\left(\frac{1}{x_d''}-\frac{1}{x_d'}\right)\mathrm{e}^{-\frac{t}{T_d''}}\right]\cos(\omega t+\beta_{ph})+\frac{\sqrt{2}E_0}{x_d''}\cos\beta_{ph}\mathrm{e}^{-\frac{t}{T_a}}$$

$$=\sqrt{2}\left[I_k(\infty)+\Delta I_k'(0)\mathrm{e}^{-\frac{t}{T_d'}}+\Delta I_k''(0)\mathrm{e}^{-\frac{t}{T_d''}}\right]\cos(\omega t+\beta_{ph})+I_{a1}\mathrm{e}^{-\frac{t}{T_a}}$$

$$=\sqrt{2}\left[I_k(\infty)+\Delta I_k'+\Delta I_k''\right]\cos(\omega t+\beta_{ph})+I_{a1}\mathrm{e}^{-\frac{t}{T_a}}$$

式中：$i_k(\alpha)$ 为稳态短路电流最大值 $i_k(\infty)=\dfrac{\sqrt{2}E_0}{x_d}$；$\Delta i_k'(0)=\dfrac{\sqrt{2}E_0}{x_d'}-\dfrac{\sqrt{2}E_0}{x_d}$，为瞬变分量电流最大值；$\Delta i_k''(0)=\dfrac{\sqrt{2}E_0}{x_d''}-\dfrac{\sqrt{2}E_0}{x_d'}$ 为超瞬变分量电流最大值；$I_{a1}=\dfrac{\sqrt{2}E_0}{x_d''}\cos\beta_{ph}$，为三相突然短路时瞬变分量电流；$T_d'$、$T_d''$、$T_a$ 为三相突然短路时瞬变分量、超瞬变分量及非周期分量电流衰减时间常数；$\Delta I_k'=\Delta I_k'(0)\mathrm{e}^{-\frac{t}{T_d'}}$，$\Delta I_k''=\Delta I_k''(0)\mathrm{e}^{-\frac{t}{T_d''}}$。

　　根据上述相电流的表达式，可以确定瞬变分量电流、超瞬变分量电流以及非周期分量电流的分离方法和步骤如下：

　　1）绘出三相突然短路电流波幅的包络线。将所摄录电流波形的各个波峰值绘制在坐标纸上，然后用平滑的曲线连接起来，就得到一相电流波形的上下两条包络线，如图 4-20 所示。如果起始几个电流波峰之间的时间间隔不相等，则应按实际量得的时间间隔绘制。

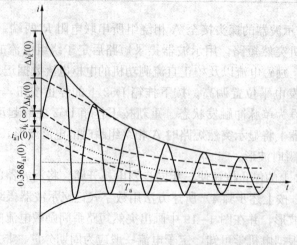

图 4-20　三相同步发电机突然短路电枢电流波形

2）将各项电流的周期分量与非周期分量分开。两瞬时包络线的距离的中点连线（即图 4-21 中虚线所示），为非周期分量电流衰减曲线。两者代数差的一半（即虚线至包络线的距离）为该瞬间电流的周期分量，再求出三相电流周期分量的平均值。

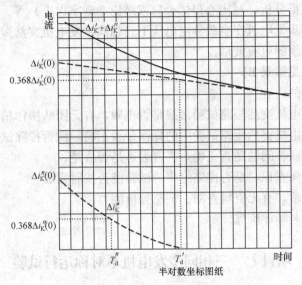

图 4-21 瞬变分量分析图

3）瞬变分量 $\Delta i'_k$ 和超瞬变分量 $\Delta i''_k$。从电枢电流周期分量中减去稳态短路电流 $I_{k(\infty)}$，即得到电流曲线 $(\Delta i'_k + \Delta i''_k)$，将其绘于半对数坐标纸上，将 $(\Delta i'_k + \Delta i''_k)$ 曲线后半部的直线部分延伸到纵坐标上，其交点即为短路电流瞬变分量的初始值。

在半对数坐标纸上，曲线 $(\Delta i'_k + \Delta i''_k)$ 与直线 $\Delta i'_k$ 在同一瞬间的差值即为短路电流的超瞬变分量 $\Delta i''_k$。把超瞬变电流分量与时间的关系也画在半对数坐标纸上，并将其延伸到纵坐标轴，则交点即为超瞬变分量电流的起始值 $\Delta i'_{k(0)}$。

4）计算直轴瞬变电抗 x'_d 及超瞬变电抗 x''_d。相关计算公式如下

$$x'_d = \frac{\sqrt{2}U}{\sqrt{3}(i_{k(\infty)} + \Delta i'_{k(0)})}, \quad x'_{d*} = \frac{I_{phN}}{U_{phN}}x'_d$$

$$x''_d = \frac{\sqrt{2}U}{\sqrt{3}(i_{k(\infty)} + \Delta i'_{k(0)} + \Delta i''_{k(0)})}, \quad x''_{d*} = \frac{I_{phN}}{U_{phN}}x''_d$$

式中：U_{phN} 和 I_{phN} 为被试电机的额定相电压和额定相电流。

5）确定时间常数 T'_d、T''_d 及 T_a。

电枢绕组短路时的直轴瞬变时间常数 T'_d 是电枢电流瞬变周期分量自初始值衰减到 $0.368\Delta i''_{k0}$ 时所需要的时间。

电枢绕组短路时的直轴超瞬变时间常数 T''_d 是电枢电流超瞬变分量自初始值 $\Delta i''_{k0}$ 衰减到 $0.368\Delta i''_{k0}$ 时所需要的时间。

电枢绕组短路时的非周期分量时间常数 T_a 是电枢电流非周期分量 I_{a1} 自初始值衰减到初始值的 0.368 倍时所需的时间。

四、试验报告（见附录 A）

试验报告包含的内容：

（1）报告封面应写明试验报告名称、专业班级、姓名学号、同组成员、试验日期、试验台号。

（2）写明试验目的、试验设备，绘出试验电路，记录测量数据。

（3）进行试验数据分析，写出心得体会（或结论 200 字以上）等。

（4）绘制三相同步发电机在空载额定电压下三相同步发电机突然短路时的励磁绕组的电流波形，以及定子绕组的电流波形。

五、考核评定（见附录 B）

考核评定应包括的内容：

（1）三相同步发电机突然短路试验接线是否正确，有无团队协作精神。

（2）三相同步发电机突然短路试验中的操作是否正确，能否排除试验中出现的故障。

（3）知识应用，回答问题是否正确，语言表达是否清楚。

（4）有无安全环保意识，是否遵守纪律。试验能否按时完成。

（5）试验报告质量，有无资料查阅、汇总分析能力。

（6）小组评价、老师评价等。

项目七　三相同步发电机不对称运行试验

一、教学目标

（一）能力目标

（1）能进行三相同步发电机不对称运行试验接线。

（2）能进行三相同步发电机不对称运行试验操作。

（3）能计算三相同步发电机不对称运行的零序阻抗及负序阻抗。

（二）知识目标

（1）了解三相同步发电机不对称运行的概念，了解负序阻抗及零序阻抗的含义。

（2）熟悉同步发电机不对称运行的分析方法（对称分量分析法）。

（3）掌握不对称运行的相序方程式和等值电路。

二、设备

三相同步发电机不对称运行试验设备见表 4-25。

表 4-25　　　　　　　　三相同步发电机不对称运行试验设备表

序号	型号	名　称	数量
1	DD03、DJ18	导轨、测速发电机及转速表；三相同步电机	各 1 件
2	DJ23、D31	校正直流测功机；直流数字电压表、毫安表、电流表	各 1 件
3	D32、D33	数/模交流电流表；数/模交流电压表	各 1 件
4	D34-3、D44	智能型功率表；可调电阻器、电容器	各 1 件
5	D52	旋转灯、并网开关、励磁电源	1 件
6	D51	波形测试及开关板	1 件

三相同步发电机不对称运行试验设备排列顺序如图 4-22 所示。

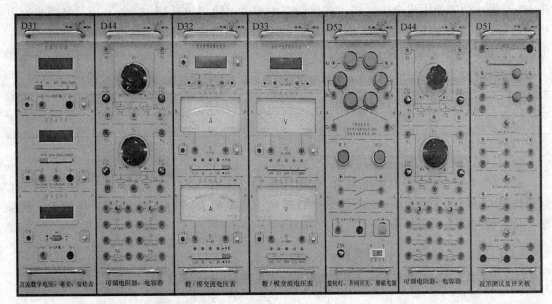

图 4-22 三相同步发电机不对称运行试验设备排列顺序（D31、D44、D32、D33、D52、D44、D51）

三、工作任务

进行某一型号三相同步发电机不对称运行试验（如 DJ18 三相同步电机）。

📢 【任务一】同步电机零序阻抗及负序阻抗的测定

（1）试验目的。通过试验，掌握测定同步电机零序阻抗及负序阻抗的方法。

（2）试验电路。试验电路如图 4-23 所示。

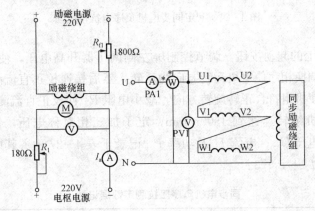

图 4-23 测定同步电机零序电抗接线图

（3）试验方法。

1）零序阻抗的测定。

a. 按图 4-23 接线，其中电阻 R_1 选用挂箱 D42 上的 900Ω 并联 900Ω 电阻共 450Ω，电阻 R_{f1} 选用挂箱 D42 上的 900Ω 串联 900Ω 电阻共 1800Ω 阻值。将电阻 R_1 调至最大位置，电阻 R_{f1} 调至最小位置。并将电枢电源输出电压调至 220V，为起动电机做好准备。

b. 接通校正直流测功机的励磁电源，然后接通电枢电源使电机符合正转要求，减小电

阻 R_1 至最小位置使电机全压运转，然后调节电阻 R_{fl} 使机组达到 1500r/min。将同步发电机的定子绕组串联连接，在端点上施加额定频率的交流电压，使电流数值（零序电流）等于 $0.25I_N$。将此数据记录于表 4-26 中。

表 4-26　　　　　　　　　同步电机零序阻抗及负序阻抗测定数据记录

测量数据	U_0(V)	I_0(A)	P_0(W)
数值			

2）负序阻抗的测定。

a. 按图 4-24 接线，其中电阻 R_1 选用挂箱 D42 上 900Ω 并联 900Ω 共 450Ω 阻值，R_{fl} 选用挂箱 D42 上 900Ω 串联 900Ω 共 1800Ω 阻值。将电阻 R_1 调至最大位置，电阻 R_{fl} 调至最小位置为起动电机做好准备。

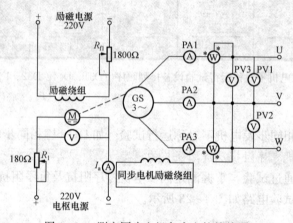

图 4-24　测定同步电机负序电抗接线图

b. 按下控制屏上的起动按钮，调节控制屏左侧调压器升高电压，使电机运转，如果同步电机为正转则应调换相序使电机运转方向为反转，然后接通校正直流测功机的励磁电源，再接通电枢电源，使机组符合正转旋转方向，减小电阻 R_1 使校正直流测功机全压运转，调节励磁电阻 R_{fl} 使机组转速达到 1500r/min，定子加三相对称电压，使此时的电流等于 $0.25I_N$，将此时的电压 U_-、电流 I_- 及功率 P_- 记录于表 4-27 中。其中 $U_-=(U_1+U_2+U_3)/3$，$I_-=(I_1+I_2+I_3)/3$。

表 4-27　　　　　　　　　同步电机负序阻抗测定数据记录

测量数据	U_1(V)	U_2(V)	U_3(V)	U_-(V)	I_1(A)	I_2(A)	I_3(A)	I_-(A)	P_-(W)
数值									

【任务二】三相同步发电机的不对称运行试验

（1）试验目的。通过试验，掌握三相同步发电机各种不对称运行（单相短路、相间短路、三相短路）时的短路电流计算。

（2）试验电路。试验电路如图 4-25 所示。

（3）试验方法。

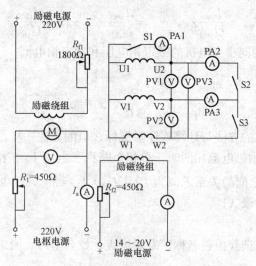

图 4-25 三相同步发电机不对称运行试验接线图

1）按照图 4-25 接线，图中电阻选用挂箱 D42 挂件上对应阻值的电阻，开关 S1、S2、S3 选用挂件挂箱 D51 上不同的开关。开关 S1、S2、S3 均处于断开状态。

2）按照上述起动方法起动校正直流测功机，并使转速达到 1500r/min。然后调节同步发电机的励磁电阻 R_{f2}，使同步发电机输出电压达到额定值 220V。此时三相同步发电机处于空载运行状态。将 U_1、U_2、U_3、I_1、I_2、I_3、I_a、I_{f2} 数值记录于表 4-28 中。

表 4-28　　　　　　　　　三相同步发电机的不对称运行试验数据记录

运行状态	$U_1(V)$	$U_2(V)$	$U_3(V)$	$I_1(A)$	$I_2(A)$	$I_3(A)$	$I_a(A)$	$I_{f2}(A)$
空载运行								
单相短路运行								
相间短路运行								
三相短路运行								

3）保持同步发电机输出电压 $U=220V$，然后将开关 S1 闭合、开关 S2、S3 断开，此时三相同步发电机处于单相短路运行状态。将所得到的数据记录于表 4-28 中。

4）保持同步发电机输出电压 220V 不变，然后将开关 S2 闭合、开关 S1、S3 断开，三相同步发电机处于相间短路运行。将测得的数据记录于表 4-28 中。

5）保持同步发电机输出电压 220V 不变，然后将开关 S1 断开、开关 S2、S3 闭合，三相同步发电机处于三相稳态短路运行。将测得的数据记录于表 4-28 中。

（4）数据计算。

1）根据试验数据计算同步发电机的零序电抗和负序电抗。

三相同步发电机的零序阻抗由下式求得

$$Z_0 = \frac{U_0}{3I_0}, \quad r_0 = \frac{P_0}{3I_0^2}, \quad x_0 = \sqrt{Z_0^2 - r_0^2}$$

按下式求出其标幺值

$$Z_{0*} = \frac{I_{\text{phN}}}{U_{\text{phN}}} Z_0, \quad r_{0*} = \frac{I_{\text{phN}}}{U_{\text{phN}}} r_0, \quad x_{0*} = \frac{I_{\text{phN}}}{U_{\text{phN}}} x_0$$

其中，U_{phN} 和 I_{phN} 为同步发电机的额定相电压和额定相电流。

按下式计算负序电抗

$$Z_- = \frac{U_+}{\sqrt{3}\,I_+}, \quad r_- = \frac{P_-}{3I_-^2}, \quad x_- = \sqrt{Z_-^2 - r_-^2}$$

计算负序阻抗幺值的方法与计算零序阻抗幺值的方法一样。

2) 当同步发电机的励磁电流相同时，单相短路稳态电流 I_{k1}、相间短路稳态电流 I_{k2} 以及三相稳态短路电流 I_{k} 之间的关系近似为 $I_{\text{k1}} : I_{\text{k2}} : I_{\text{k}} = 3 : \sqrt{3} : 1$。

四、试验报告（见附录 A）

试验报告包含的内容：

(1) 报告封面应写明试验报告名称、专业班级、姓名学号、同组成员、试验日期、试验台号。

(2) 写明试验目的、试验设备，绘出试验电路，记录测量数据。

(3) 进行试验数据分析，写出心得体会（或结论 200 字以上）等。

(4) 分析三相同步发电机不对称运行时的危害。

五、考核评定（见附录 B）

考核评定应包括的内容：

(1) 三相同步发电机不对称运行试验接线是否正确，有无团队协作精神。

(2) 三相同步发电机不对称运行试验中的操作是否正确，能否排除试验中出现的故障。

(3) 知识应用，回答问题是否正确，语言表达是否清楚。

(4) 有无安全环保意识，是否遵守纪律。试验能否按时完成。

(5) 试验报告质量，有无资料查阅、汇总分析能力。

(6) 小组评价、老师评价等。

第五章 直流电机试验

项目一 直流电动机调速试验

一、教学目标

（一）能力目标

（1）能进行直流电动机的调速试验接线。

（2）能进行改变直流电动机转速的试验操作。

（二）知识目标

（1）了解直流电动机的各种调速原理。

（2）熟悉直流电动机的不同调速方法。

（3）掌握改变直流电动机电枢回路电压及改变励磁电流调速的操作方法。

二、仪器设备

直流电动机调速试验仪器设备见表 5 - 1。

表 5 - 1　　　　　　　　　直流电动机调速试验仪器设备表

序号	型号	名　　称	数量
1	DD03	导轨、测速发电机及转速表	各1件
2	DJ23、D44	校正直流测功机、可调电阻箱	各1件
3	D31	直流数字电压表、毫安表、安培表	2件
4	D42	三相可调电阻器	1件

直流电动机调速试验设备排列顺序如图 5 - 1 所示。

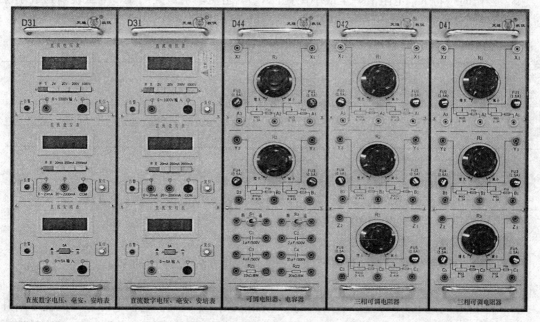

图 5 - 1　直流电动机调速试验设备排列顺序（D31、D31、D44、D42、D41）

三、工作任务

进行某一型号直流电动机的调速试验（如 DJ23 直流电动机）。

【任务一】改变直流电动机电枢回路电压调速

（1）试验目的。通过试验，掌握调节直流电动机电枢回路电压改变电机转速的方法。

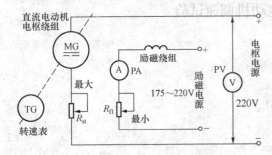

图 5-2　直流电动机调速控制电路

（2）试验电路。试验电路如图 5-2 所示。

（3）试验方法。

1）按图 5-2 所示接线，在三相电源断电的条件下，被测电机选用 DJ23 校正直流测功机（直流电动机），其额定功率为 $P_N = 355W$，额定电压 $U_N = 220V$，额定电流 $I_N = 2.2A$，额定转速 $n_N = 1500r/min$，额定励磁电压 $U_{fN} = 220V$，额定励磁电流 $I_{fN} \leqslant 0.16A$。R_{fl} 选用挂箱 D42 中两只 900Ω 的可调电阻器串联（共 1800Ω）；R_{st} 选用 D41 中的两只 90Ω 的电阻器串联（180Ω）；选择直流电压表量程为 1000V，直流电流表的量程为 5A。

2）把 R_{fl} 电阻值调节到最小，R_{st} 电阻值调节到最大，电压表调节到最小电压 36V。

3）将 DD01 控制屏下方左、右两边的"励磁电源"开关及"电枢电源"开关置于断开的位置，然后按次序先开启控制屏上的"电源总开关"；再按下"起动"按钮；随后接通"励磁电源"开关；经检查 R_{st} 电阻值在最大位置，且电流表 PA 有励磁电流显示时接通"电枢电源"开关，使直流电动机 MG 起动运转。

4）调节"电枢电源"电压为 36～220V；调节 R_{st} 的电阻值，观察电压和转速的变化。读取 5～6 组数据记录于表 5-2 中。然后降压，切断电源。

5）停机时，将 R_{fl} 电阻值调至最小位置，R_{st} 电阻值调至最大位置，电压表调到最小位置。然后关断"电枢电源"开关，再关断"励磁电源"开关。

表 5-2　　　　　　　　　　　　直流电动机调速试验数据记录

名称　　序号	1	2	3	4	5	6
$U(V)$						
$n(r/min)$						

【任务二】改变直流电动机励磁电流调速

（1）试验目的。通过试验，掌握调节直流电动机励磁电流改变转速的方法。

（2）试验电路。试验电路如图 5-2 所示。

（3）试验方法。

1）按图 5-2 所示接线，操作内容如任务一中试验方法（3）中的 1）。

2）把 R_{fl} 电阻值调节到最小，R_{st} 电阻值调节到最大，电压表调节到最小电压 36V。

3）将 DD01 控制屏下方左、右两边的"励磁电源"开关及"电枢电源"开关置于断开的位置，然后按次序先开启控制屏上的"电源总开关"；再按下"起动"按钮；随后接通

"励磁电源"开关；经检查 R_{st} 电阻值在最大位置，且电流表 PA 有励磁电流显示时接通"电枢电源"开关，使直流电动机 MG 起动运转。

4）调节直流电枢电压达到 220V，调节 R_{st} 的电阻值使直流电动机的转速达到额定转速 1500r/min。

5）调节直流电动机励磁回路电阻 R_{fl} 的电阻值，观察转速和励磁电流的变化关系。在调节 R_{fl} 的过程中逐次读取 I_f 和 n 的值 6～9 组，记录于表 5-3 中。然后降压，切断电源。

6）停机时，将 R_{fl} 电阻值调至最小位置，R_{st} 电阻值调至最大位置，电压表调到最小位置。然后关断"电枢电源"开关，再关断"励磁电源"开关。

表 5-3　　　　　　　　　改变直流电动机励磁电流调速数据记录

序号 名称	1	2	3	4	5	6	7	8	9
$I_f(A)$									
$n(r/min)$									

四、试验报告（见附录 A）

试验报告包含的内容：

（1）报告封面应写明试验报告名称、专业班级、姓名学号、同组成员、试验日期、试验台号。

（2）写明试验目的、试验设备，绘出试验电路，记录测量数据。

（3）进行试验数据分析，写出心得体会（或结论 200 字以上）等。

五、考核评定（见附录 B）

考核评定应包括的内容：

（1）直流电动机调速控制接线是否正确，有无团队协作精神。

（2）知识应用，回答问题是否正确，语言表达是否清楚（例如，在试验过程中，当磁场回路断线时并励电动机是否一定会出现"飞车"?）。

（3）有无安全环保意识，是否遵守纪律。试验能否按时完成。

（4）试验报告质量，有无资料查阅、汇总分析能力。小组评价、老师评价等。

项目二　直流他励电动机各种运行状态下的机械特性试验

一、教学目标

（一）能力目标

（1）能进行直流他励电动机各种运行状态下的机械特性试验接线。

（2）能进行直流他励电动机各种运行状态下的机械特性试验操作。

（二）知识目标

（1）了解直流他励电动机在各种运行状态下的机械特性。

（2）掌握测定直流他励电动机机械特性的方法。

二、仪器设备

直流他励电动机机械特性试验仪器设备见表 5-4。

表 5-4　　　　　　　　直流他励电动机机械特性试验仪器设备表

序号	型号	名　　称	数量
1	DD03	导轨、测速发电机及转速表	1件
2	DJ15、DJ23	直流并励电动机、校正直流测功机	各1件
3	D31、	直流数字电压表、毫安表、安培表	2件
4	D41、D42	三相可调电阻器	各1件
5	D44	可调电阻器、电容器	1件
6	D51	波形测试及开关板	1件

直流他励电动机机械特性试验设备排列顺序如图 5-3 所示。

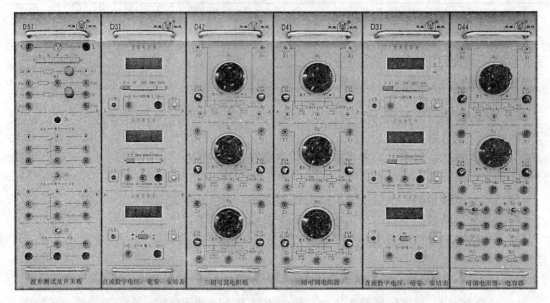

图 5-3　直流他励电动机机械特性试验设备排列顺序（D51、D31、D42、D41、D31、D44）

三、工作任务

进行某一型号直流他励电动机的机械特性测试（如 DJ15、DJ25 直流电动机）。

🔊【任务一】测定直流他励电动机固有机械特性及回馈制动状态机械特性

（1）试验目的。通过试验掌握直流他励电动机固有机械特性及回馈制动状态机械特性的测试方法。

（2）试验电路。试验电路如图 5-4 所示。

（3）试验方法。

1）按图 5-4 所示接线，直流电动机 M 选用 DJ15 直流并励电动机（接成他励方式），其额定功率 $P_N=185W$，额定电压 $U_N=220V$，额定电流 $I_N=1.2A$，额定转速 $n_N=1600r/min$，额定励磁电压 $U_{fN}=220V$，额定励磁电流 $I_{fN}\leqslant0.16A$。DJ23 为校正直流测功机（见图 5-4 中 MG），其额定功率 $P_N=355W$，额定电压 $U_N=220V$，额定电流 $I_N=2.2A$，额定转速 $n_N=1500r/min$，额定励磁电压 $U_{fN}=220V$，额定励磁电流 $I_{fN}\leqslant0.16A$。直流电压表 PV1、PV2 的量程选择 1000V 挡，直流电流表 PA1、PA3 的量程选择 200mA 挡，电流表 PA2、PA4 的量程选择 5A 挡。R_1 选用挂箱 D44 上的 1800Ω 电阻器加上 180Ω 电阻器串联共 1980Ω 电

阻，R_2 选用挂箱 D42 上的两个 900Ω 电阻器并联（即 450Ω），R_3 选用挂箱 D42 上的 1800Ω 电阻器与 D41 上的 180Ω 电阻器串联组成 1980Ω 电阻器，R_4 选用挂箱 D42 上的 1800Ω 电阻器与挂箱 D41 上的 4 个 90Ω 电阻器串联组成 2160Ω 电阻器。开关 S1、S2 选用挂箱 D51 上的双刀双掷开关。

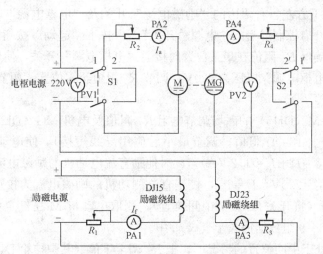

图 5-4 直流他励电动机在各种运行状态下的机械特性试验电路

2）开启直流电机电源的操作。

a. 开启 DD01 "电源总开关" 并按下 "起动" 按钮。然后开启 "直流电机电源"。

b. 接通 DD01 面板上的 "励磁电源" 开关，得到约为 220V、0.5A 不可调的直流电压输出。接通 "电枢电源" 开关，得到 40～230V、3A 可调直流电压输出。通过 "切换开关" 显示 "电枢电压" 或 "励磁电压"。

c. DD01 控制屏上 "电枢电源" 采用脉宽调制型开关式稳压电源，输入端接有滤波大电容，采用限流延时保护电路。所以电源在开机时，从电枢电源开关合闸到直流电压输出有 3～4s 延时起动时间。

d. DD01 控制屏上电枢电源设有过电压和过电流指示告警保护电路。当输出电压出现过电压时，将自动切断输出电源，并告警指示。此时若要恢复输出，必须先将 "电压调节" 旋钮逆时针旋转调低电压到正常值（约 240V 以下），再按 "过压复位" 按钮，才能输出电压。同理，当负载电流过大（即负载电阻过小）超过 3A 时，也会自动切断输出，并告警指示，此时需要恢复输出，只需调小负载电流（即调大负载电阻）即可。有时开机出现过电流告警，说明开机时负载电流太大，需要降低负载电流，可在电枢电源输出端增大负载电阻或暂时拔掉一根导线（空载）开机，待直流输出电压正常后，再插回导线加正常负载（不可短路）工作。若在空载时开机仍发生过电流告警，这是气温或湿度明显变化，造成光电耦合器 TIL117 漏电使过电流保护起控点改变所致，一般经过空载开机（即开启交流电源后，再开启 "电枢电源" 开关）预热几十分钟，即可停止告警，恢复正常。所有这些操作到直流电压输出都有 3～4s 的延时。

e. 开机时先开 "励磁电源"，后开 "电枢电源"；在关机时，先关 "电枢电源" 后关 "励磁电源"。同时要注意在电枢电路中串联起动电阻以防止电源过电流保护。

3) 测定直流他励电动机固有机械特性及回馈制动状态机械特性（$R_2=0\Omega$）。

a. 将 R_1 阻值置于最小位置，R_2、R_3 及 R_4 阻值置于最大位置，转速表置于正向 1800r/min 量程。开关 S1、S2 选用挂箱 D51 上对应的开关，并将 S1 合向 1 电源端，S2 合向 $2'$ 短接端（见图 5 - 4）。

b. 检查控制屏下方左、右两边的"励磁电源"开关及"电枢电源"开关是否在断开位置，然后按次序先开启控制屏上的"电源总开关"，再按下"起动"按钮，随后接通"励磁电源"开关，最后确保 R_2 阻值在最大位置时接通"电枢电源"开关，使他励直流电动机 M 起动运转。调节"电枢电源"电压为 220V；调节 R_2 阻值至零位置，调节 R_3 阻值，使电流表 PA3 为 100mA。

c. 调节电动机 M（DJ15）的磁场调节电阻 R_1 阻值及电机 MG（DJ23）的负载电阻 R_4 阻值（先调节 D42 上 1800Ω 阻值，调至最小后应用导线短接）。使电动机 M 转速为 $n=n_N=1600$r/min，$I_N=I_f+I_a=1.2$（A）。此时他励直流电动机的励磁电流 I_f 为额定励磁电流 I_{fN}。保持 $U=U_N=220$V，$I_f=I_{fN}$，校正直流测功机的励磁电流为校正值 100mA。增大 R_4 阻值，直至空载（将开关 S2 拨至中间位置），测取电动机 M 在额定负载至空载范围的 n、I_a 数据。共取 5～9 组数据记录于表 5 - 5 中。

d. 在确定 S2 处于中间位置的情况下，把 R_4 调至零值（其中挂箱 D42 上 1800Ω 阻值调至零值后用导线短接），再减小 R_3 阻值，使 MG 的空载电压与电枢电源电压值接近相等，且极性相同后把开关 S2 合向 $1'$ 端。

e. 保持电枢电源电压 $U=U_N=220$V，$I_f=I_{fN}$，调节 R_3 阻值，使电阻值增加，电动机转速升高，当 PA2 表的电流值为 0A 时，此时电动机转速为理想空载转速（此时转速表量程应打向正向 3600r/min 挡），继续增加 R_3 的电阻值，使电动机进入第二象限回馈制动状态运行直至转速约为 1900r/min，测取 M 的 n、I_a。共取 8～9 组数据记录于表 5 - 6 中。

f. 停机（先关断"电枢电源"开关，再关断"励磁电源"开关，并将开关 S2 合向 $2'$ 端）。

表 5 - 5　　　直流他励电动机机械特性试验数据记录（$U_N=220$V，$I_{fN}=$____ mA）

序号	1	2	3	4	5	6	7	8	9
I_a(A)									
n(r/min)									

表 5 - 6　　　直流他励电动机机械特性试验数据记录（$U_N=220$V，$I_{fN}=$____ mA）

序号	1	2	3	4	5	6	7	8	9
I_a(A)									
n(r/min)									

【任务二】测定直流他励电动机电动状态及反接制动状态的机械特性（$R_2=400\Omega$）

（1）试验目的。通过试验掌握直流他励电动机电动状态及反接制动状态的机械特性。

（2）试验电路。试验电路如图 5 - 4 所示。

（3）试验方法。

1）按图 5 - 4 所示接线，操作方法同任务一中（3）试验方法 1）。

2）开启直流电机电源的操作。操作方法同任务一（3）试验方法 2）。

3）测定直流他励电动机电动状态及反接制动状态的机械特性（人为特性，$R_2 = 400\Omega$）。

a. 在确保断电条件下，用万用表将 R_2 电阻器电阻调节到 400Ω。

b. 转速表 n 置于正向 1800r/min 量程，S1 合向 1 端，S2 合向中间位置，把电机 MG 电枢的二个插头对调，R_1 调至最小值，R_3 调至最大值。R_4 置于最大电阻值。

c. 接通"励磁电源"，再接通"电枢电源"，使电动机 M 起动运转，在 S2 两端测量测功机 MG 的空载电压是否和"电枢电源"的电压极性相反，若极性相反，确保 R_4 阻值在最大位置时可把 S2 合向 1′端。

d. 保持电动机的"电枢电源"电压 $U = U_N = 220\text{V}$，$I_f = I_{fN}$ 不变，逐渐减小 R_4 电阻值（先减小 D44 上 1800Ω 电阻值，调至零值后用导线短接），使电机减速直至为零。把转速表的正、反开关打在反向位置，继续减小 R_4 电阻值，使电动机进入"反向"旋转，转速在反方向上逐渐上升，此时电动机工作于电动势反接制动状态运行，直至电动机 M 的 $I_a = I_{aN}$，测取电动机在 1、4 象限的 n、I_a，共取 12 组数据记录于表 5-7 中。

e. 停机。必须记住先关断"电枢电源"而后关断"励磁电源"的次序，并随手将 S2 合向 2′端。

表 5-7　直流他励电动机机械特性试验数据记录（$U_N = 220\text{V}$，$I_{fN} = \underline{\quad}\text{mA}$，$R_2 = 400\Omega$）

序号	1	2	3	4	5	6	7	8	9	10	11	12
$I_a(\text{A})$												
$n(\text{r/min})$												

【任务三】测定直流他励电动机能耗制动状态机械特性

（1）试验目的。通过试验掌握直流他励电动机能耗制动状态机械特性的测定方法。

（2）试验电路。试验电路如图 5-4 所示。

（3）试验方法。

1）按图 5-4 所示接线，操作方法同任务一中（3）试验方法 1）。

2）开启直流机电源的操作。操作方法同任务一（3）试验方法 2）。

3）测定直流他励电动机能耗制动状态机械特性。

a. 图 5-4 中，S1 合向 2 短接端，R_1 置最大位置，R_3 置最小值位置，R_2 调定 180Ω 阻值，S2 合向 1′端。

b. 先接通"励磁电源"，再接通"电枢电源"，使校正直流测功机 MG 起动运转，调节"电枢电源"电压为 220V，调节 R_1 使电动机 M 的 $I_f = I_{fN}$，先减少 R_4 阻值使电机 M 的能耗制动电流 $I_a = 0.8I_{aN}$，然后逐次增加 R_4 阻值，其间测取 M 的 I_a、n 共取 8～9 组数据记录于表 5-8 中。

c. 把 R_2 调节到 90Ω 阻值，重复上述实验操作步骤（2）、（3），测取 M 的 I_a、n 共取 6～8 组数据记录于表 5-9 中。

表 5-8　直流他励电动机能耗制动状态机械特性试验数据记录（$R_2 = 180\Omega$，$I_{fN} = \underline{\quad}\text{mA}$）

序号	1	2	3	4	5	6	7	8
$I_a(\text{A})$								
$n(\text{r/min})$								

表 5 - 9　直流他励电动机能耗制动状态机械特性试验数据记录 ($R_2 = 90\Omega$, $I_{fN} = $＿＿ mA)

序号	1	2	3	4	5	6	7	8
I_a(A)								
n(r/min)								

四、试验报告（见附录 A）

试验报告包含的内容：

（1）报告封面应写明试验报告名称、专业班级、姓名学号、同组成员、试验日期、试验台号。

（2）写明试验目的、试验设备，绘出试验电路，记录测量数据。

（3）进行试验数据分析，写出心得体会（或结论 200 字以上）等。

（4）根据试验数据，绘制他励直流电动机运行在第一、二、四象限的电动和制动状态及能耗制动状态下的机械特性 $n = f(I_a)$（在同一坐标纸绘出）。

五、成绩评定（见附录 B）

成绩评定应包括的内容：

（1）直流他励电动机在各种运行状态下的机械特性试验电路接线是否正确，有无团队协作精神。

（2）直流他励电动机起动和停止操作是否正确。

（3）知识应用，回答问题是否正确，语言表达是否清楚。

（4）有无安全环保意识，是否遵守纪律。试验能否按时完成。

（5）试验报告质量，有无资料查阅、汇总分析能力。

（6）小组评价、老师评价等。

第二篇　继电接触控制的电力拖动试验

在工农业自动化生产过程中普遍利用电力拖动生产机械实现生产过程的自动控制。继电器、接触器、按钮、自动空气开关、行程开关等低压电器构成的控制电路称为继电接触控制电路。它是最常见的一种控制方式，具有价格低廉、结构简单、实用、维修方便等特点。

第六章　电力拖动继电接触控制试验

项目一　三相异步电动机点动和自锁控制电路试验

一、教学目标

（一）能力目标

（1）能进行三相异步电动机点动控制和自锁控制电路的安装接线及操作。

（2）能进行三相异步电动机点动控制和自锁控制电路的调试及故障排除。

（二）知识目标

（1）熟悉由电气原理图变换为安装接线图的方法。

（2）掌握三相异步电动机点动控制和自锁控制电路中各元器件的使用方法。

（3）掌握三相异步电动机点动控制和自锁控制电路中各元器件的作用。

二、仪器设备

三相异步电动机点动和自锁控制试验仪器设备见表6-1。

表6-1　　　　　　　　三相异步电动机点动和自锁控制试验仪器设备表

序号	型号	名　　称	数量
1	DJ16	三相笼型异步电动机（△/220V）	1件
2	D61、D62	继电接触控制挂箱（一）、（二）	各1件

三相异步电动机点动控制和自锁控制试验设备排列顺序如图6-1所示。

三、工作任务

进行某一型号三相异步电动机的点动控制和自锁控制试验（如DJ16或DJ17组成的电路，如图6-2所示）。

【任务一】三相异步电动机点动控制试验（单向点动）

（1）试验目的。通过试验的挂箱、电机安装、接线及操作，掌握三相异步电动机点动控制线路的结构及操作方法。

（2）试验电路。试验电路如图6-3所示。

（3）试验方法。

1）检查DD01控制屏左侧端面上的调压器旋钮是否在零位，"直流电机电源"的"电枢

图 6-1　三相异步电动机点动控制和自锁控制试验设备排列顺序（D61、D62）

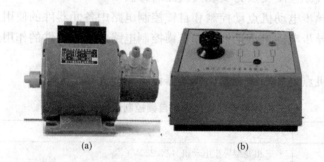

图 6-2　点动控制和自锁控制线路试验用电动机
(a) DJ17 绕线型异步电动机；(b) DJ17-1 三相电阻箱（Y 接法）

电源"开关及"励磁电源"开关是否在"关"断位置。然后打开"电源总开关"，按下起动按钮，调节调压器旋钮将三相交流电源输出端 U、V、W 的线电压调到 220V。再按下控制屏上的"停止"按钮切断三相交流电源。SB1、KM1 选用挂箱 D61 上元器件，Q1、FU1、FU2、FU3、FU4 选用挂箱 D62 上的元器件，电动机选用 DJ16（△/220V）。

　　2）按图 6-3 所示接线，先接主电路（图 6-3 左侧电路），从三相交流电源输出端 U、V、W 经三相开关 Q1、熔断器（FU1、FU2、FU3）、接触器 KM1 主触点连接到 DJ16（或 DJ17）电动机的三个线端 U、V、W（用导线按顺序串联）。再接控制电路，从熔断器 FU4 插孔 W 开始，经动合按钮 SB1、接触器 KM1 线圈连接到插孔 V。接线完毕经指导老师检查无误后，按下列步骤进行试验。

a. 按下控制屏上"起动"按钮。

b. 合上电源 Q1,接通三相交流 220V 电源。

c. 按下起动按钮 SB1,对电动机进行点动操作,比较按下 SB1 和松开 SB1 时电动机的运转情况(电动机运转或停转)。

【任务二】三相异步电动机自锁控制试验

(1)试验目的。通过试验的挂箱、电机安装、接线及操作,熟练掌握自锁控制线路各元器件的使用方法及作用。

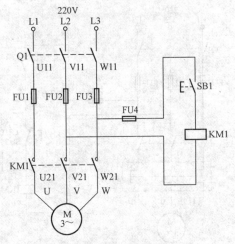

图 6-3 点动控制电路

(2)试验电路。试验电路如图 6-4 所示。

(3)试验方法。

1)按下控制屏上的"停止"按钮(切断三相交流电源)。

2)按图 6-4 接线,图中 SB1、SB2、KM1、FR1 选用挂件 D61 中的元器件,Q1、FU1、FU2、FU3、FU4 选用挂件 D62 中的元器件,电机选用 DJ16 三相异步电动机(△/220V)。经检查接线无误后,起动电源进行试验。

a. 合开关 Q1,接通三相交流 220V 电源。

b. 按下起动按钮 SB2,松手(松开起动按钮 SB2)后观察电动机 DJ16 的运转情况。

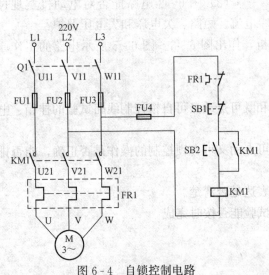

图 6-4 自锁控制电路

c. 按下停止按钮 SB1,松手后观察电动机 DJ16 的运转情况(电动机运转、停转或连续转动)。

【任务三】三相异步电动机既可点动又可自锁控制试验

(1)试验目的。通过试验的挂箱、电机安装、接线以及试验观察,熟练掌握设计、分析既有点动又有自锁控制电路的作用。

(2)试验电路。试验电路如图 6-5 所示。

(3)试验方法。

1)按下 DD01 控制屏上的"停止"按钮切断三相交流电源。

2)按图 6-5 接线,SB1、SB2、SB3、KM1、FR1 选用挂件 D61 中的元器件,Q1、FU1、FU2、FU3、FU4 选用挂件 D62 中的元器件,电机选用 DJ16(△/220V),经检查无误后通电试验。试验步骤如下。

a. 合上 Q1 接通三相交流 220V 电源。

b. 按下起动按钮 SB2,松手后观察电机 M 是否继续运转。

c. 运转半分钟后按下 SB3,然后松开,电机 M 是否停转。连续按下和松开 SB3,观察

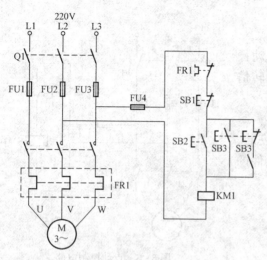

图 6-5　既可点动又可自锁控制电路

此时属于什么控制状态。

d. 按下停止按钮 SB1，松手后观察 M 是否停转。

四、试验结果讨论与分析

（1）试分析什么叫点动，什么叫自锁，并比较图 6-3 和图 6-4 在结构和功能上有什么区别？

（2）图中各个电器如 Q1、FU1、FU2、FU3、FU4、KM1、FR1、SB1、SB2、SB3 各起什么作用？已经使用了熔断器为何还要使用热继电器？已经有了开关 Q1 为何还要使用接触器 KM1？

（3）图 6-3 电路能否对电动机实现过电流、短路、欠电压和失电压保护？

（4）以小组为单位对试验结果进行讨论分析，作出图 6-3～图 6-5 所示电路的工作原理流程图。

五、考核评定（仅供参考）

（1）三相异步电动机点动、自锁控制线路和既可点动又可自锁控制线路试验的挂箱、电机安装、接线是否正确，有无团队协作精神。

（2）三相异步电动机点动、自锁控制和既可点动又可自锁控制的操作是否正确，能否排除试验中出现的故障。

（3）知识应用，回答问题是否正确，语言表达是否清楚。

（4）有无安全环保意识，是否遵守纪律。试验能否按时完成。

（5）有无资料查阅、汇总分析能力。

（6）小组评价、老师评价等。

项目二　三相异步电动机正反转控制电路试验

一、教学目标

（一）能力目标

（1）能进行三相异步电动机正反转控制电路的安装接线。

（2）能进行三相异步电动机正反转控制电路的调试及故障排除。

（二）知识目标

（1）了解三相异步电动机正反转控制的现实意义。

（2）掌握连锁控制线路的接线及使用连锁控制的方法。

（3）掌握三相异步电动机倒顺开关正反转控制、接触器连锁正反转控制、按钮连锁正反转控制、按钮和接触器双重连锁正反转控制的操作方法和各控制方式的特点及存在问题。

二、仪器设备

三相异步电动机的正反转控制电路试验仪器设备见表 6-2。

表 6-2 三相异步电动机的正反转控制电路试验仪器设备表

序号	型号	名　称	数量
1	DJ16	三相笼型异步电动机（△/220V）	1件
2	D61、D62	继电接触控制挂箱（一）、（二）	各1件

三相异步电动机正反转控制电路试验仪器仪表排列顺序如图 6-1 所示。

三、工作任务

进行某一型号三相异步电动机正反转控制试验（如 DJ16、DJ24 三相笼型异步电动机）。

【任务一】电动机倒顺开关正反转控制试验

（1）试验目的。通过试验的挂箱、电机安装、接线及操作，掌握使用倒顺开关改变电源相序实现三相异步电动机正反转控制的方法，了解三相异步电动机正反转控制的实现条件。

（2）试验电路。试验电路如图 6-6 所示。

（3）试验方法。

1）将三相调压电源 U、V、W 输出线电压调到 220V，按下"停止"按钮切断交流电源。

2）按图 6-6 所示接线。图中 Q1（用以模拟倒顺开关）、FU1、FU2、FU3 选用 D62 挂件，电机选用 DJ16（△/220V）三相笼型异步电动机。

3）起动电源后，刀开关 Q1 合向"左合"位置，观察电机转向。

4）电机运转 30s 后，把开关 Q1 合向"断开"位置，再扳向"右合"位置，观察电机的转动方向。

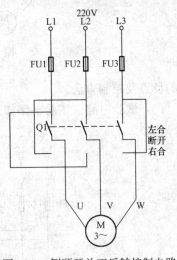

图 6-6　倒顺开关正反转控制电路

【任务二】电动机接触器连锁正反转控制试验

（1）试验目的。通过试验的挂箱、电机安装、接线及操作，掌握使用接触器改变电源相序，控制电机正反转的方法，了解使用连锁控制的意义。

（2）试验电路。试验电路如图 6-7 所示。

（3）试验方法。

1）按下控制屏上的"停止"按钮切断三相交流电源。图 6-7 中 SB1、SB2、SB3、KM1、KM2、FR1 选用 D61 挂件，Q1、FU1、FU2、FU3、FU4 选用 D62 挂件，电机选用 DJ24（△/220V）三相笼型异步电动机。

2）按图 6-7 所示接线。经指导老师检查无误后，按下"起动"按钮通电操作。

3）进行电动机"正—停—反"操作。

a）合上电源开关 Q1，接通 220V 三相交流电源。

b）按下 SB1，观察并记录电动机的转向、接触器自锁和连锁触点的吸断情况。

c）按下 SB3，观察并记录 M 运转状态、接触器各触点的吸断情况。

d）再按下 SB2，观察并记录 M 的转向、接触器自锁和连锁触点的吸断情况。

【任务三】电动机按钮连锁正反转控制试验

（1）试验目的。通过试验的挂箱、电机安装、接线及操作，掌握按钮连锁正反转控制线

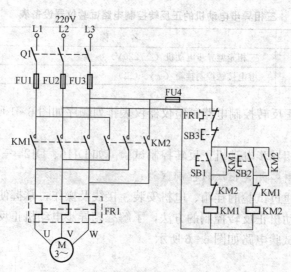

图 6-7　接触器连锁正反转控制电路

路的特点及控制方法。

（2）试验电路。试验电路如图 6-8 所示。

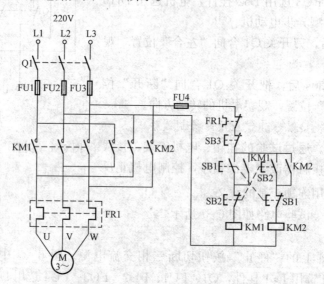

图 6-8　按钮连锁正反转控制电路

（3）试验方法。

1）按下控制屏上"停止"按钮切断三相交流电源。

2）按图 6-8 所示接线。图中 SB1、SB2、SB3、KM1、KM2、FR1 选用 D61 挂件上的元器件，Q1、FU1、FU2、FU3、FU4 选用 D62 挂件中的元器件，电机选用 DJ24（△/220V）三相笼型异步电动机。经老师检查无误后，按下"起动"按钮通电操作。

3）进行"正—反—停"操作。

a. 合上电源开关 Q1，接通 220V 三相交流电源。

b. 按下 SB1，观察并记录电动机的转向、各触点的吸断情况。

c. 按下 SB2，观察并记录电动机的转向、各触点的吸断情况。

d. 按下 SB3，观察并记录电动机的转向、各触点的吸断情况。

【任务四】电动机按钮和接触器双重连锁正反转控制试验

（1）试验目的。通过试验的挂箱、电机安装、接线及操作，并且与接触器连锁、按钮连锁正反转控制进行比较，掌握按钮和接触器双重连锁正反转控制的特点及控制方式。

（2）试验电路。试验电路如图 6-9 所示。

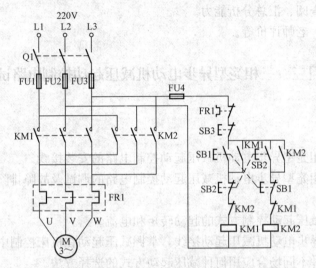

图 6-9 按钮和接触器双重连锁正反转控制电路

（3）试验方法。

1）按下控制屏上"停止"按钮切断三相交流电源。

2）按图 6-9 接线。图中 SB1、SB2、SB3、KM1、KM2、FR1 选用 D61 挂件，FU1、FU2、FU3、FU4、Q1 选用 D62 挂件，电机选用 DJ16（△/220V）。经教师检查无误后，按下"起动"按钮通电操作。

3）进行"正—反—停"操作。

a. 合上电源开关 Q1，接通 220V 三相交流电源。

b. 按下 SB1，观察并记录电动机的转向、各触点的吸断情况。

c. 按下 SB2，观察并记录电动机的转向、各触点的吸断情况。

d. 按下 SB3，观察并记录电动机的转向、各触点的吸断情况。

四、试验结果讨论与分析

（1）在图 6-6 中，欲使电机反转为什么要把手柄扳到"停止"使电动机停转后，才能扳向"反转"使之反转，若直接扳至"反转"会造成什么后果？

（2）分析图 6-6～图 6-9 各有什么特点？并绘出运行原理流程图。

（3）图 6-7、图 6-8 虽然也能实现电动机正反转直接控制，但容易产生什么故障，为什么？比较图 6-9、图 6-7 和图 6-8 各有什么优缺点？

（4）接触器和按钮的连锁触点在继电接触控制中起到什么作用？

五、成绩评定（仅供参考）

（1）三相异步电动机倒顺开关正反转控制、接触器连锁正反转控制、按钮连锁正反转控制、按钮和接触器双重连锁正反转控制线路试验的挂箱、电机安装、接线是否正确，有无团队协作精神。

（2）三相异步电动机倒顺开关正反转控制、接触器连锁正反转控制、按钮连锁正反转控制、按钮和接触器双重连锁正反转控制的操作是否正确，能否排除试验中出现的故障。

（3）知识应用，回答问题是否正确，语言表达是否清楚。

（4）有无安全环保意识，是否遵守纪律。试验能否按时完成。

（5）有无资料查阅、汇总分析能力。

（6）小组评价、老师评价等。

项目三　三相笼型异步电动机减压起动控制电路试验

一、教学目标

（一）能力目标

（1）能进行三相笼型异步电动机减压起动控制电路的安装接线。

（2）能进行三相笼型异步电动机减压起动控制电路的调试及故障排除。

（二）知识目标

（1）了解不同减压起动控制方式的起动转矩和电流。

（2）熟悉三相异步电动机减压起动接线，掌握减压起动在机床控制中的应用。

（3）掌握在各种不同场合应用何种减压起动方式的选择方法。

二、仪器设备

三相笼型异步电动机减压起动控制试验仪器设备见表 6-3。

表 6-3　　　　　　　三相笼型异步电动机减压起动控制试验仪器设备表

序号	型号	名　称	数量
1	DJ16	三相笼型异步电动机（△/220V）	1件
2	D61、D62	继电接触控制挂箱（一）、（二）	各1件
3	D41、D32	三相可调电阻箱、交流电流表	各1件

三相笼型异步电动机减压起动控制电路试验设备排列顺序如图 6-10 所示。

三、工作任务

进行某一型号三相笼型异步电动机不同条件下的减压起动控制试验。

【任务一】电动机手动接触器控制串电阻减压起动控制试验

（1）试验目的。通过试验的挂箱、电机安装、接线及操作，掌握手动接触器控制串电阻减压起动控制的实现方法，了解该起动方法的使用条件。

（2）试验电路。试验电路如图 6-11 所示。

（3）试验方法。

1）把三相可调电源电压调节到线电压 220V，按下屏上"停止"按钮。按图 6-11 接线。图中 FR1、SB1、SB2、SB3、KM1、KM2 选用 D61 挂件，FU1、FU2、FU3、FU4、Q1 选用 D62 挂件，R 用挂箱 D41 上 180Ω 可调电阻器，电流表用挂箱 D32 上 3A 挡，电机

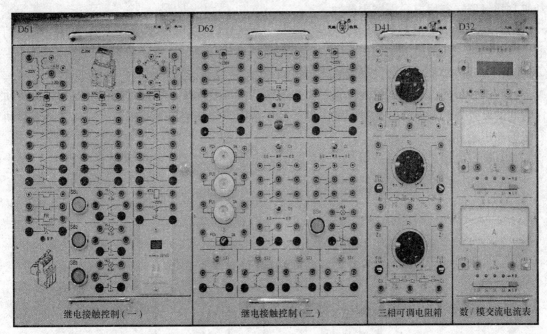

图 6-10　三相笼型异步电动机减压起动控制线路试验设备排列顺序（D61、D62、D41、D32）

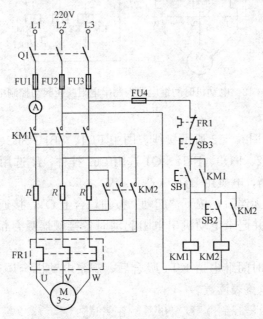

图 6-11　电动机手动接触器控制串电阻减压起动控制电路

用 DJ16（△/220V）。

2）经指导老师检查无误后，按下"起动"按钮，合上开关 Q1，接通 220V 交流电源。

3）按下 SB1，观察并记录电动机串电阻起动运行情况、电流表读数。

4）再次按下 SB2，观察并记录电动机全压运行情况、电流表读数。

5）按下 SB3 使电机停转后，按住 SB2 不放，再同时按 SB1，观察并记录全压起动时电动机和接触器运行情况、电流表读数。

6）比较 I_2/I_1，并计算 $I_2/I_1=$_____，分析出现的差异原因（I_2 为串电阻起动电流；I_1 为直接起动电流）。

【任务二】电动机时间继电器控制串电阻减压起动控制试验

（1）试验目的。通过试验的挂箱、电机安装、接线及操作，掌握时间继电器的结构及动作时间的设置方法，进而掌握时间继电器控制串电阻减压起动控制的实现方法，了解该起动方法的使用条件。

（2）试验电路。试验电路如图 6 - 12 所示。

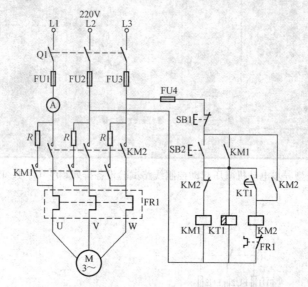

图 6 - 12　电动机时间继电器控制串电阻减压起动控制电路

（3）试验方法。

1）关断电源后，按图 6 - 12 所示接线。图中 FR1、SB1、SB2、KM1、KM2、KT1 选用 D61 挂件，FU1、FU2、FU3、FU4、Q1 选用 D62 挂件，R 选用 D41 上 180Ω 电阻，电流表选用 D32 上 2.5A 挡，电机用 DJ16（△/220V）。

2）经指导老师检查无误后，按下"起动"按钮，合上 Q1，接通 220V 交流电源。

3）按下 SB2，观察并记录电动机串电阻起动时各接触器吸合情况、电动机运行状态、安培表读数。

4）隔一段时间，经时间继电器 KT1 吸合后，观察电动机全压运行时各接触器吸合情况、电动机运行状态、电流表读数。

【任务三】电动机接触器控制 Y/D 减压起动控制试验

（1）试验目的。通过试验的挂箱、电机安装、接线及操作，掌握通过接触器改变电机接线方式，实现三相异步电动机 Y/D 减压起动的线路设计方法。

（2）试验电路。试验电路如图 6 - 13 所示。

（3）试验方法。

1）按下控制屏上"停止"按钮切断三相交流电源。

2）按图 6 - 13 所示接线。图中 SB1、SB2、SB3、KM1、KM2、KM3、FR1 选用 D61

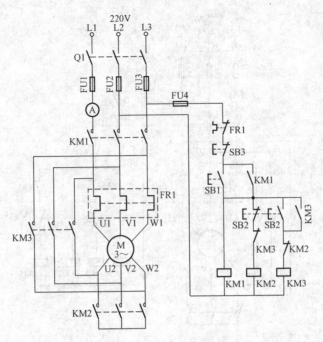

图 6 - 13　电动机接触器控制 Y/D 减压起动控制电路

挂件，FU1、FU2、FU3、FU4、Q1 选用 D62 挂件，电流表用 D32 上 2.5A 挡，电动机选用 DJ16（△/220V）三相异步电动机。

3）经指导老师检查无误后，按下"起动"按钮，合上 Q1，接通 220V 交流电源。

4）按下 SB1，电动机作 Y 接法起动，注意观察起动时，电流表最大读数 $I_{Yst} =$ _____ A。

5）按下 SB2，使电动机为 D 接法正常运行，注意观察电流表电流为 $I_D =$ _____ A（运行状态）。

6）按 SB3 停止后，先按下 SB2，再按下起动按钮 SB1，观察电动机在 D 接法直接起动时电流表最大读数 $I_{Dst} =$ _____ A。

7）比较 $I_{Yst}/I_{Dst} =$ _____，结果说明什么问题？

【任务四】电动机时间继电器控制 Y/D 减压起动控制试验

（1）试验目的。通过试验的挂箱、电机安装及接线，掌握电动机时间继电器控制 Y/D 减压起动控制电路的设计方法，了解该起动方法的使用条件。

（2）试验电路。试验电路如图 6 - 14 所示。

（3）试验方法。

1）按下控制屏上"停止"按钮切断三相交流电源。

2）按图 6 - 14 所示接线。图中 SB1、SB2、KM1、KM2、KM3、KT1、FR1 选用 D61 挂件，FU1、FU2、FU3、FU4、Q1 选用 D62 挂件，电流表选用挂箱 D32 上的 2.5A 挡，电动机用 DJ16（△/220V）三相异步电动机。

3）经指导老师检查无误后，按下"起动"按钮，合上 Q1，接通 220V 三相交流电源。

4）按下 SB1，电动机作 Y 接法起动，观察并记录电动机运行情况和交流电流表读数。

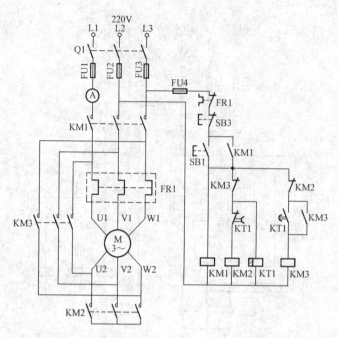

图 6-14 电动机时间继电器控制 Y/△减压起动控制电路

5）经过一定时间延时，电动机按 D 接法正常运行后，观察并记录电动机运行情况和交流电流表读数。

6）按下 SB2，电动机停止运转。

四、试验结果讨论与分析

（1）绘出图 6-11～图 6-14 的工作原理流程图。

（2）时间继电器在图 6-12、图 6-14 中的作用是什么？

（3）当采用 Y/D 减压起动的方法时对电动机有何要求？

（4）减压起动的最终目的是控制什么物理量？

（5）比较减压起动的自动控制与手动控制电路，各有哪些优点？

五、成绩评定（仅供参考）

（1）三相异步电动机手动接触器控制串电阻减压起动控制电路、时间继电器控制串电阻减压起动控制电路、接触器控制 Y/D 减压起动控制电路、时间继电器控制 Y/D 减压起动控制电路试验的挂箱、电动机安装、接线是否正确，有无团队协作精神。

（2）三相异步电动机手动接触器控制串电阻减压起动控制、时间继电器控制串电阻减压起动控制、接触器控制 Y/D 减压起动控制、时间继电器控制 Y/D 减压起动控制的操作是否正确，能否排除试验中出现的故障。

（3）知识应用，回答问题是否正确，语言表达是否清楚。

（4）有无安全环保意识，是否遵守纪律。试验能否按时完成。

（5）有无资料查阅、汇总分析能力。

（6）小组评价、老师评价等。

项目四　三相绕线型异步电动机起动控制电路试验

一、教学目标

（一）能力目标

（1）能进行三相绕线型异步电动机起动控制电路的安装接线。

（2）能进行三相绕线型异步电动机起动控制电路的调试及故障排除。

（二）知识目标

（1）了解三相绕线型异步电动机的起动电路接线，掌握三相绕线型异步电动机的使用方法。

（2）熟练掌握三相绕线型异步电动机的起动应用场合及工作运行特点。

二、仪器设备

三相绕线型异步电动机的起动控制试验仪器设备见表 6-4。

表 6-4　　　　　　　三相绕线型异步电动机的起动控制试验仪器设备表

序号	型号	名　称	数量
1	DJ17	三相绕线型异步电动机（Y/220）	1 台
2	D61、D62	继电接触控制挂箱（一）、（二）	各 1 件
3	D41、D32	三相可调电阻箱、数/模交流电流表	各 1 件

三相绕线型电动机的起动控制试验设备排列顺序如图 6-15 所示。

图 6-15　三相绕线型电动机的起动控制试验设备排列顺序（D61、D62、D41、D32）

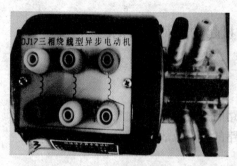

图 6-16　DJ17 三相绕线型异步电动机

三、工作任务

进行某一型号三相绕线型异步电动机的起动控制电路试验（如 DJ17 绕线型电动机，如图 6-16 所示）。

【任务】时间继电器控制绕线型异步电动机的起动试验

（1）试验目的。通过试验的挂箱、电机安装、接线及操作，掌握三相绕线型异步电动机的起动方法，了解该类型电动机的使用场合及特点。

（2）试验电路。试验电路如图 6-17 所示。

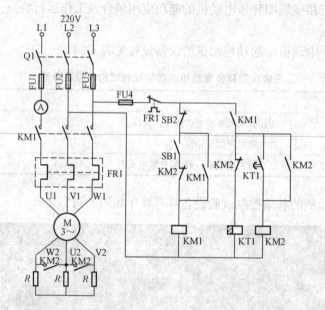

图 6-17　时间继电器控制绕线型异步电动机起动控制电路

（3）试验方法。

1）把三相可调电压调至线电压 220V，按下屏上"停止"按钮。

2）按图 6-17 所示接线。图中 SB1、SB2、KM1、KM2、FR1、KT1 选用 D61 挂箱上的元器件，FU1、FU2、FU3、FU4、Q1 选用 D62 挂箱上的元件，R 选用挂箱 D41 上 180Ω 电阻，电流表选用挂箱 D32 上的 1A 挡，电动机选用 DJ17 三相绕线型异步电动机（Y/220）。经检查无误后，按下列步骤操作：

a. 按下"起动"按钮，合上开关 Q1，接通 220V 三相交流电源。

b. 按 SB1，观察并记录电动机的运转情况。电动机起动时电流表的最大读数为_____A。

c. 经过一段时间延时，起动电阻被切除后，电流表的读数为_____A。

d. 按下 SB2，电动机停转后，用导线把电动机转子短接。

e. 再按下 SB1，记录电动机起动时电流表的最大读数为_____A。

四、试验结果讨论与分析

（1）三相绕线型异步电动机转子串电阻可以减小起动电流，提高功率因数增加起动转矩，还具有哪些功能？（如调速等）。

（2）三相绕线型电动机的起动方法有哪几种？什么叫频敏变阻器，有何特点？

五、考核评定（仅供参考）

（1）三相绕线型异步电动机的起动控制电路试验的挂箱、电动机安装、接线是否正确，有无团队协作精神。

（2）三相绕线型异步电动机的起动控制操作是否正确，能否排除试验中出现的故障。

（3）知识应用，回答问题是否正确，语言表达是否清楚。

（4）有无安全环保意识，是否遵守纪律。试验能否按时完成。

（5）有无资料查阅、汇总分析能力。

（6）小组评价、老师评价等。

项目五　三相异步电动机能耗制动控制电路试验

一、教学目标

（一）能力目标

（1）能进行三相异步电动机能耗制动控制电路的安装接线。

（2）能进行三相异步电动机能耗制动控制电路的调试及故障排除。

（二）知识目标

（1）了解三相异步电动机能耗制动的使用场合及特点。

（2）熟悉三相异步电动机能耗制动控制电路的接线。

（3）掌握能耗制动的制动时间设置方法及能耗制动的优缺点。

二、仪器设备

三相异步电动机的能耗制动控制电路试验仪器设备见表 6-5。

表 6-5　　　　三相异步电动机的能耗制动控制电路试验仪器设备表

序号	型号	名　　称	数量
1	DJ16	三相笼型异步电动机（△/220V）	1件
2	D31	直流数字电压表、毫安表、安培表	1件
3	D61、D62	继电接触控制挂箱（一）、（二）	1件
4	D41	三相可调电阻箱	1件

电动机能耗制动控制电路试验设备排列顺序如图 6-18 所示。

三、工作任务

进行某一型号三相异步电动机能耗制动控制试验。

【任务】时间继电器控制三相异步电动机的能耗制动

（1）试验目的。通过试验的挂箱、电动机安装、接线及操作，掌握能耗制动的制动时间设置方法，了解能耗制动的使用场合及特点。

（2）试验电路。试验电路如图 6-19 所示。

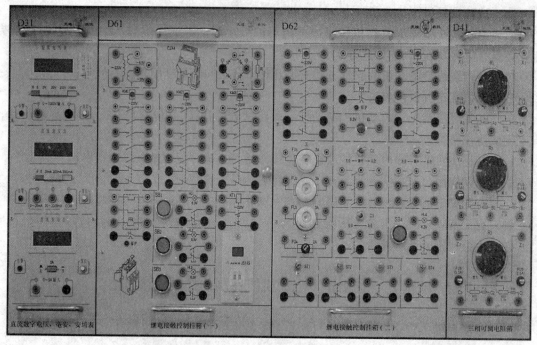

图 6-18　电动机能耗制动控制电路试验设备排列顺序（D31、D61、D62、D41）

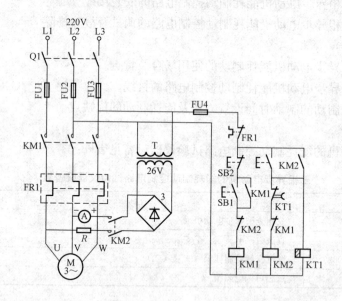

图 6-19　时间继电器控制绕线型异步电动机起动控制电路

（3）试验方法。

1）把三相可调电压调至线电压 220V，按下屏上"停止"按钮。

2）按图 6-19 接线。图中 SB1、SB2、KM1、KM2、KT1、FR1、T、B、R 选用 D61 挂件，FU1、FU2、FU3、FU4、Q1 选用 D62 挂件，电流表选用挂箱 D31 上的 5A 挡，使用 DJ16 三相笼型异步电动机（△/220V）。经检查无误后，按以下步骤通电操作。

a. 起动控制屏，合上开关 Q1，接通 220V 三相交流电源。

b. 调节时间继电器，延时时间 2～3s。

c. 按下 SB1，使电动机起动运转。

d. 待电动机运转稳定后，按下 SB2，观察并记录电动机从按下 SB2 起至电动机停止旋转的能耗制动时间。

四、试验结果讨论与分析

(1) 分析能耗制动的制动原理有什么特点？适用在哪些场合？

(2) 分组讨论，绘出图 6-19 的原理流程图。

五、考核评定（仅供参考）

(1) 三相异步电动机的能耗制动控制电路接线试验的挂箱、电动机安装、接线是否正确，有无团队协作精神。

(2) 三相异步电动机的能耗制动控制操作是否正确，能否排除试验中出现的故障。

(3) 知识应用，回答问题是否正确，语言表达是否清楚。

(4) 有无安全环保意识，是否遵守纪律。试验能按时完成。

(5) 有无资料查阅、汇总分析能力。

(6) 小组评价、老师评价等。

项目六　直流电动机起动及正反转试验

一、教学目标

（一）能力目标

(1) 能进行直流电动机的起动及正反转试验接线。

(2) 能进行直流电动机的起动及正反转试验操作。

（二）知识目标

(1) 熟悉直流电动机的起动类型及方法。

(2) 掌握直流电动机的起动操作方法。

(3) 了解直流电动机的正反转原理。

(4) 掌握直流电动机正反转试验操作方法。

二、仪器设备

直流电动机起动及正反转试验设备见表 6-6。

表 6-6　　　　　　　**直流电动机起动及正反转试验仪器设备表**

序号	型号	名　　称	数量
1	DJ15、DJ25	直流并励电动机、直流他励电动机	各 1 件
2	D31	直流数字电压表、毫安表、电流表	各 1 件
3	D44、D60	可调电阻器、电容器，直流电气控制屏	各 1 件
4	D61、D62	继电接触控制箱（一）、（二）	各 1 件

直流电动机起动及正反转试验设备排列顺序如图 6-20 所示。

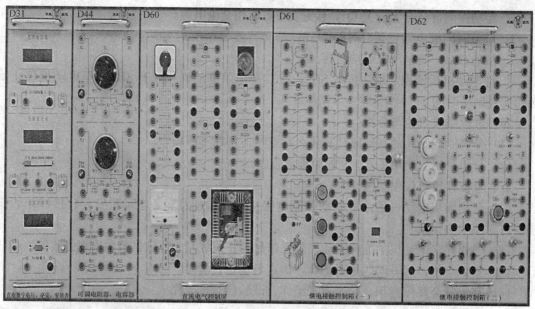

图 6-20 直流电动机起动及正反转试验设备排列顺序（D31、D44、D60、D61、D62）

三、工作任务

进行某一型号直流电动机的起动及正反转试验（如 DJ15 或 DJ25 直流电动机）。

【任务一】直流电动机的起动试验

直流电动机的起动电流较大，$I_{st} \approx (10 \sim 20) I_N$。起动时一般串入电阻器或降压起动。

（1）试验目的。通过测量直流电动机的起动电流，起动时间，掌握直流电动机的起动操作方法及起动注意事项。

（2）试验电路。试验电路如图 6-21 所示。

（3）试验方法。

1）直流电动机选用 DJ15 直流电动机，其额定功率 $P_N = 185W$，额定电压 $U_N = 220V$，额定电流 $I_N = 1.2A$，额定励磁电压 $U_{fN} = 220V$，额定励磁电流 $I_{fN} \leqslant 1.6A$。按下控制屏上的起动按钮，调节控制屏左侧调压器旋钮，使三相整流输出直流电压为 220V。

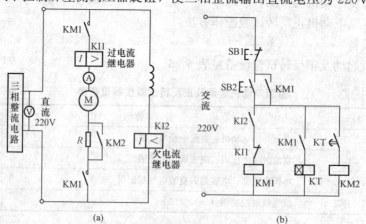

图 6-21 直流电动机起动试验接线图

(a) 主电路；(b) 控制电路

2）按下"停止"按钮。按图 6-21 接线，经检查接线无误后，交流 220V 电源接至控制屏的固定输出端 U1 和 N1（图中 SB1、SB2、KM1、KM2、KT 选用 D61 挂件，KI1、KI2 选用 D60 挂件，R 选用挂箱 D44 上的两只 90Ω 电阻串联共 180Ω 可调电阻值），测量仪表选用 D31 挂件上对应的仪表。

3）按下控制屏上的"起动"按钮，欠电流继电器 KI2 动合触点闭合，按下起动按钮 SB2，KM1 通电并自锁，主触点闭合，接通电动机电枢电源，直流电动机串电阻器 R 起动。当串接电阻器 R 调整为零时，此时的起动称为全压起动，起动电流可达 $I_{st} \approx (10 \sim 20)I_N$。

4）经过一段延时后，KT 延时闭合触点闭合，KM2 线圈通电，动合触点闭合，短接电阻 R 使电动机全压运行，起动过程结束。起动瞬间读取直流电动机的起动电流和起动时间，重复测量多次，取平均值。

5）按下停止按钮 SB1，KM1、KM2、KT 断电，电动机停止运转。将相关数据记录于表 6-7 中。

表 6-7　　　　　　　　　　　　直流电动机起动试验数据记录

名称 序号	电源电压 U(V)	起动电流 I_{st}(A)	起动时间 t(s)	I_N(A)	起动电流/额定电流 I_N(A)	备　注 （空载或负载）
1						
2						
3						

【任务二】直流电动机的正反转试验（例如，DJ25 直流电动机）

直流电动机的反转控制是利用改变电枢电压极性来达到的，如图 6-22 所示。主令开关 SA 的手柄向右（正转），接通接触器 KM2，电枢电压为左负右正。当手柄向左（反转）接通接触器 KM2 时电枢电压为左正右负，这样就改变了电枢电压的极性，而他励绕组的电流方向没有变，实现了反转控制。

（1）试验目的。通过试验，掌握直流电动机正反转试验操作方法。

（2）试验电路。试验电路如图 6-22 所示。

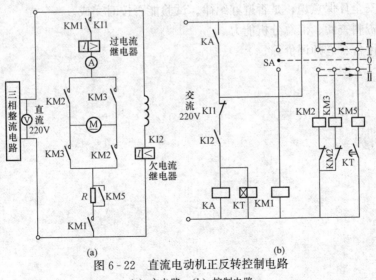

图 6-22　直流电动机正反转控制电路
(a) 主电路；(b) 控制电路

（3）试验方法。

1）起动 DD01 控制屏，调节三相调压输出使三相整流输出直流电压为 220V，按下"停止"按钮，按图 6 - 22 接线，被测电动机选用 DJ25 直流他励电动机，其额定功率为 $P_N=$ 80W，额定电压 $U_N=220V$，额定电流 $I_N=0.5A$，额定转速 $n_N=1500r/min$，额定励磁电压 $U_{fN}=220V$，额定励磁电流 $I_{fN}\leqslant 0.13A$。

2）交流 220V 接至控制屏的固定输出端 U1 和 N1。图中 KM1、KM2、KM3、KT 选用 D61 挂件，KI1、KI2、KA 选用 D60 挂件，KM5 选用 D62 挂件，电阻 R 选用挂箱 D44 两只 90Ω 串联共 180Ω，直流测量仪表选用挂箱 D31 上对应的仪表，电动机用 DJ25。按图 6 - 22 接好线。

3）把主令开关 SA 打在"0"位置，按下控制屏的起动按钮，继电器"KM1"通电动合触头闭合，为电动机起动做准备，欠电流继电器的动合触点闭合，继电器"KA"通电并自锁。

4）把主令开关 SA 打在右边"1"位置，接触器 KM2 通电，电动机电枢串电阻正转起动。

5）把主令开关 SA 打在右边"2"位置，接触器 KM5 就通电，切除电枢所串的电阻全压运行。

6）把主令开关 SA 从"2"位置打到"0"位置，按下控制屏的停止按钮，电动机停止运转。

7）电动机的反转与正转类似，只是主令开关 SA 在"0"位置时往左边转动打在左边的"1""2"位置。

四、考核评定（仅供参考）

（1）直流电动机起动、正反转控制试验的挂箱、电动机安装、接线是否正确，有无团队协作精神。

（2）直流电动机起动、正反转控制电路试验操作是否正确。

（3）知识应用，回答问题是否正确，语言表达是否清楚。

（4）有无安全环保意识，是否遵守纪律。试验能否按时完成。

（5）有无资料查阅、汇总分析能力。

（6）小组评价、老师评价等。

第三篇 电 机 检 修 实 训

"电机"课程的教学分为理论部分、电机试验和电机检修实训三部分。电机检修实训是在一种特定条件下，模拟生产现场的电机运行、维护、检修等实际工作进行的操作技能训练。通过电机检修实训的锻炼，掌握电机检修常用工具、量具及仪表设备选用的正确方法；掌握电机检修的程序、步骤、基本操作实训技能；学会电机检修报告的写作方法。

第七章 电机检修的基本要求及常用工具仪器的使用

知识点一 电机检修实训的基本要求

一、电机检修实训前的准备

（1）电机检修实训前应做好检修工具的选择、研读电机检修指导书，了解检修目的、检修项目、检修方法与检修步骤；准备好检修记录的相关表格。

（2）电机检修进行前要做好预习，经指导教师检查确认后，方可开始进行检修工作。

（3）做好检修前的准备工作，对于培养学生独立工作能力，提高设备检修水平有着十分重要的意义。

二、电机检修实训的进行

（1）组建检修实训小组，每组 2～4 人，进行合理分工；以保证检修工作协调、数据记录准确可靠。

（2）树立"预防为主，安全第一"的理念，注意用电安全，避免人身伤害和设备损坏事故的发生。

（3）按要求穿戴工作服进行检修作业，搬运重物应戴手套，大部件应放置平稳，以防滚动伤人。

（4）正确选择检修用的工具和仪表设备，掌握相关检修工具的操作技能，保持工作场地的清洁，检修工具和零部件应放在专用盆器内。

（5）严格按检修程序和步骤进行设备的检修，注意各种螺钉的拆装力矩，避免用力过大伤及周围人员或将螺钉拆断。

三、电机检修实训报告的编写

检修实训结束后，应根据在检修中观察、发现的问题，经过自己分析研究或小组分析讨论后写出检修实训报告和心得体会。报告要简明扼要、字迹清楚、图表整洁、结论明确。

报告应包括的内容：

（1）检修项目名称、专业班级、学号、姓名、检修日期等。

（2）检修项目中所用工具。

（3）检修项目的操作要点。

（4）完成检修项目后，每人应撰写一份检修报告，并按时送交指导教师批阅。

知识点二　电机检修实训的安全操作规程

电机检修工作属于强电类，尽管被检修的电机、变压器功率较小，但其额定电压一般为直流220V、交流380V（或220V）或更高，当设备停电时常带有大量残留电荷，接触带电设备很容易造成触电事故。

为了按时完成电机检修实训，确保人身安全与设备安全，要牢固树立"安全第一"的思想，严格遵守以下安全操作规定。

（1）检修实训时，人体不可接触带电线路。

（2）接线或拆线都必须在切断电源的情况下进行。

（3）凡是要检修的设备（如电机、变压器等），要进行充分放电后方可进行检修。

（4）电机检修过程中，操作人员要注意防止发辫、围巾、衣服、手套以及接线用的导线小型工具等物品卷入电机旋转部分。

知识点三　电机检修常用工具的使用

电机检修常用的工具主要有钢丝钳、尖嘴钳、剥线钳、扳手、铜棒、套管、铁锤、锤子、木槌、电工刀、电烙铁、划线板、压线板、划针、槽楔、加热器、拉轴器、塞尺、手锯、内外卡钳、百分表等，现介绍几种常用工具的使用。

一、钢丝钳

常用的钢丝钳规格有150、175mm和200mm三种。其功能是：钳口用来弯绞或钳夹导线线头，齿口用来固紧或起松螺母，刀口用来剪切导线或剖切软导线的绝缘层，侧口用来切钢丝和铅丝等较硬金属线材。钳柄上必须有交流耐压500V的绝缘管，其结构及使用如图7-1所示。

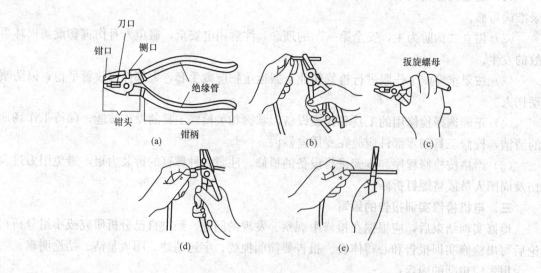

图7-1　钢丝钳的构造及使用

(a) 构造；(b) 弯铰电线；(c) 紧固螺母；(d) 剪切导线；(e) 侧切钢丝

二、套筒扳手

套筒扳手是用来拧紧或拧松有沉孔的螺母，或用于无法使用活动扳手的地方。套筒扳手的组成如图 7-2 所示。

三、活动扳手

活动扳手是用来紧固和起松螺母的一种专用工具。其规格用长度×最大开口度（单位为 mm）来表示，常用的有 150×19（6″）、200×24（8″）、250×30（10″）和 300×36（12″）等 4 种。使用时应根据螺母的大小，合理选择活动扳手的规格，注意活动扳手不可以反用，以免损坏活络扳唇。活动扳手的结构及使用如图 7-3 所示。

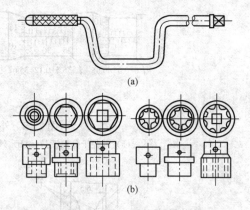

图 7-2　套筒扳手的组成

（a）扳手；（b）套筒

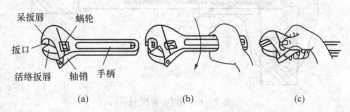

图 7-3　活动扳手的结构及使用

（a）结构；（b）扳大螺母；（c）扳小螺母

四、外径千分尺

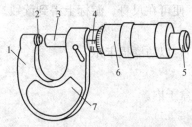

图 7-4　外径千分尺外形

1—尺架；2—测砧；3—测微螺杆；4—固定套管；5—测力装置；6—微分筒；7—绝热板

外径千分尺是一种精密量具，常用来测量导线线径。外形和各部名称如图 7-4 所示。在尺架 1 上有测砧 2，测微螺杆 3 与微分筒 6 相连，顺时针转动微分筒 6 时，测微螺杆 3 向测砧 2 靠近，直到接触上；反之，测微螺杆 3 远离测砧 2。测量工件直径时，其尺寸大小可从两套管上的分度直接读出。读数时，从固定套管（主尺）上读出毫米分度，再从微分筒上读出毫米小数，然后把两个数加起来，就是工件的尺寸，如图 7-5（a）所示。

使用注意事项：

（1）使用前擦干净被测工件表面，然后对准"0"线检查，如图 7-5（b）所示。

（2）测量时，可多测几个点，取平均值。

（3）用左手拿尺架的绝缘板，避免因手温影响测量精确度，右手先转动微分筒接触工件后，再轻轻转动测力装置，当测力装置发出打滑的声音时，便可读数，如图 7-5（c）所示。

五、游标卡尺

游标卡尺属于较精密、多用途的量具，一般有 0.1、0.05、0.02mm 三种规格，其外形如图 7-6 所示。

尺身每一分度线之间的距离为 1mm，从"0"开始，每 10 格为 10mm，在尺身上直接

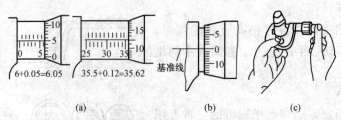

图 7-5　外径千分尺使用方法

(a) 外径千分尺读数；(b) 外径千分尺对零；(c) 外径千分尺握法

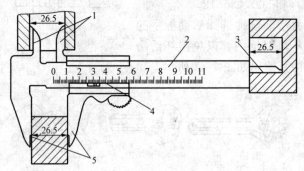

图 7-6　游标卡尺外形

1—内测量爪；2—尺身；3—深度尺；4—游标；5—外测量爪

读出整数值，游标上每一分度线之间的距离为 0.9mm，从 "0" 线开始，每向右一格，增加 0.10mm。

(1) 操作方法。测量前，要做 "0" 标志检查，即将尺身、游标的卡爪合拢接触，使其 "0" 线对齐，然后按被测量的工件移动游标，卡好工件后，便可在尺身、游标上得到读数。

(2) 使用注意事项：

1) 不可使用游标卡尺测量粗糙的工件表面（如铸铁等），以防磨损卡爪。

2) 计数时要防止视觉误差，要正视，不可旁视。

3) 用后要将游标卡尺擦拭干净，将游标卡尺放在专用盒子内。

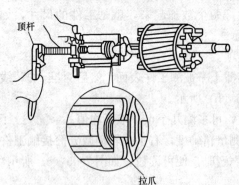

图 7-7　顶拔器的结构及使用

六、顶拔器

顶拔器又称拉具（或拉马），主要用于拆卸皮带轮和轴承等配件。它有两爪和三爪两种，其结构及使用如图 7-7 所示。使用时，爪钩要抓住工件的内圈，顶杆轴心与工件轴心线重合。

七、绕线机

绕线机是专门绕制线圈用的设备，如图 7-8 所示。

(1) 操作方法。操作时，用手摇动手柄 6，大齿轮 5 转动带动小齿轮 4 转动（转速比为 1∶4 或 1∶8），小齿轮带动主轴 1 转动。绕线模 2 是用两端紧固螺母固定的。另外有一直丝杠带动计圈器齿轮，使计圈器 10 的指示与齿轮转速相对

应，从而记录线圈的匝数。绕线时，导线 9 从
放线架 8 上抽出，其一端固定在绕线模 2 的一
端，便可开始绕线。

（2）操作注意事项。

1）注意导线的拉力要适当，不可过大和
过小。

2）绕线时要精神集中，绕组匝数要正确，
线匝排列整齐。

3）绕线机工作完毕，要清理干净，定期加
润滑油。

八、手电钻

手电钻是携带式电动钻孔工具。有手枪式
和手提式两种，外形结构如图 7-9 所示。手提
式电钻电源有单相 220V 和三相 380V 两种。常
用的钻孔直径有 7、10、13、19mm 等几种，
7mm 以下的多为手枪式，10mm 以上配有辅助手柄。

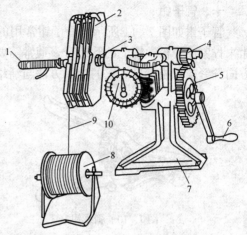

图 7-8　小型绕线机

1—主轴；2—绕线模；3—螺母；4—小齿轮；
5—大齿轮；6—手柄；7—底座；
8—放线架；9—导线；10—计圈器

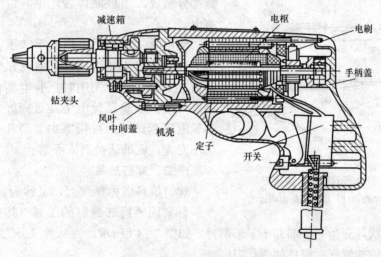

图 7-9　手电钻外形结构图

九、剥线钳

剥线钳用来剥削截面为 6mm^2 以下塑料或橡胶绝缘导线的绝缘层，它由钳头和手柄两部
分组成，如图 7-10 所示。钳头由压线口和切口构成，切口具有 0.5～3mm 多个直径尺寸，
手柄带有绝缘把，耐压为 500V。使用时，根据需要定出要剥去绝缘层的长度，按导线芯线
的直径大小，将其放入剥线钳相应的切口，用力一握钳柄，导线的绝缘层即被割断，同时自
动弹出。

使用时注意事项：

（1）使用时，电线必须放在大于其心线直径的切口上剥削，否则会切伤芯线。

（2）带电操作之前，须检查绝缘把套的绝缘是否良好，以防绝缘损坏，发生触电事故。

十、管子钳

管子钳如图 7-11 所示。管子钳常用的规格有 250、300mm 和 350mm 等几种。用管子钳来拧紧或拧松铁管上的管螺母，通常需要两把管子钳一起使用，一个钳住管子，另一个反方向拧紧或拧松螺母。它的使用方法与活络扳手类似，注意不可反向使用。

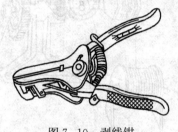

图 7-10 剥线钳

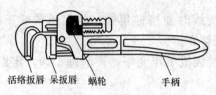

活络扳唇 呆扳唇 蜗轮   手柄

图 7-11 管子钳

十一、验电笔

验电笔是用来检测低压带电设备是否有电的一种安全用具，其检查范围为 70～500V，为了携带方便常做成钢笔式和旋凿式的，如图 7-12 所示。验电笔通常是由氖管、电阻、弹簧和笔身部分组成。当被测体带电时，氖管发光，表示有电。

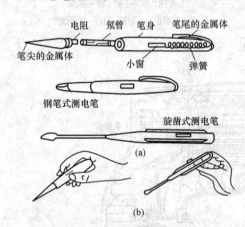

电阻 氖管 笔身 笔尾的金属体
笔尖的金属体   小窗   弹簧

钢笔式测电笔

旋凿式测电笔

(a)

(b)

图 7-12 验电笔的结构及使用方法
(a) 验电笔结构；(b) 验电笔的正确握法

使用时一定要用手指或手掌压在验电笔的铜笔夹或铜铆钉上，否则即使有电氖管也不亮，容易造成安全事故。使用时把验电笔在带电的插座上试一下，以验证验电笔是否完好，用此验证过的验电笔测试时，可用笔尖划磨几个测试点，如果不发光，就确认被测体不带电。

十二、螺钉旋具

螺钉旋具俗称螺丝刀，又称为起子、改锥等，是一种紧固或拆卸螺钉的工具。其式样和规格很多，按头部形状可分为一字形和十字形两种，如图 7-13 所示，每一种又分为若干规格。平时多采用绝缘性能较好的塑料柄螺丝刀。

(1) 一字形。一字形又称平口起，用来紧固或拆卸一字槽的螺钉，它的规格用握柄以外的刀杆长度来表示，常有 75、125、150、200、300、400mm 等规格。

(2) 十字形。十字形又称梅花起，用来紧固或拆卸十字槽的螺钉，常用的规格有 4 种：Ⅰ号适用于直径为 2～2.5mm 的螺钉；Ⅱ号适用于 3～5mm 的螺钉；Ⅲ号适用于 6～8mm 的螺钉；Ⅳ号适用于 10～12mm 的螺钉。

(3) 多用形。多用形是一种组合工具，握柄和刀体是可拆卸的。它除具有几种规格的一字形、十字形刀体外，还附有一只钢钻，可用来预钻木螺丝的孔。握柄采用塑料制成，有的还具有验电笔功能。

使用螺钉旋具时注意事项：

1) 不可使用金属杆直通柄顶的螺钉旋具（俗称螺丝刀），否则容易造成触电事故。

2) 使用时，手不得触及螺丝刀的金属杆，以免发生触电事故，正确使用方法如图 7-14

所示。使用大螺钉旋具时，除大拇指、食指和中指要夹住握柄外，手掌还要顶住柄的末端，以防旋转时滑脱。使用小螺钉旋具时，可用大拇指和中指夹着握柄，用食指顶住柄的末端捻旋。

3）为避免螺钉旋具的金属杆触及皮肤或邻近带电体，应在金属杆上穿套绝缘管。

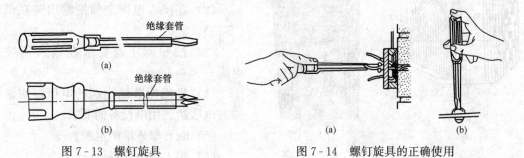

图 7-13 螺钉旋具 　　　　　图 7-14 螺钉旋具的正确使用
(a) 一字形；(b) 十字形 　　　(a) 大螺钉旋具的使用；(b) 小螺钉旋具的使用

十三、尖嘴钳

尖嘴钳如图 7-15 所示，其头部尖细而长，适用于在狭小的工作空间操作，绝缘柄耐压值为 500V。其规格以全长表示，有 140mm 和 180mm 两种，主要用途是可剪断较细的导线和金属丝，将其弯制成所需的形状，并可夹持、安装较小螺钉、垫圈等。

十四、电工刀

电工刀主要用来剖削或切割电工器材，其结构如图 7-16 所示，如剖削电线电缆绝缘层、切割木台缺口、削制木桩及软金属等。使用时，刀口应朝外进行操作；剖削导线绝缘层时，应使刀面与导线成较小锐角，以免割伤导线；用毕，应随即把刀身折入刀柄。电工刀刀柄是无绝缘保护的，不能在带电导线或器材上剖削，以防触电。

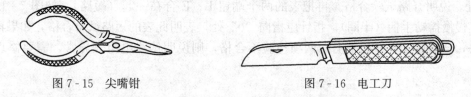

图 7-15 尖嘴钳 　　　　　　　　　图 7-16 电工刀

知识点四 电机检修常用仪器仪表的使用

电机检修常用的仪器仪表主要有：调压器，钳形电流表，万用表，绝缘电阻表（兆欧表或摇表），交直流电压、电流表，转速表，直流单臂电桥，直流双臂电桥，功率表等，现介绍几种常用仪器仪表的使用。

一、调压器

调压器有三相和单相两种。调压器主要用于调节仪器仪表需要的输出电压。单相调压器结构如图 7-17 (a) 所示，1 为调压手柄，2 为接线柱子，3 为调压器铁心及线圈，AX 为输入接线端，ax 为输出接线端。

三相调压器结构如图 7-17 (b) 所示，ABC 为三个线电压输入接线端，X 为三相绕组中性点，abc 为三个线电压输出端。一般而言，调压器的输入端接线比较固定，所以三相四线都接上；输出端视所接负载而定，如果三相平衡（如电机等）或者要求三角形接法的时

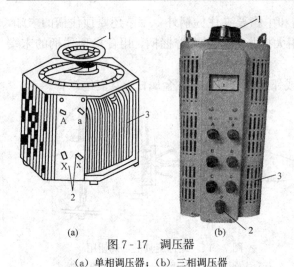

图 7-17　调压器

(a) 单相调压器；(b) 三相调压器

1—调压手柄；2—接线柱端子；3—铁心及线圈

候，X（或 0）可以不接；反之 X 端必须连接。

调压器使用步骤：

（1）分清输入端和输出端。

（2）在接入电源之前把输出调在低端（零位）。

（3）按照调压器要求在输入端接入电源。

（4）慢慢调节输出端的电压，使输出端的电压达到用电设备的要求。

（5）断开输入端的电源。

（6）接入用电设备。

（7）接通电源，这时候可以根据要求再次调整电压。

二、绝缘电阻表（兆欧表）

绝缘电阻表俗称兆欧表或摇表，是电机修理中常用于测量电机绝缘电阻的仪表。电机额定电压在 500V 以下的可选用 500V 绝缘电阻表，如选用 ZC25-3 型。额定电压高于 500V 时，选用 1000V（如 ZC11-4 型）和 2500V（如 ZC11-5 型）的绝缘电阻表。其结构如图 7-18 所示。

（1）使用前的检查。绝缘电阻表是否正常，要做一次开路和短路检查试验。做开路试验时，将绝缘电阻表的 L、E 接线端钮隔开（开路），如图 7-19（a）所示，用右手摇动手柄，左手拿表的接线端钮，并用左手掌按住表，以防摇表晃动，使测量不准。当表的指针指向"∞"处，说明开路试验合格。再把表的两个端钮 L、E 合在一起（短路），如图 7-19（b）所示，慢慢摇动手柄（半圈），指针应指向"0"处，表明此表的短路试验合格，如果再继续摇下去，会损坏仪表。如果上面两项检验不合格，则说明绝缘电阻表异常，需要修理后再使用。

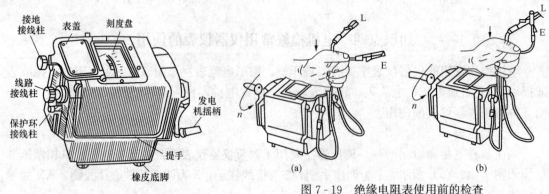

图 7-18　绝缘电阻表

图 7-19　绝缘电阻表使用前的检查

(a) 检查开路情况；(b) 检查短路情况

（2）使用注意事项。

1）必须在被测电器、电机断电的情况下进行测量，并且在测量前对被测设备充分放电。

2）绝缘电阻表要放在平稳的地方，摇动手柄时要用另一只手扶住表，以防表身摆动而影响读数。

3）摇动手柄时应先慢后渐快，控制转速在 120r/min 左右，当表针指示稳定时，切忌手摇动的速度忽快忽慢，以避免指针摆动。一般摇动 1min 时作为读数标准。

4）测量完毕后，应先将连线端钮从被测物移开，再停止摇动手柄，测量后要将被测物对地充分放电。

（3）用绝缘电阻表测量绝缘电阻的接线。

1）图 7-20 所示绝缘电阻表有三个端头，分别标有"L（线）"、"E（地）"和保护环"G（屏）"的接线柱。测量电路的绝缘电阻时，将被测电阻接于表"L"接线柱上，将良好的地线接于接地"E"的接线柱上。

2）测量电动机绕组对地绝缘电阻时，将电动机绕组接于"L"端，机壳接于"E"端，连接方法如图 7-21 所示。

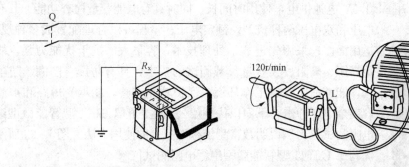

图 7-20　测量线路绝缘电阻　　　　图 7-21　测量电动机绕组对地绝缘电阻

3）测量电动机绕组间绝缘电阻时，将"L"端和"E"端分别接在电动机的两相绕组的接线端，连接方法如图 7-22 所示。

4）测量电缆的缆芯对缆壳的绝缘电阻时，将缆芯接于绝缘电阻表的"L"端，缆壳接于"E"端，将电缆壳、缆芯之间的内层绝缘物接于保护环"G"，以消除因表面泄漏电流引起的测量误差，连接方法如图 7-23 所示。

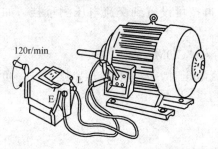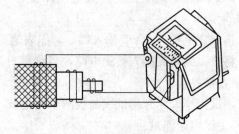

图 7-22　测量电机绕组间绝缘电阻　　　　图 7-23　测量电缆芯对缆壳的绝缘电阻

三、转速表

（1）转速表的作用。转速表是测量电动机或其他设备转速的一种常用仪表。使用转速表时，要把分度盘转到所需测量范围，如图 7-24 所示位置是测量 1000r/min 以下转速（8 极电机）的位置。未知电机转速时，可放高挡，然后在停转后再向下调到合适挡。

（2）转速表的使用方法。用手端平转速表，表盘朝上，将测量器（橡胶头）插入转轴的顶螺纹孔内，用力要适中，先轻接触，后逐渐增大接触力。表盘上给出被测设备的转速，稳定时再记录。

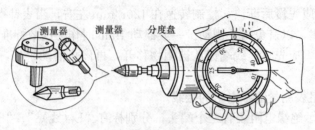

图 7-24 用手端握转速表的姿势

四、数字型绝缘电阻测试仪（数字型绝缘电阻表）

（1）功能特点。数字型绝缘电阻测试仪适用于各种电气设备在保养、维修、试验及检测中作绝缘测试。该表计用 8×1.5V 电池供电，使用时间长，同时具有电池容量检查功能。其有单电压和双电压两种机型，额定电压、量程可以合理配置成多种规格，适用面广；采用先进数字处理技术，容量大、抗干扰能力强，能满足高压、高阻、大容量负载测试的要求；具有防震、防潮、防尘结构，能够适应恶劣工作环境。保护功能完善，能承受短路和被测电容残余电压冲击。下面以优利德公司生产的 UT511 型智能微型绝缘电阻测试仪为例说明数字型绝缘电阻表的使用方法。图 7-25 所示为优利德 UT511 型智能微型绝缘电阻测试仪。

图 7-25 UT511 型智能
微型绝缘电阻测试仪

（2）测量前的准备。

1）按 ON/OFF 一秒钟开机，开机时预设测试电压为 100V 绝缘电阻连续测量挡。

2）当液晶屏左侧电池显示只剩一格时，说明电池将耗尽需更换电池，但测量准确性不会受到影响。

（3）电压测量。

1）DCA/ACV 键设置到直流电压测量挡，再按可设置到交流电压测量挡。如此循环设置。

2）将红表笔插入"V"输入端口，黑表笔插入"COM"输入端口。

3）将红黑鳄鱼夹接入被测电路，当测量直流电压时，若为负电压，则"一"负极显示标志显示在液晶屏上。

4）测试完毕，断开测试线与被测电路连线。

（4）绝缘电阻测量。

1）测试前确定被测电路无电。按 HO 键设置到测量绝缘电阻挡，按▲或▼选择测试电压 100V/250V/500V/1000V 中之一挡。当测量电阻低于 500kΩ、250V；测量电阻低于 1MΩ、500V 及测量电阻低于 2MΩ、1000V；以及测量电阻低于 5MΩ 时；测量时间不应超过 10s。

2）将被测电路完全放电，并与电源电路隔离。

3）将红表笔插入"LINE"输入端口，黑表笔插入"EARTH"输入端口。

4）将红黑鳄鱼夹接入被测电路，正极电压从"LINE"端输出。

5）连续测量。按"TIME"键选择连续测量模式，在液晶屏上无定时器标志显示，此后按住"TEST"键 1s 能够进行连续测量，输出绝缘电阻测试电压，测试红灯发亮，在液晶屏上高压提示符闪烁 0.5s。测试完后，压下"TEST"键，关闭绝缘电阻测试电压，测试红灯灭且无高压提示符，液晶屏上保持当前测量绝缘电阻值。

6）定时器测量。按"TIME"键选择定时器测量模式，在液晶屏上显示"TIME1"和定时器标志符号，用"▶"、"◀"和 STEP 键设置时间（00：0.5～29：30），此后压下"TEST"键 2s 能够进行定时器测量，在液晶屏上 TIME1 标志闪烁 0.5s。当设定的时间到达时自动结束测量，关闭绝缘电阻测试电压，并在液晶屏上显示绝缘电阻值。

7）比较功能测量。按"COMP"键选择比较功能测量模式，在液晶屏显示"COMP"标志版本号和比较电阻值，用"◀"、"▶"和"SYEP"键可设置电阻比较值（最小为 1MΩ，最大为测试电压允许测量的最大值），此后压下"TEST"键 2s，当绝缘电阻比较值小时，在液晶屏显示"NG"标志符号，否则，在液晶屏上显示"GOOD"标志符号。

8）极化指数测量（吸收比试验）：按"TIME"键，在液晶屏显示"TIME1"和定时器标志符号，用"◀"、"▶"和 STEP 键可设置 TIME1 时间（00：0.5～29：30），在设置完 TIME1 后，再按 TIME 键在显示屏上显示"TIME2"、"PI"和定时器标志符号，用"◀"、"▶"和 STEP 键设置 TIME2 时间（00：10～30：00），此后压下 TEST 键 2s，当 TIME1 设定时间到达之前，在液晶屏上 TIME1 标志闪烁 0.5s，当 TIME2 时间到达之前，在液晶屏上 TIME2 标志闪烁 0.5s，在设定时间 TIME2 测量结束后，在显示屏上显示 PI 值，用"◀"、"▶"键循环显示极化指数、TIME2 绝缘电阻值和 TIME1 绝缘电阻值。

备注：极化指数等于 3～10min 值或 30s～1min 值；极化指数大于 4.0 最好，2.0～4.0 较好，2.0～1.0 警告，小于 1.0 损坏。

（5）低电阻测量。按 LO 键设置到低电阻测量挡。

1）将待测电路停电并完全放电。

2）将专用双头红色测试线插入"LINE"输入端口，专用单头黑色测试线插入"EARTH"输入端口。

3）将鳄鱼夹接入被测电路后开始进行低电阻测量，当电阻小时，蜂鸣器叫。

4）发光二极管检测。低电阻挡可测发光二极管。将发光二极管正极接红色测试线，若发光二极管亮，则发光二极管完好，若发光二极管不亮，则发光二极管损坏。

知识点五　电机检修常用绝缘材料

绝缘材料（又称电介质）在电机中常用来隔离带电体或不同电位的导体，部分绝缘材料还起着支撑和灭弧的作用。绝缘材料在电机及变压器中占有重要的地位，其耐热性能和寿命直接影响和决定着电机的质量及寿命。

一、对绝缘材料的要求

（1）具有良好的耐热和导热性能。

（2）具有良好的机械强度，并有适当的弹性。

（3）较低的介质损耗以及不吸水性和抗油性。

二、绝缘材料分类

常用绝缘材料品种繁多，分类方法各异。通常按化学性质分为无机绝缘材料、有机绝缘材料和硅有机绝缘材料三大类。

（1）无机绝缘材料：多为硅、硼及各种金属的氧化物所组成的矿物状固态物质，分子具有离子性结构；机械性能硬而脆，耐热性能高，无显著老化现象；即使在高温状态下也不会燃烧、不分解。按其来源可分为天然（如云母、石棉等）和人造（如合成云母、玻璃纤维、陶瓷等）两类。

（2）有机绝缘材料：绝大多数都是一些碳氢化合物及其衍生物。通常其耐热能力都不高，当超过额定温度时记忆老化，甚至分解、燃烧或炭化。它也有人造和天然之分，其中天然的有橡胶、桐油、沥青、变压器油以及纱、布、绸、纸等。合成绝缘材料通常为高分子化合物，有聚氯乙烯、酚醛树脂及环氧树脂等。

（3）硅有机绝缘材料：这是一种新型的高分子物质，既有无机材料的高耐热性，又有有机绝缘材料优良的物理、机械性能。硅有机绝缘材料中的硅橡胶、树脂及漆与无机物质（如云母、玻璃纤维等）配合制成多种耐热绝缘材料。它们有硅有机云母板、硅有机玻璃云母带、层压制品及硅有机塑料等。

三、绝缘材料的编号及含义

绝缘材料的编号一般以四位数字表示。第一位数字表示绝缘材料成品的分类；第二位数字表示同类材料的不同品种；第三位数字表示绝缘材料的耐热等级；第四位数字表示同类材料在配方、成分及性能上的差别。电机常用绝缘材料各位数字的具体意义见表 7-1。

表 7-1　　　　　　　　　　　常用绝缘材料及辅料

类别	名称	型号	主要组成材料	耐热等级
线圈用漆布	醇酸玻璃漆布（黄玻璃漆布）	2432	无碱玻璃丝布，三聚氰胺醇酸漆	B
	醇酸玻璃漆布（黑玻璃漆布）	2430	无碱玻璃丝布，沥青醇酸漆	B
	聚酯玻璃漆布	241	无碱玻璃丝布，聚酯绝缘漆	F
漆管	醇酸玻璃漆管	2730	无碱玻璃丝管，醇酸漆	B
	聚氯乙烯玻璃漆管	2731	无碱玻璃丝管，改性聚氯乙烯树脂	B
	硅橡胶玻璃丝漆管	2751	无碱玻璃丝管，硅橡胶	H
	有机硅玻璃丝漆管	2750	无碱玻璃丝管，有机硅漆	H
云母带	醇酸绸云母带	5432	片云母，醇酸漆绸和纸，双面补强	B
	环氧玻璃粉云母带	5438-1	粉云母纸，　环氧-70A胶，无碱玻璃布	B
	环氧玻璃聚酯薄膜粉云母带	云437-1	粉云母纸环氧硼胺胶，无碱玻璃布，聚脂薄膜	B
电工复合材料	聚酯薄膜玻璃漆布复合箔	7530	一层聚酯薄膜，一层玻璃漆布	B
	聚酯薄膜聚酯纤维纸复合箔	DMD	一层聚酯薄膜，两层聚酯纤维纸	B
	聚酯薄膜芳香族聚酰胺纤维纸复合箔	NMN741	一层聚酯薄膜，两层芳香族聚酰胺纤维纸	F
粘带	环氧玻璃粘带		无碱玻璃布，环氧树脂胶黏剂	B
	硅橡胶玻璃粘带		无碱玻璃布，硅橡胶胶黏剂	H

四、绝缘材料的耐热等级

绝缘材料按长期运行允许的最高温度分为 7 个等级：Y（90℃）、A（105℃）、E（120℃）、B（130℃）、F（155℃）、H（180℃）、C（180℃）以上。当运行温度超过允许的最高温度时，绝缘材料的寿命将大大缩短，致使电机及电气设备的使用寿命缩短。绝缘材料发生老化的原因是多方面的，如高电压、温升过高和电晕放电等都会促使绝缘材料老化。

第八章　同　步　电　机　检　修

同步电机是根据电磁感应原理工作的交流电机，主要用作交流发电机。同步交流发电机是现代电力系统中发电厂的主体设备。为保证同步发电机安全、可靠连续运行，保证机组经常处于良好的工作状态，必须对机组进行有计划的检查和检修，以便及时发现问题，消除隐患，防止事故停机。

发电机除了平时运行维护外，还必须定期进行检修和做绝缘预防性试验，以便了解和发现设备中可能存在的缺陷。对于发电机在运行中出现的异常事故，需及时进行故障检修。各类电机，如同步发电机、充电发电机、起动电机和励磁机等，维护和保养工作的要求基本相同，在修理前均应进行整体检查，查明故障原因，并预先估计出必要的修理工作范围，确定电机修理工作的内容和工作量，方可进行检修。

知识点一　同步发电机的检修周期和检修项目

同步发电机的结构包括电磁结构、绝缘结构、励磁系统和冷却系统四大部分。高压大容量同步发电机均为旋转磁极式。对于旋转磁极式同步发电机，定子包括三相对称绕组、铁心及机座、端盖、励磁回路、电刷等部件，转子包括直流励磁绕组、磁极铁心、磁轭、集电环及阻尼绕组。同步发电机按照主磁极的形状分为凸极式和隐极式两种。同步电机的励磁系统分为直流励磁机励磁和整流器励磁。整流器励磁又可分为静止整流器励磁和旋转整流器励磁。

同步发电机的检修工作主要分为维护检查、小修、大修。

（1）维护检查：在机组运行不停机的情况下进行，是经常性的一项维修工作。检查的基本内容包括机组的外观清洁、油位、油质检查，机组摆度与振动的测定，运行时有无异常声响，各管道阀门是否渗漏，各种表计指示是否正常。其目的是消除和防止机组在运行过程中可能发生的故障。

（2）小修：一般在停机状态下进行。小修是为保证机组在大修周期内安全运行到下一次大修，对机组进行定期的检查、清扫、试验和修理，消除已发现的机组缺陷或更换个别部件。

（3）大修：是一项有计划、较全面地对机组进行分解、检查和修理，使机组性能和主要部件的各项指标符合设计图纸和规范要求的维修工作。消除机组运行中出现的重大缺陷与隐患，并结合大修对机组作较大的技术改造，提高设备运行性能。

一、小修期限和项目

（1）小修期限。发电机的小修每年一般进行1~2次。

（2）小修项目。

1）检查和清扫发电机、励磁机、集电环、刷架，更换电刷。

2）检查清理各定子线圈端部及引线。

3）检查清理各风扇、滑环、通风滤网。

4）检查并清扫冷却系统。

5）检查清理励磁回路。

6）灭磁开关及整流柜的检查、清理和通电检验。

7）做绝缘预防性试验。

二、大修期限和项目

（一）大修期限

同步发电机大修一般每 3 年进行一次（新投运的发电机一年内应进行大修一次），运行中发电机出现严重故障应及时安排大修。

（二）大修项目

大修项目分为一般项目和特殊项目，一般项目又分为常修项目和不常修项目，常修项目每次大修必须进行，不常修项目和特殊性项目根据设备健康状况报主管部门批准后进行，增减项目必须履行批准手续。

（1）大修的常修项目（仅供参考）。

1）发电机解体。

2）发电机定子和转子及各部件清扫检查、试验。

3）励磁系统检修和试验。

4）励磁回路、灭磁开关的检查和检修。

5）励磁滑环清理检查。

6）电气绝缘预防性试验。

7）发电机外壳喷漆。

8）电修后试运行。

（2）大修的不常修项目（参考）。

1）转子拉护环检查。

2）励磁滑环磨损应进行车削或更换。

3）更换定子绕组。

4）更换少量槽楔或端部隔木垫块。

5）端部或定子膛内喷漆。

6）调整气隙。

（3）特殊项目。

1）更换定子线棒或修理定子绕组绝缘。

2）重焊不合格的定子端部绕组接头。

3）更换大量槽楔或端部隔木垫块、重新绑扎。

4）修理铁心。

5）改造端部结构。

6）移动定子调整气隙。

7）转子绕组故障处理。

8）更换励磁机线圈或处理转子故障。

9）其他改进措施。

三、水轮发电机组大小修项目及质量标准

水轮发电机组大小修项目及质量标准见表 8-1 和表 8-2。

表 8-1　　　　　　　　　　　水轮发电机组小修项目及质量标准

编号	项 目	质 量 标 准
1	推力轴承及导轴承外部检查清扫	无异状，将油污、灰尘擦干净，漏油严重时应进行处理
2	制动器、制动环检查、清扫	制动环表面无毛刺，螺杆头与槽轭键均未超出制动环表面，制动器连接螺钉无损伤、折断，油污灰尘应擦干净
3	制动器给风动作试验	制动器动作灵活，给风后，风压能保持在 600kPa 以上
4	油、气、水管路及各阀检查	不渗漏，管阀外部擦干净
5	发电机盖板及挡风板检查	螺钉紧固，焊缝无裂缝，钢板无裂缝
6	定子各部检查	螺钉紧固，结构焊缝与螺母点焊无开焊，磁轭无松动或下沉现象，风扇无松动变形，铆钉完整无缺。转子各部清扫干净
7	定子与机架结合螺栓、销钉及结构焊缝检查	销钉无开焊，结构焊缝与螺母点焊无开焊，灭火水管不松动，且经通风试验畅通无阻
8	空气冷却器外部检查	不漏水
9	各表计检查	指示准确，指示不准的应拆下进行校验，装后接头不漏
10	过滤网清扫	无灰尘

表 8-2　　　　　　　　　　　水轮发电机组大修项目及质量标准

	项 目	质 量 标 准
推力轴承与导轴承	(1) 轴瓦刮研	刮研挑花，前后两次的刀花应垂直。进油边的研刮应按图纸进行。推力瓦要求 2~3 个/cm² 接触点，其不接触面积每处面积不大于轴瓦面积的 2%，其总和不得超过该轴瓦面积的 8%，筒式瓦刮研后，其间隙应符合图纸要求，轴瓦接触点应为 1~2 个/cm²
	(2) 推力轴承高程及水平	高程应符合转子安装高程，水平应在 0.02mm/m 以内
	(3) 卡环	受力后用 0.03mm 厚塞尺检查，有间隙的长度不得超过圆周长的 20%，且不得集中在一处
	(4) 推力瓦受力调整	刚性推力轴承推力瓦支柱，螺栓拧紧最后二、三遍时，用力应均匀。其位移应一致，液压支柱式在承受转动部分质量之后，各弹性油箱的伸缩值，相互间最大差值小于 0.3mm
	(5) 导轴承间调整	轴承总间隙值按图纸要求确定，分块式单侧间隙应按轴线的实际位置及方位确定，调后误差不得超过±0.01mm，轴瓦托板与轴瓦间无间隙，上部压板与轴瓦间保持 0.05mm 左右间隙
	(6) 轴承绝缘	推力油槽充油后，推力轴承与之绝缘值不得小于 0.3MΩ（用 1000V 绝缘电阻表测量）。有绝缘的导轴瓦绝缘值在 50MΩ 以上
	(7) 推力瓦温度计	正常温度应当在 60℃ 以内，最高不得超过 70℃

项 目		质 量 标 准
机组轴线	(1) 盘车测量轴线	记录无误,计算准确
	(2) 轴线处理	修刮推力头或主轴法兰的位置与深度应正确,接触面要大于70%,加垫位置应正确
转子	(1) 转子圆度	各半径与平均半径之差,不得超过设计空气间隙的±5%
	(2) 磁极铁心中心高程	允许误差不大于±2mm
	(3) 转子对定子相对高差	磁极中心低于定子铁心中心的平均高差,其值应在铁心有效长度的0.4%以内
	(4) 发电机空气间隙	各实测点间隙与实测平均间隙值偏差小于±10%
定子及机架	(1) 定子铁心合缝间隙	局部间隙在0.2mm以下的长度不大于全长的2%
	(2) 定子铁心的椭圆度	定子内径最大、最小值之差应小于设计空气间隙的10%
	(3) 铁心及线圈检查	铁心组合应严密,无铁锈,齿压板不松动,线圈应完整,绝缘无破损、胀起及开裂现象,线圈表面无油垢
	(4) 机架轴承座的水平误差	应小于0.15mm
	(5) 机架轴承座的高程误差	按水轮机法兰盘找正,偏差值小于1.5mm
	(6) 机架中心偏差	应小于1.0mm
	(7) 机架及定子振动	振动应在规定范围之内
发电机的辅助设备	(1) 制动器分解检查	各零件无损坏,皮碗或密封圈变质或损坏应更换
	(2) 制动及管路耐压试验	根据厂家标准进行。厂家若无规定,按顶转子最大油压的1.25倍耐压10min,应无渗漏
	(3) 空气冷却器清洗及耐压试验	清洗干净,按工作压力的1.5倍进行通水试验,历时10min,应无漏渗
	(4) 油冷却器清洗及耐压试验	清洗干净,按工作压力的1.5倍进行通水试验,历时10min,应无漏渗
	(5) 各油槽清洗	清洗干净,并刷上油漆
	(6) 温度计校验,压力表、转速表及转速继电器校验	按厂家标准进行,如无厂家标准,膨胀型温度计可按2~3次校验的平均值,误差为±4℃。压力表、转速表及转速继电器的误差应符合厂家规定,如无规定,应按2.5级计算
机组中心测定及调整	(1) 上、下机架水平	检修前后无明显变化
	(2) 测前准备工作	钢琴线对中找正后与固定止漏环中心之偏差小于0.03mm
	(3) 测量结果	发电机定子测量误差为±0.10mm,其余各部为±0.02mm,水轮发电机止漏环中心偏差小于0.10mm,止漏环圆度不小于平均间隙的5%,定子中心偏差小于1.0mm;各导轴承中心偏差在图纸规定范围之内

四、普通发电机组大修项目

普通发电机组大修项目见表8-3。

表 8 - 3　　　　　　　　　　　　　　　　普通发电机组大修项目

部件名称	标准项目		特殊项目
	常修项目	不常修项目	
定子	(1) 定子机座和铁心的检查、清扫定子通风沟及通风沟处的槽部线棒绝缘，检查槽楔、铁心 (2) 检查、清扫端盖、导风板、密封衬垫等 (3) 检查并清扫定子绕组引出线及出线套管 (4) 检查紧固螺纹、清扫绕组端部、绑线、隔木（垫块）等 (5) 检查测温元件引线并测试绝缘，校验温度计 (6) 氢冷发电机（包括全氢氢气系统）做整体气密试验 (7) 水内冷汽轮发电机进行反冲洗及水压试验 (8) 清扫检查灭火装置	(1) 线棒更换 (2) 端部绕组喷漆绝缘 (3) 更换少量槽楔、绕组端部的隔木（垫块）	(1) 重焊不合格的定子绕组端部接头 (2) 更换定子线棒或修理定子绕组绝缘 (3) 更换大量的槽楔和大量的端部绕组隔木或重绕绑线 (4) 修理铁心，定子改造 (5) 改进端部结构
转子	(1) 测量定转子之间的空气间隙 (2) 检查、清扫转子，检查槽楔、平衡重块的紧固情况，检查通风孔有无堵塞 (3) 检查护环嵌装情况，测量护环有无位移、变形，护环、中心环、风扇探伤	(1) 转子结构部件的改进更换 (2) 车旋集电环 (3) 转子喷漆	(1) 更换转子引线 (2) 更换集电环 (3) 处理绕组匝间短路、接地，更换转子绕组绝缘，拉出护环、清扫端部绕组
冷却系统及管路	(1) 清扫及水压试验 (2) 管系阀门检修及水压试验，保险层修补 (3) 清扫空气室，检查严密情况消除漏风，检查并清扫空气过滤器 (4) 检查氢气系统二氧化碳系统的管道阀门法兰表计及自动装置，消除漏气 (5) 冷却风扇的检查修理 (6) 气水回路仪表校验	(1) 氢冷发电机更换全部密封垫圈 (2) 油漆空气室	更换冷却器铜管
轴承及油系统	(1) 检查轴承及油挡有无磨损、钨金脱胎裂纹等缺陷，检查轴瓦球面、垫铁的接触情况，测量间隙紧力 (2) 检查氢冷发电机的密封瓦 (3) 检查油系统和滤油装置，检查常用的密封油泵 (4) 检查清扫油管道、法兰的绝缘垫	(1) 全部清洗油管道 (2) 更换绝缘垫 (3) 检查氢冷发电机的后备密封油泵	(1) 更换轴承密封瓦 (2) 修刮轴承座、台板或基础加固灌浆
主副励磁机及励磁回路	(1) 检查、清扫端盖 (2) 检查清扫定子绕组、绕组接头及端部绑线、紧固件、隔木 (3) 测量定转子之间的气隙，抽转子 (4) 检查和清扫定子铁心、绕组、风扇、通风沟等 (5) 检查和清扫定子槽楔，清扫集电环和引线，清扫刷架、调整电刷压力，更换电刷 (6) 检查冲洗冷却器，冲洗过滤器，做水压试验 (7) 灭磁开关解体检修，整流柜检修、测试，励磁回路其他设备检修	(1) 调整气隙 (2) 更换刷架 (3) 车旋集电环 (4) 更换槽楔	(1) 更换磁极、电枢绕组 (2) 更换集电环

续表

部件名称	标 准 项 目		特殊项目
	常 修 项 目	不常修项目	
其他	(1) 检查清扫发电机的配电装置、电缆、仪表、继电保护装置和控制信号装置等 (2) 进行绝缘预防性试验 (3) 盘车电机解体进行标准项目大修 (4) 其他根据设备情况需要增加的项目	修理发电机的配电装置	(1) 更换配电装置、电缆、继电器及仪表 (2) 发电机外壳喷漆

知识点二 同步发电机常见故障原因及处理方法

同步发电机的故障原因较多，多数是由于制造上的缺陷、安装和检修质量不良、绝缘老化、运行人员误操作、大气过电压和操作过电压以及外部短路所造成，较常见的故障有转子绕组故障、定子绕组故障、定子铁心故障以及冷却系统故障等。现将同步发电机常见故障、原因和处理方法列于表 8-4 中。

表 8-4　　　　　　　　同步发电机常见故障、原因和处理方法

故障现象	故 障 原 因	处 理 方 法
转子绕组绝缘电阻降低或绕组接地	(1) 长期停用受潮 (2) 灰尘积淀在绕组上 (3) 集电环下有碳粉和油污堆积 (4) 集电环、引线绝缘损坏 (5) 转子绝缘损坏	(1) 进行干燥处理 (2) 进行检修清扫 (3) 清理油污或擦拭干净 (4) 修补或重包绝缘 (5) 修补或更换绝缘
转子绕组匝间短路	(1) 匝间绝缘因振动或膨缩被磨损、脱落或位移 (2) 匝间绝缘因膨胀系数与导线不同，破裂或损坏 (3) 垫块配置不当，使绕组产生变形 (4) 通风不良，绕组过热，绝缘老化损坏	(1) 进行修补 (2) 进行修补 (3) 重新配垫块和对绕组进行修复 (4) 修补绝缘、疏通通风
发电机失去励磁	(1) 接触不良或断线 (2) 磁场线圈断线、自动励磁调整装置故障	(1) 迅速减小负载，使电流在额定值范围，检查灭磁开关有无跳闸，如已跳闸应迅速合上 (2) 查明自动励磁调整装置是否失灵，并改用手动加大励磁；对不允许失磁运行的发电机应解列停机检查处理；对允许失磁运行的发电机，应在允许的时间内恢复励磁，否则也应解列停机检查处理
定子槽楔和绑线松弛	(1) 槽楔干缩 (2) 运行中的振动或经短路电流的冲击力的作用 (3) 制造工艺和制造质量的缺陷	(1) 更换槽楔 (2) 在槽内加垫条打紧 (3) 重新绑扎

故障现象	故障原因	处理方法
定子绕组过热	(1) 冷却系统不良，冷却及通风管道堵塞 (2) 绕组端头焊接不良 (3) 铁心短路	(1) 检修冷却系统，疏通管道 (2) 重新焊接 (3) 清除铁心故障
定子绕组绝缘击穿	(1) 雷电过电压或操作过电压 (2) 绕组匝间短路、绕组接地引起的局部过热 (3) 绝缘受潮或老化 (4) 绝缘受机械损伤 (5) 制造工艺不良	(1) 更换被击穿的线棒 (2) 消除引起绝缘击穿的原因 (3) 修复被击穿的绝缘和被击穿时电弧灼伤的其他部分
定子绝缘老化	(1) 自然老化 (2) 油浸蚀，绝缘膨胀 (3) 冷却介质温度变化频繁，端部表面漆层脱落 (4) 绕组温升太快，绕组变形使绝缘裂缝	(1) 恢复性大修，更换全部绕组 (2) 除油污、修补绝缘、表面涂漆 (3) 表面涂漆 (4) 局部修补绝缘或更换故障线圈，表面涂漆
电腐蚀	(1) 定子线棒与槽壁嵌合不紧存在气隙（外腐蚀） (2) 线棒主绝缘与防晕层黏合不良存在气隙（内腐蚀）	(1) 槽内加半导体垫条 (2) 采用黏合性能好的半导体漆
铁心硅钢片松动	(1) 铁心压得不紧或不均匀 (2) 片间绝缘层破坏或脱落 (3) 长期振动	在铁心缝中塞进绝缘垫或注入绝缘漆/消除振动的原因
定子铁心短路	硅钢片间绝缘因老化、振动磨损或局部过热而破坏	消除片间杂质和氧化物，在缝中塞进绝缘垫或注入绝缘漆、更换损坏的硅钢片
氢冷发电机漏氢	(1) 制造中有缺陷 (2) 检修质量不良 (3) 绝缘垫老化 (4) 冷却器泄漏	查漏、堵漏、更换绝缘垫
水冷发电机漏水	(1) 接头松动 (2) 绝缘引水管老化破裂 (3) 转子绕组引水管弯脚处拆裂 (4) 焊口开裂 (5) 空心导线质量不良 (6) 冷却器泄漏	(1) 拧紧接头、更换铜垫圈 (2) 更换引水管 (3) 更换引水弯脚 (4) 焊补裂口 (5) 更换线棒 (6) 检查堵漏
空气冷却漏水	水管腐蚀损坏	少量水管漏水时将该管两头堵死，大量水管漏水时更换空气冷却器

项目一 同步发电机的拆卸与组装

一、教学目标

(一) 能力目标

(1) 能正确选用拆装三相同步发电机的常用工具。

(2) 能对拆卸的三相同步发电机进行检测。

(3) 能进行三相同步发电机的正确拆卸和组装。

(二) 知识目标

(1) 了解三相同步发电机铭牌各参数的含义。

(2) 熟悉三相同步发电机的结构和工作原理。

(3) 掌握三相同步发电机的拆卸、组装步骤及方法。

二、仪器设备

电机检修实训仪器设备见表 8-5。

表 8-5   电机检修实训仪器设备表

序号	名 称	数量
1	三相汽轮发电机	1台
2	起吊行车,电动葫芦,滑车、倒链、钢丝绳等专用起吊设备,搁架、托架、垫木、工字钢、假轴等专用器材	各1套
3	电机检修常用工具、量具	各1套

三、工作任务

进行某一型号三相汽轮发电机的拆卸和组装（可利用发电厂大修时进行）。

【任务一】同步发电机的拆卸

同步发电机的拆卸是大修的一个重要环节,必须做好充分的准备工作,才能使解体检修有条不紊地进行。当电机故障性质已大体确定,明确修理工作范围之后,如有必要方可把电机拆卸。拆卸过程中还要进一步确定故障点,精确地确定电机修理的工作内容。

拆卸前,首先要做好准备工作,即各种工具的准备,以及做好拆卸前的记录和检查工作,然后再进行正确的拆卸。

(一) 拆卸前的检查与记录

电机拆卸前应先初步对绕组的状态、绝缘电阻、轴承的状态、换向器和滑环、电刷和刷握及转子和定子的配合等情况进行检查和记录,以便对被检修电机的原有故障有所了解,确定检修方案及备料,保证检修工作正常进行。

(1) 发电机拆卸前运行档案的查阅。

1) 查阅上次大修和历次小修的总结报告和技术档案,了解对本次大修的意见。

2) 查阅运行记录,了解上次大修投入运行以来所发现的缺陷、事故原因和已采取的措施及存在的问题。

3) 进行大修前的试验,确定附加检修项目。

（2）制定大修施工计划。

1）根据批准的大修项目、工期和人力配备，制定大修进度表、定期工时以及备品耗材计划表。

2）确定重大特殊项目的施工方案。

3）确保施工安全和现场防火。

4）备齐大修所需材料、备品及专用设备工具。

5）备齐所用的图纸、资料，记录表格、检修作业指导书及设备台账。

6）绘制必要的施工图纸。

（3）施工场地和工具的准备

1）清扫施工现场，做好防潮、防尘和消防措施，准备施工电源及照明。

2）检查专用起吊工具，如钢丝绳、起吊行车、电动葫芦、滑车、倒链等设备。

3）检查专用托架、搁架、弧形垫块等。

4）准备好检修工具、材料和备件。

（二）同步发电机的解体

发电机停机解列后，一般需盘车72h。待汽缸的胀差符合规程要求时才拆卸发电机。拆卸前可对发电机进行绝缘电阻、直流电流泄漏和交流耐压试验以及轴承的振动测量等工作。

（1）拆卸同步发电机。

1）拆除盘车装置，解开发电机与汽轮机的联轴器。

2）拆下励磁机和集电环的电缆接线，并将电缆引线压入孔洞内。解开发电机与励磁机的联轴器，拆下励磁机的地脚螺栓，将励磁机和刷架吊至检修场地。集电环的工作表面应用硬绝缘纸包好。

3）拆下发电机两侧的大、小端盖及刷架。拆前要做好位置标记。起吊端盖时要稳妥，由于这些部件的形状不规则，要防止起吊时突然倾倒而碰坏定子绕组端部和风挡等部件。

4）测量轴封与轴之间的间隙、励磁机磁极与电枢的间隙、风扇与端盖（或护板）之间的轴向和径向间隙及发电机定、转子之间的间隙，做好记录，轴封与轴之间的间隙等记录于表8-6中，并与上次大修后所测数值进行比较，以便研究运行中的变动和磨损情况，供组装时参考。

表8-6   拆卸同步发电机时测量的间隙值

序号	间　隙	测量值（mm）				结论
		上	下	上	下	
1	轴封与轴的间隙					
2	励磁机磁极与电枢的间隙					
3	风扇与端盖（或护板）的轴向间隙					
4	风扇与端盖（或护板）的径向间隙					
5	定、转子间的气隙					

（2）抽出转子。

由于汽轮同步发电机的转子长而重，且定、转子间的气隙很小，所以从定子膛内抽出转子的技术和安全要求特别高。

抽出转子的方法应根据发电机的构造、起重设备和现场条件等情况来选择，大型发电机抽出转子常采用接假轴法或滑车法。

1）接假轴法。这种方法是利用假轴接长发电机的转子，用双吊车或吊车（汽轮机侧）与卷扬机（励磁机侧）相配合的方法将转子重心移出定子后，再用吊车把转子吊出。

2）滑车法。此法是将转子轴颈架在专用的滑车上，由倒链把转子重心拉出定子后，再用吊车吊走转子。滑车法有双滑车抽转子和单滑车抽转子两种方法。采用双滑车时，励磁机侧转子轴颈架在外滑车上，汽轮机侧轴颈架在内滑车上。采用单滑车时，仅励磁机侧转子轴颈架在外滑车上，而汽轮机侧仍接假轴用吊车起吊。

（3）抽出转子时的注意事项。

1）在起吊和抽出转子的过程中，钢丝绳不能触及转子轴颈、风扇、集电环及引出线等处，以免损坏这些部件。

2）转子起吊时，轴颈、大小护环和励磁机联轴处，不得作为着力点；并注意钢丝绳勿与滑环、风扇等处相碰，着力点在起吊前要加石棉垫、胶皮或破布加以保护。

3）抽出转子的过程中，应始终保持转子处于水平状态，以免与定子碰撞。应设专人在一端用灯光照亮，利用透光法来监视定转子间隙，并使其保持均匀。

4）水平起吊转子时，应采用两点吊法，吊距应在 700~800mm。钢丝绳绑扎处要垫上厚 20~30mm 的硬木板条，以防钢丝绳滑动及损坏转子本体表面。

5）当需要移动钢丝绳时，不得将转子直接放在定子铁心上，必须在铁心上垫以与定子内圆相吻合的厚钢板，并在钢板下衬橡皮或塑料垫，以免碰伤定子铁心。

6）为给今后的检修工作创造有利条件，应把水平起吊转子时的合适吊点位置标上可靠而醒目的标记，以便下次起吊时作为参考。

7）拆下的全部零部件和螺栓要做好位置标记，逐一进行清点，并妥善保管。对定转子的主要部位要严加防护，在不工作时，应用帆布盖好，贴上封条，以防脏污或发生意外。

【任务二】同步发电机的组装

同步发电机检修工作完毕，经班组、车间及生产技术部验收合格后，即可进行发电机的组装工作。

（一）发电机组装前的准备工作

（1）在装转子前由工作负责人对定子膛内、绕组端部进行严格检查，确认无遗留工具或其他杂物。

（2）用压缩空气对定子内、外表面和转子进行吹扫，检查铁心、绕组端部及通风道是否畅通。

（3）组装用起吊设备、专用工具、材料等应准备齐全，并完好无损。

（二）组装与调整

（1）穿入转子。转子穿入定子膛内的工具和方法以及注意事项与抽出转子时相同，只是工序相反。

（2）装复轴承、联轴器及转子找中心。这项工作一般由汽机检修车间负责。但电气检修人员也应适当配合，既要注意保护发电机，使有关部分不受损，同时还应配合进行间隙的测定与调整等工作。

（3）回装端盖。在装端盖之前，应用干净的压缩空气将定子和转子绕组端部吹扫一遍，并用灯光照亮的方法检查各侧的空气隙，防止有杂物遗留在其中。

回装端盖时，要仔细检查大小端盖、轴封、护板等零部件，应无油泥、脏污，结合面应平整光洁。回装端盖与解体时的顺序相反，应逐一把护板、大端盖、小端盖、轴封按原标记装好，并按工序步骤逐一测量、记录调整好各部间隙。各部间隙的调整及要求如下：

1）安装调整大端盖，使端盖与风扇之间的径向间隙四周均匀相等，一般为1～3mm。轴向间隙应考虑到投入运行后发电机与汽轮机转子受膨胀的伸长，按制造厂规定的数值进行检查。

2）安装调整小端盖，使轴封与轴的间隙基本均匀，紧固螺钉后用塞尺测量四周间隙，一般为0.5～1mm，且上部间隙宜略大于下部间隙。

3）调整好各部间隙以后，应拧紧所有螺钉并锁住，销钉、垫片应齐全，应特别注意端盖的所有接缝处的毛毡垫要正确接缝，使发电机保持严密，减少漏风。

（4）安装刷架、更换调整电刷。

1）清扫干净刷架及底座，用吊车起吊刷架至集电环处，按原位将刷架安装紧固牢靠。

2）粗调刷握与集电环间的距离在2～3mm，然后对粗调达不到要求的个别刷握进行单个调整，使距离达到2～3mm。操作中不得碰伤集电环表面。

3）将电刷及恒压弹簧装入刷握，更换由于磨损过短的电刷并用砂纸研磨弧面。电刷在刷握内上、下活动自如，且有0.1～0.2mm间隙，若达不到要求时应将电刷适当磨小。

（5）安装励磁机。用吊车起吊已检修好的主副励磁机，按原位装复，待整体找正中心后，紧固地脚螺栓。

注意：在回装过程中要将各部间隙测量值与表8-6中相应间隙值进行比较，并逐一进行调整到合适值。

（6）接引线。连接集电环励磁电缆线及励磁机和发电机出口引线，要求各接触面平整、光洁、接触良好，用0.05mm塞尺塞不进去，接头螺钉紧固、平垫、弹簧垫齐全。为了改善集电环的工作状态，每次大修接线时要调换集电环的极性。接线完毕后，将整个机组表面清扫干净，并进行检修后的试验。

四、检修实训报告及记录

检修实训报告及记录应包含的内容（见表8-7）：

（1）报告名称、专业班级、姓名学号、同组成员、检修日期。

（2）拆装三相同步发电机的步骤和方法。

（3）拆装三相同步发电机的心得体会（200字以上）等。

表8-7　　　　　　　　　　电机检修实训报告

项目名称	三相同步发电机的拆装	
专业＿＿＿＿　　班级＿＿＿＿　　姓名＿＿＿＿　　学号＿＿＿＿		
同组成员＿＿＿＿＿＿＿＿＿＿＿＿＿　　检修日期＿＿＿＿＿		
序号	考核内容	操作要点
1	三相同步发电机的结构	（1）定子部分 （2）转子部分
2	拆卸三相同步发电机的步骤和方法	（1）工具选择、使用 （2）拆卸前的检查与记录 （3）同步发电机的解体

续表

序号	考核内容	操作要点
3	装配三相同步发电机的步骤和方法	（1）工具选择、使用 （2）发电机组装前的准备 （3）发电机的组装与调整

拆装三相同步发电机的心得体会：

指导老师评语：

指导教师＿＿＿＿＿＿＿＿　　＿＿＿年＿＿月＿＿日

五、考核评定（仅供教师评分时参考）

考核评定应包括的内容：

（1）正确使用拆卸电机的工具，团队合作。配分20分（工具使用错误，每项扣5分；团队成员不合作扣5分）。

（2）拆卸、组装同步发电机的步骤和方法。配分40分（错误一项扣2分）。

（3）知识应用，回答问题，语言表达。配分10分（回答问题不正确，每次扣2分；语言表达不清，每次扣2分）。

（4）操作规范、有序、不超时。配分10分（操作欠规范或超时，每项扣3分）。

（5）安全环保意识，遵守纪律。配分10分（无安全环保意识扣5分；迟到、早退不守纪律；每次扣2分）。

（6）检修实训数据记录。配分10分（填错或少填一项扣1分）。

项目二　氢冷和水冷发电机的检修

一、教学目标

（一）能力目标

（1）能正确选用检修氢冷和水冷发电机的工具。

（2）能进行水内冷汽轮发电机的水路冲洗及水压试验。

（3）能进行氢冷发电机的密封检查及密封试验。

（二）知识目标

（1）了解氢冷和水冷发电机的结构及检修工具的使用方法。

（2）熟悉氢冷和水冷发电机的检修工艺及特点。

（3）掌握氢冷发电机的密封试验和水冷发电机的水路冲洗及水压试验方法。

二、仪器设备

电机检修实训仪器设备见表 8 - 8。

表 8 - 8　　　　　　　　　　　电机检修实训仪器设备表

序号	名　　称	数量
1	氢冷汽轮发电机、水内冷汽轮发电机	各1台
2	水压试验机，空气压缩机，检漏仪或泡好的肥皂液，压力表，密封垫，绝缘引水管，电工工具，钳工工具，毛刷，棉布，白胶布等	各1套

三、工作任务

进行某一型号氢冷及水冷发电机的检修（可结合发电厂的检修进行）。

【任务一】水内冷汽轮发电机的水路冲洗及水压试验

（1）定子水路的冲洗。水内冷发电机经过长期运行后，如水路内的转角、缩口、弯脚会积聚大量的污物，绝缘水管的接头也可能出现松动、磨损、开焊等造成漏水。因此，水内冷发电机在大修时应进行水路冲洗及水压试验。

1）定子水路的冲洗方法。

a. 冲洗定子水路前拆去汽、励两端的定子绕组进出水连接弯头，装上水路冲洗专用设备，接好气、水管路。

b. 用 0.3～0.5MPa 的干净压缩空气及清洁水，对发电机的水路反复进行正、反冲洗，直到出水无黄色杂质为止。顺序为先反冲洗，再正冲洗。

反冲洗的方法是：用干净压缩空气从定子绕组的总出水管吹入，吹净剩水，再通入清洁水进行冲洗。

正冲洗的方法是：用干净压缩空气从定子绕组的总进水管吹入，吹净剩水，再通入清洁水进行冲洗。

2）转子水路的冲洗。转子水路一般进行反冲洗，冲洗时，用压力为 0.5～0.7MPa 的干净压缩空气，从出水箱的出水孔逐个吹入，把剩水吹净，再通入清洁水进行冲洗。反复冲洗直到出水无黄色杂质为止。

（2）水内冷汽轮发电机的水压试验。

1）定子水路的水压试验。定子绕组水回路经水冲洗后，再进行水压试验，水压试验标准见表 8 - 9。水压试验的压力表应事先经过校验，加压前排出水回路中的空气后充满水。加压时可用手动或电动压力试验机，缓慢升高压力。压力达到试验标准后，保持表 8 - 9 中规定的时间，检查各个可能漏水的部件有无漏水。

表 8 - 9　　　　　　　　　　　水内冷发电机的水压试验标准

类别	标　准		类别	标　准	
	试验水压（MPa）	时间（h）		试验水压（MPa）	时间（h）
交接试验更换整台机绝缘水管	750	8	更换部分绝缘水管大修、预防性试验	500	8
	800	8		500	8

2）转子水路的水压试验。转子水压试验时，将转子出水环上所有的出水孔用黄铜塞子堵塞，从进水口加水，待水灌满后，升高压力到要求的数值，并保持规定的时间。转子水压试验标准由制造商规定。

将定、转子水路冲洗及水压试验的参数记录于表 8-10 中。

表 8-10　　　　　　　　　　　　水路冲洗及水压试验记录

检修部件	检修内容	冲洗次数及试验时间	结　　论
定子绕组	反冲洗		
	正冲洗		
	水压试验		
转子绕组	反冲洗		
	正冲洗		
	水压试验		

【任务二】氢冷发电机的密封检查及密封试验

氢冷发电机漏氢将降低冷却效果，提高发电成本，还会引起火灾等事故。因此，氢冷发电机的大修应增加密封装置的验漏和检修。

（1）油密封装置的拆卸和检修方法。

1）当氢冷发电机油密封装置固定在端盖上时，应拆开端盖上的人孔门，分解油密封装置后，拆卸端盖。当油密封装置固定在轴承上时，可先拆端盖，再拆油密封装置。

2）若油密封装置严重漏油，将在定子绕组的端部造成大量的油垢。大修时应仔细清除端部的油垢，再对油密封装置进行修理。

（2）漏氢的检查及处理方法。

1）检查定子测温元件引出线端子板的密封情况。端子板上的螺钉应拧紧，更换老化的密封垫等。

2）仔细检查定子引出线套管的密封橡皮垫，如更换变质发脆的橡皮垫，拧紧螺母加大弹簧压力等。

3）检查氢系统的所有管道，清除管道内的污垢、积灰和铁锈，用压缩空气吹扫所有的管道应畅通无阻，更换变质发脆的密封橡皮垫。

4）检查转子引出线处和轴中心孔的堵头有无泄漏现象。可通过做转子密封试验来发现。用检漏仪或肥皂水找出泄漏处。更换变质发脆的密封橡皮垫。

（3）氢冷发电机的密封试验。密封试验一般在发电机静止或额定转速下进行，试验时向密封瓦供油。试验时的风压见表 8-11。发现泄漏之处用检漏仪检测，找出泄漏部位并设法消除。

表 8-11　　　　　　　　　　　试 验 时 的 风 压　　　　　　　　　　　kPa

额定运行氢气压力	4.0～6.7	40～67	133～266
密封试验空气压力	10.5～26.5	133～200	266

（4）处理方法及结果记录于表 8 - 12 中。

表 8 - 12　　　　　　　　　　**密封检查及密封试验记录**

检查部位	检查内容	处理方法	结论
油密封装置	有无漏油		
各种出线套管	是否密封良好		
管道法兰连接处及其他结合面	有无泄漏		
转子绕组引线出头和轴中心孔堵头	转子密封试验		
组装后的发电机整体	整体密封试验		

四、检修实训报告及记录

检修实训报告及记录应包含的内容（见表 8 - 13）：

（1）报告名称、专业班级、姓名学号、同组成员、检修日期。

（2）氢冷和水冷发电机检修的步骤和方法。

（3）氢冷和水冷发电机的检修心得体会（200 字以上）等。

表 8 - 13　　　　　　　　　　**电 机 检 修 实 训 报 告**

项目名称	氢冷和水冷发电机的检修		
专业＿＿＿＿＿＿　　班级＿＿＿＿＿＿　　姓名＿＿＿＿＿＿　　　　　　学号＿＿＿＿＿＿			
同组成员＿＿＿＿＿＿＿＿＿＿＿＿＿＿＿＿＿＿＿＿＿＿＿　　检修日期＿＿＿＿＿＿			

序号	考核内容	操作要点
1	氢冷和水冷发电机的结构	1）定子部分 2）转子部分
2	水内冷汽轮发电机的水路冲洗及水压试验	1）工具选择、使用 2）定子水路的冲洗方法 3）转子水路的冲洗 4）定子水路的水压试验 5）转子水路的水压试验
3	氢冷发电机的密封检查及密封试验	1）工具选择、使用 2）油密封装置的拆卸和检修方法 3）漏氢的检查及处理方法 4）氢冷发电机的密封试验 5）处理方法及结果
氢冷和水冷发电机的检修心得体会		
指导老师评语		
指导教师＿＿＿＿＿＿　＿＿＿＿年＿＿月＿＿日		

五、成绩评定（仅供教师评分时参考）

成绩评定应包括的内容：

（1）正确使用氢冷和水冷发电机的检修工具，团队合作。配分 20 分（工具使用错误，每项扣 5 分；团队成员不合作扣 5 分）。

（2）氢冷和水冷发电机的检修步骤和方法。配分 40 分（错误一项扣 2 分）。

（3）知识应用，回答问题，语言表达。配分 10 分（回答问题不正确，每次扣 2 分；语言表达不清，每次扣 2 分）。

（4）操作规范、有序、不超时。配分 10 分（操作欠规范或超时，每项扣 3 分）。

（5）安全环保意识，遵守纪律。配分 10 分（无安全环保意识扣 5 分；迟到、早退不守纪律，每次扣 2 分）。

（6）检修实训数据记录。配分 10 分（填错或少填一项扣 1 分）。

第九章 变压器检修

知识点一 变压器的结构及工作原理

变压器是电力系统中实现电能经济传输、灵活分配和合理使用的重要设备；变压器借助于电磁感应作用通过改变一、二次绕组的匝数实现变压。变压器种类繁多，在国民经济的各个领域应用广泛。

一、变压器的工作原理

图 9-1 所示为一台单相双绕组变压器，它由两个互相绝缘且匝数不等的绕组套装在具

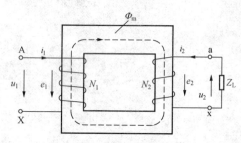

图 9-1 变压器工作原理示意图

有良好导磁材料制成的闭合铁心上，两绕组之间只有磁的耦合而没有电的联系。其中，一个绕组接交流电源，称为一次绕组；另一个绕组接负载，称为二次绕组。若将一次绕组接上交流电源，绕组中便有交流电流 i_1 流过，并在铁心中产生交变磁通 Φ_m，这个交变磁通同时交链一、二次绕组，根据电磁感应定律，交变磁通 Φ_m 将分别在一、二次绕组中感生出同频率的电动势 e_1 和 e_2，计算公式为

$$e_1 = -N_1 d\Phi_m/dt$$
$$e_2 = -N_2 d\Phi_m/dt$$

式中：N_1、N_2 为一、二次绕组的匝数。

当二次侧接上负载或用电设备，在电动势 e_2 的作用下，将向负载输出电能，实现不同电压等级电能的传递。因此，只需改变变压器一、二次侧绕组的匝数比，就能达到改变变压器输出电压的目的，这就是变压器的变压原理。

二、变压器的分类

变压器可按用途、相数、绕组数目、铁心结构、调压方式和冷却方式进行分类。

（1）按用途分有电力变压器、仪用互感器、调压变压器、试验用变压器、特殊变压器。

（2）按每相绕组数目分有双绕组变压器、三绕组变压器、多绕组变压器、自耦变压器。

（3）按相数分有单相和三相变压器等。

（4）按冷却方式和绝缘介质分有空气或环氧树脂为冷却介质的干式变压器和用 SF_6 气体为介质的充气式变压器、油浸变压器（包括油浸自冷、油浸风冷、油浸强迫油循环式和强迫油循环导向风冷式）等。

（5）按调压方式分为有载调压变压器（有励磁调压）和无载调压变压器（无励磁调压）。

此外，电力变压器按容量还可分为大、中、小型和特大型。小型变压器的容量为 10～630kVA，中型变压器的容量为 800～6300kVA，大型变压器的容量为 8～63MVA；特大型变压器的容量为 90MVA 及以上。

三、变压器的基本结构

各种变压器的结构大同小异，它们主要由铁心以及绕在铁心上的一、二次绕组组成。铁心和绕组一般都浸放在盛满变压器油的油箱中（除干式配电变压器外）。电力变压器还有油箱及冷却装置、绝缘套管、调压和保护装置等部件。不同用途的变压器结构略有差异。

（一）三相变压器的基本结构及各部件的作用

图 9-2 所示为三相油浸式电力变压器结构示意图。

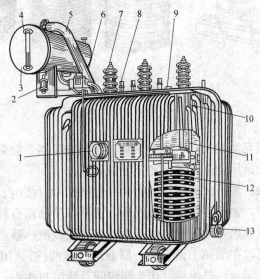

图 9-2　三相油浸式电力变压器结构示意图

1—信号式温度计；2—吸湿器；3—储油柜；4—油表；5—安全气道；6—气体继电器；
7—低压套管；8—高压套管；9—分接开关；10—油箱；11—铁心；12—绕组；13—放油阀门

变压器各部分的名称及作用如下：

$$
变压器
\begin{cases}
器身
\begin{cases}
铁心：构成磁的通路 \\
绕组：构成电的通路 \\
分接头开关：分为有载调压和无载调压两种，通过改变一次绕组匝数来改变二次输出电压
\end{cases} \\
绝缘部分
\begin{cases}
绝缘套管：将带电部分与地分隔 \\
油箱：储油，其作用一为散热，二为绝缘
\end{cases} \\
储油柜（油枕）：补充变压器油 \\
保护装置：包括测温装置、安全气道、继电器等，作用为保护变压器 \\
冷却装置：分为油浸自冷、油浸风冷、强迫油循环冷却等
\end{cases}
$$

（1）铁心。变压器的铁心一般用厚度为 0.3～0.35mm 高磁导率的磁性材料——硅钢片叠压而成，有铁心柱和铁轭两部分。铁心柱上套装一、二次绕组，上下铁轭将铁心柱连接起来，形成闭合的主磁路。图 9-3（a）为三相变压器的日字形铁心。

（2）绕组。绕组是变压器的电路部分，用铜绝缘扁导线或圆导线绕制而成。按高、低压绕组在铁心上排列方式的不同，分为同心式和交叠式两种。同心式绕组结构简单、制造方便，国产电力变压器均采用这种结构；交叠式绕组用于特种变压器中。一般情况下低压绕组靠近铁心柱，高压绕组套在低压绕组外面，中间用绝缘纸筒隔开。

（3）绝缘套管。变压器的引出线从油箱内部引到箱外时，必须经过绝缘套管，使带电的引线和接地的油箱绝缘。套管由瓷质绝缘套筒和导电杆组成。根据电压等级的不同，套管分

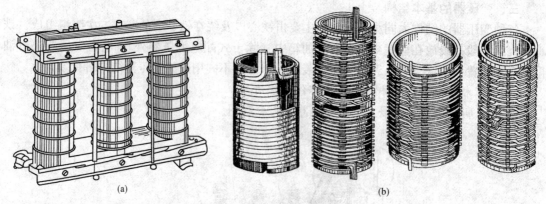

图 9-3　三相变压器的铁心和绕组

(a) 铁心；(b) 绕组

为瓷质绝缘套管、充气或充油套管、电容式套管。配电变压器一般采用瓷质绝缘套管，低压侧采用复合瓷绝缘套管，高压侧采用单体瓷质绝缘套管。

(4) 油箱及变压器油。油浸式变压器的器身（包括铁心、绕组、绝缘结构三大部分）放在充满变压器油的油箱中，油箱一般做成椭圆形，这样可使油箱有较高的机械强度，而且需油量较少。为了增强冷却效果，油箱壁上焊有散热管或装设散热器。为减少油与空气的接触面积，降低油的氧化速度，在油箱上面安装一储油柜（称油枕），用连通管与油箱接通。变压器油的主要作用有两方面：一是绝缘（作为绕组间及绕组与铁心、油箱壁间的绝缘介质）；二是散热。通常反映变压器油的主要指标有以下几种：

1) 油的外观颜色。新油呈淡黄色，老化时颜色变暗，严重老化时呈棕色。

2) 黏度。越低流动性越好，老化时黏度增加。新油质量指标：在 20℃时运动黏度不大于 30mm/s，在 50℃时运动黏度不大于 9.6mm/s。

3) 凝固点。变压器油的标号就是其凝固点的温度。

4) 闪点。指油受热后产生的蒸汽与空气形成混合物，遇明火能够发生燃烧的温度。新油的闪点一般不低于 135℃，而运行中的油闪点不应低于新油 5℃。

5) 比重。比重越小油中的杂质和水分越容易沉淀。

6) 酸、碱、硫及机械杂质等含量。新油不应含有杂质。

7) 酸价。新油酸价不应小于 0.03mgKOH/g，运行中的油酸价不应小于 0.1mgKOH/g。酸价越高，说明油氧化越严重。

8) 电气绝缘强度。电气绝缘强度表征油在规定条件下承受电压的能力，如 6～35kV 为 25kV/mm，35kV 以上为 35kV/mm。

9) 介质损耗角正切值。介质损耗角正切值表征变压器在交变电场作用下，因电导、松弛极化及游离产生的能量损耗的大小。新油在 70℃时不大于 0.5%，运行中的油在 70℃时不大于 2%。

(6) 气体继电器。气体继电器安装在储油柜和油箱之间的连接管里，其底部高于变压器箱盖，气体继电器是变压器内部短路故障的保护装置。目前主要采用的是挡板式结构，包括外壳和继电器心子两部分。心子顶盖上装有跳闸及信号接线端头、放气塞，顶盖下面的支架上装有开口油杯、上下磁铁及上下重锤、上下干簧触点，支架最下部有可以活动的挡板。正常运行时，两对干簧触点都是断开的，当变压器出现内部故障时，产生的气体将聚集在气体继电器的上部，继电器内气体达到一定容积时，开口杯下沉，上磁铁使上干簧触点闭合，接通信号回路，发出信号，即轻瓦斯保护动作；当变压器发生严重故障时油箱内气体剧增，压力升高，油流冲动挡板，下磁铁使下干簧触点闭合，接通信号回路发出报警信号并切断电源，即重瓦斯保护动作。

（7）调压装置。调压装置的作用是调节变压器的输出电压，一般在高压绕组某个部位引出若干个抽头（如中性点、中部或端部），并把这些抽头连接在可切换的分接开关上。

（二）单相变压器的结构特点及用途

（1）结构。单相变压器多用于使用单相交流电的场所。它由一个一次绕组和一个二次绕组（二次可有多个绕组）组成，铁心为口字形，分为心式和壳式两种。心式结构的心柱被绕组包围，如图9-4所示；壳式结构则是铁心包围绕组的顶面、底面和侧面，如图9-5所示。心式结构的绕组和绝缘装配比较容易，所以变压器常常采用这种结构。

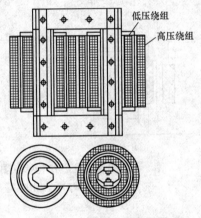

图9-4　单相心式变压器

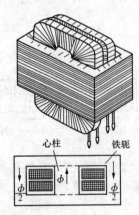

图9-5　单相壳式变压器

壳式变压器的机械强度较好，常用于低压、大电流的变压器或小容量电信变压器。绕组用纸包或纱包的绝缘扁线或圆线绕成。其中输入电能的绕组称为一次绕组，输出电能的绕组称为二次绕组，它们通常套装在同一心柱上。

（2）特点。一次绕组和二次绕组具有不同的匝数、电压和电流，其中电压较高的绕组称为高压绕组，电压较低的绕组称为低压绕组。对于升压变压器，一次绕组为低压绕组，二次绕组为高压绕组；对于降压变压器，情况恰好相反，高压绕组的匝数多、导线细，电阻大；低压绕组的匝数少、导线粗，电阻小。

（3）用途。一是用于使用单相交流电的场所，二是用于低压、大电流的变压器或小容量电信变压器。

（三）三绕组变压器的结构及用途

（1）结构。三绕组变压器每相有高、中、低压三个绕组，如图9-6所示。

（2）特点。升压变压器：绕组按高、低、中（1、3、2）排列。降压变压器：绕组按高、中、低（1、2、3）排列。三绕组的不同排列将影响电抗的大小，同时也影响阻抗电压的大小，位于中间位置的绕组电抗最小。三绕组的排列如图9-7所示。

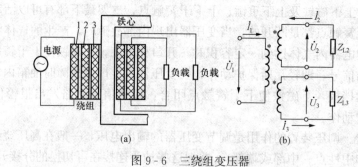

图 9-6　三绕组变压器

(a) 结构示意图；(b) 原理示意图

(3) 用途。三绕组变压器一般用于有三个不同电压等级变换的电网中。

（四）自耦变压器的结构及用途

自耦变压器是一台一、二次共用一个绕组的变压器。

(1) 结构。每相只有一个绕组，二次绕组为一次绕组的一部分，如图 9-8 所示。

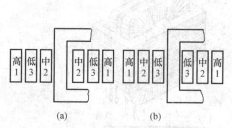

图 9-7　三绕组变压器的绕组布置图

(a) 升压变压器；(b) 降压变压器

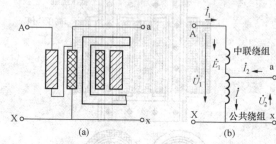

图 9-8　自耦变压器结构示意图

(a) 结构图；(b) 电路图

(2) 特点。一、二次绕组之间不仅有磁的联系，还有电的联系。

串联绕组匝数：$N_{Aa} = N_{AX} - N_{ax}$。

(3) 用途。单相自耦变压器多用于实验室，三相自耦变压器用于大型发电厂变换电压。

（五）仪用变压器的结构及用途

仪用变压器是专用于测量仪表的小型变压器。仪用变压器分为电压互感器和电流互感器。使用互感器的目的在于扩大仪表的测量范围和使仪表与高压隔开而保证仪表安全使用。

1. 电压互感器

(1) 工作原理。电压互感器的工作原理与普通降压变压器相同，不同的是它的变比更准确；电压互感器的一次侧与被测电压（高电压侧）并联连接，二次侧接电压表或其他仪表（如功率表、电能表）的电压线圈，如图 9-9 (a) 所示。电压互感器运行时相当于一台降压变压器的空载运行。其一、二次绕组的电压关系为

$$k_U = N_1/N_2 \approx U_1/U_2 \quad \text{或} \quad U_1 = k_U U_2$$

式中：U_2 为二次侧电压表上的读数，U_2 再乘 k_U 就是一次侧的电压值。

电压互感器的二次绕组一般额定电压为 100V，如额定电压等级有 0V、5kV/100V、10kV/100V 等。

（2）使用注意事项。

1）电压互感器在运行时，二次侧不允许短路，否则会产生很大的电流，烧毁绕组。

2）二次绕组的一端必须可靠接地。

3）二次侧接功率表、电能表的线圈，极性不能接错。

4）电压互感器二次接入的阻抗不得小于规定值，以减小误差。

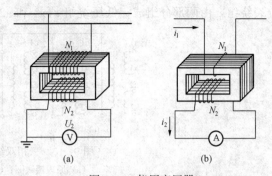

图 9-9　仪用变压器

(a) 电压互感器；(b) 电流互感器

在三相电力系统中广泛应用的三线圈电压互感器有两个二次侧绕组，一个称为基本绕组，接各种测量仪表和电压继电器；另一个称为辅助绕组，接成开口三角形，引出两个端头接电压继电器，组成零序电压保护电路。

2. 电流互感器

（1）工作原理。电流互感器结构上与普通双绕组变压器相似，也有铁心和一次侧、二次侧绕组，但它的一次侧绕组匝数很少，只有一匝到几匝，导线较粗，一次侧与被测电路串联，二次侧与电流表相接，如图 9-9（b）所示。

电流互感器运行时相当于一台升压变压器的短路运行。电流互感器二次侧的额定电流一般为 6A，如 100A/6A，3000A/6A 等。电流互感器一、二次侧的电流关系为

$$\dot{I}_1 N_1 + \dot{I}_2 N_2 = 0, \quad \dot{I}_1 \approx -\dot{I}_2 N_2/N_1 = -k_i \dot{I}_2$$
$$k_i = N_2/N_1, \quad I_1 = k_i I_2$$

式中：k_i 为电流互感器的额定电流比；I_2 为二次侧所接电流表的读数，乘以 k_i 就是一次侧的被测电流值。

（2）使用注意事项。

1）二次绕组绝对不允许开路运行，否则将产生高压，危及仪表和人身安全。

2）二次绕组一端与铁心必须可靠接地。

3）电流互感器一、二次侧绕组有"＋""－"或"＊"标记的端头为同名端，二次侧接功率表或电能表的电流线圈时，极性不能接错。

4）电流互感器二次侧负载阻抗的大小会影响测量的准确度，负载阻抗值应小于互感器要求的阻抗值，所用互感器的准确度等级应比所接的仪表准确度高两级，以保证测量的准确度。

（六）分裂变压器的结构及用途

（1）分裂变压器的结构特点。

分裂变压器是目前应用于大型发电厂中的一种特殊形式的电力变压器。分裂变压器又称分裂绕组变压器，分裂变压器通常把低压绕组分裂成额定容量相等的几个部分，形成几个支路（每一部分形成一个支路），这几个支路间没有电的联系。分裂出来的各支路，额定电压可以相同也可以不相同，可以单独运行也可以同时运行，可以同容量下运行也可以在不同容量下运行。

图 9-10（a）为三相双绕组分裂变压器示意图。在图 9-10（b）中，高压绕组 AX 为不

分裂绕组，由两部分组成；低压绕组 a1x1 和 a2x2，为分裂出来的两个支路。

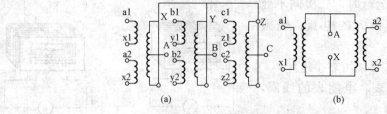

图 9-10 三相双绕组分裂变压器

(a) 原理接线图；(b) 单相接线图

(2) 用途。分裂变压器多用于 200MW 及以上大机组发电厂中的厂用变压器。

（七）电焊变压器的结构及用途

(1) 电焊变压器的结构特点。电焊变压器的一、二次绕组分别装在两个铁心柱上，两个绕组漏抗都很大。电焊变压器与可变电抗器组成交流电焊机，如图 9-11（a）所示。电焊机具有图 9-11（b）所示的陡降外特性。

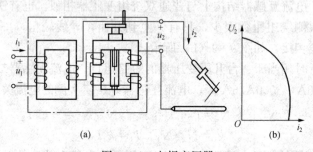

图 9-11 电焊变压器

(a) 原理接线图；(b) 外特性

(2) 电焊变压器的工作原理。电焊变压器是一种特殊性能的变压器，用它来对焊接电弧提供电能，它利用二次短路瞬间产生的电弧进行高温焊接。

(3) 电焊变压器的起弧条件。

1) 二次侧空载电压为 60～75V；以保证容易起弧，但电压最高不超 85V。

2) 额定输出电压 $U_{2N}=30V$。

3) 短路电流不能太大并可调。

4) 外特性曲线陡降（增大漏抗）。

(4) 用途。电焊变压器主要用于作交流电焊机。

知识点二 变压器的检修项目

变压器是供用电部门变换交流电压的重要设备，变压器发生故障或事故时，将会造成用户停电，为此，当变压器发生故障时应及时进行抢修。变压器的检修分为大修和小修，大修是将整个变压器解体并将器身从油箱中吊出而进行的各项检修；小修是将变压器停运，但不吊出器身而进行的检修。

一、变压器的小修周期及检修项目

(1) 变压器的小修周期。

1) 发电厂的主变压器，高压、低压厂用变压器，配电变压器等一般每年小修一次。

2) 污秽严重地区的变压器，其小修周期可适当缩短（每年1～2次）。

(2) 变压器的小修项目。

1) 清扫油箱，检查储油柜的油位，清除储油柜中的污泥，必要时加油。

2) 检查并消除已发现的缺陷。

3) 检修冷却装置，包括油泵、风扇等。

4) 检修调压装置、测量装置及控制箱，并进行调试。

5) 检修安全保护装置，包括防爆管、储油柜、速动油压继电器、气体继电器等。

6) 检修接地系统，检查高压套管的屏蔽线。

7) 检修全部阀门及密封衬垫，处理渗漏油。清扫外部绝缘件和检查导电接头。

8) 按有关规程规定进行测量和试验。

(3) 配电变压器小修常用工具及耗材。

1) 常用工具包括高压验电器、低压验电器、绝缘操作杆、低压接地线、安全帽、绝缘手套、绝缘鞋、脚扣、安全带、绝缘梯、电工工具、绝缘电阻表等。

2) 耗材包括导电杆、连接导线、变压器油、橡皮垫圈、熔丝、固定螺栓、硅胶、变压器绝缘罩等。

二、变压器的大修周期及检修项目

(1) 变压器的大修周期。

1) 一般变压器在投入运行后的5年内大修一次，以后每隔10年大修一次。运行中的变压器，故障后应及时进行检修。

2) 电力系统运行的主变压器当承受出口短路故障后，经综合诊断分析，应考虑提前大修。

3) 全密封的变压器，经过试验检查并结合运行情况，当判定内部存在故障或本体漏油严重时应提前进行大修。

4) 运行中的变压器，经试验判断有内部故障或发现异常时，应提前进行大修。

(2) 变压器的大修项目。

1) 吊心、吊罩及器身检修。绕组（线圈）、引出线及磁（电）屏蔽装置的检修。

2) 有载、无载分接开关的检修。

3) 铁心、穿心螺钉、轭架、压钉、连接片及接地片的检修。

4) 油箱及附件的检修，包括高低压套管、安全气道、吸湿器等。

5) 冷却装置（包括冷却器、油泵、水泵、风扇等附属设备）及气体继电器的检修。

6) 变压器油的处理和换油。

7) 变压器操作控制箱的检修及试验。

8) 清扫变压器油箱及进行除锈喷涂油漆。

9) 变压器全密封胶垫的更换和组件试漏。

10) 对变压器器身的绝缘干燥及处理。

11) 大修后的试验和试运行。

（3）变压器大修常用工具及耗材。

1）常用工具。常用工具包括起重工具、滤油机、耐压机、过滤纸、烘箱、焊头机、电动板手，常用测试变压器的仪表仪器，真空处理用的真空泵，检查密封性能的气泵油等。

2）耗材。耗材包括绝缘材料、密封材料，漆类及化工材料，各种预制零部件等。

（4）变压器大修的工作流程。

1）办理工作票，对变压器进行停电。

2）进行检修前的检查和试验，包括测量绝缘电阻、直流电阻、油样试验，记录油位指示。

3）拆除变压器的外部引接线，拆除变压器的保护、测量、信号等二次接线和接地线。

4）部分抽油后拆卸储油柜、安全气道、气体继电器及其连通管，拆除温度计及附属装置，并分别进行校验和检修。

5）排油，进行滤油，准备合格的新变压器油。

6）拆除变压器的套管及其连接导线，拆除分接开关的操动机构。

7）拆除油箱的箱沿全部连接螺栓，将器身一起起吊（吊心）。

8）检查器身状况，测试绝缘，进行各部件的紧固。

9）更换密封胶垫，检修清洗全部阀门，检修铁心、绕组及油箱等部件。

10）回装器身，紧固螺栓后按规定注入变压器油。

11）适量排油后安装绝缘套管，并安装内部引接线，进行二次注油。

12）安装附属装置，进行整体密封试验。

13）注油至规定的油位线，进行大修后的油试验及电气试验。

14）检修结束。

知识点三　变压器的拆卸与组装

一、拆卸前的准备

变压器在检修前必须做好充分准备，以保证检修的顺利进行。

（1）检修工具、材料及设备的准备。准备100kVA以下油浸式电力变压器，滤油、注油设备，起吊支架、吊链、起吊绳索等起重工具，钳工、电工工具，枕木、撬杠、油盆、油桶、棉布、砂纸等。

（2）查阅资料了解变压器运行状况及各种缺陷。

1）查阅上次变压器大修总结报告和技术档案。

2）查阅运行记录，了解变压器运行中已经暴露的缺陷和异常情况。

3）检查渗漏油部位并做出标记。

4）查阅试验记录（包括油的化验和色谱分析），了解变压器的绝缘情况。

5）进行大修前的试验，确定附加检修项目。

（3）制定检修技术和组织措施。

1）人员的组织及分工。

2）检修项目及进度表、设备明细表和必要的施工图。

3）主要材料明细表等。

（4）确定变压器检修中的特殊项目。在检修中，可能对老、旧变压器的某些部件作程度不同的改进工作或消除某些特殊的重大缺陷等，这些都要事先经过技术人员的研究来决定，并列出特殊项目。

（5）施工场地要求。变压器的检修工作，应在专门的检修场所进行，要做好防雨、防潮、防尘和消防等工作。检修时应与带电设备保持一定的安全距离，准备充足的施工电源及照明，安排好储油容器、大型机具、拆卸附件的放置地点和消防器材的合理布置等。

二、变压器的拆卸步骤

变压器的拆卸就是将整个变压器进行解体，拆下各个单元部件，依据技术标准，对各部件进行检查，测量绝缘电阻和直流电阻，做介质损耗及油试验。

（1）拆卸步骤。停电拆线→放油→拆卸箱底上各部件→吊心（或吊钟罩）。

1）办理工作票；设备停电后，拆除变压器的高、低压套管连接引线；断开风扇、温度计、气体继电器等附件的电源线，并用胶布把线头包扎好，做好记号；拆开氮气管；拆掉变压器接地线及变压器轮下垫铁，在变压器轨道上做好定位标记，以便检修后变压器复位。

2）放出变压器油，清洗油箱。放油时应预先检查好油管，以防跑油。

3）拆卸套管、储油柜、安全气道、冷却器、气体继电器、净油器、温度计等附件。拆卸 60kV 以上电压等级的充油套管时，引线需用专用的细尼龙绳慢慢系下去。拆下来的套管需垂直稳妥地放置在套管架上。

4）拆卸分接开关操作杆或有载分接开关顶盖及有关部件。

5）对于采用桶式油箱的中小型变压器，拆卸油箱顶盖与箱壳之间的连接螺栓，将器身吊出油箱。在器身吊出之前，应拆除心部与顶盖之间的连接物。对于采用钟罩式油箱的大型变压器，拆卸中腰法兰的连接螺栓，吊起钟罩后，器身便全部暴露在空气中。

（2）拆卸注意事项。

1）冷却器、安全气道、净油器及储油柜拆下后，应用盖板密封以防雨水浸入变压器内。

2）拆卸套管时应注意不要碰坏瓷套。拆下的套管、油位计、温度计等易损件应妥善保管，并做好防潮措施。

3）拆卸下的螺栓等零件应清洗干净，妥善保管。

4）拆卸有载分接开关时，分接头置于中间位置或按制造厂规定执行；拆卸无励磁分接开关操作杆时，应记录分接开关的位置，并做好标记。

5）吊心（或吊钟罩）一般在室内进行，以保持器身清洁。若在露天，应选择无水汽、无尘土、无灰烟及无污染的晴天进行。器身暴露在空气中的时间不应超过以下规定：空气相对湿度不大于 65％时为 16h；空气相对湿度不大于 75％时为 12h。

6）起吊之前，要详细检查钢丝绳的强度和吊环、U 型挂环的可靠性。起吊时，钢丝绳的夹角不应大于 60°，起吊 100mm 左右应停顿检查悬挂及捆绑情况，确认可靠后再继续起吊。

7）吊心或吊钟罩时应有专人指挥，油箱一旁有人监视防止器身及其零部件与油箱碰撞损坏。

三、变压器的组装

变压器的器身检修完毕后，应及时将器身或钟罩回装，并将其他附件组装好。变压器的组装步骤：器身（或钟罩）回装→箱体上各部件回装→注油→高、低压套管回装→补注油。

（1）变压器组装前的准备。

1）清理零部件。

a. 组装前必须将油箱内部、器身和箱底内的异物清理干净。

b. 清理冷却器、储油柜、安全气道、油管、套管及所有零部件。用干净变压器油冲洗油直接接触的零部件。

c. 对所属的油水管路必须进行彻底的清理，管内不得留有焊渣等杂物，并做好记录。

2）准备好合格的变压器油。

3）准备好全套密封胶垫和密封胶。

4）清理注油设备。

（2）组装步骤及注意事项。

1）器身与大盖的回装。

a. 器身各部件检查、清理完毕后，吊起器身，将油箱移至器身下。

b. 将器身（或钟罩）徐徐放下，同时四周应有专人监视线圈或木支架不要被碰坏。

c. 将大盖（或钟罩）新胶条顺箱沿放好，做好防止胶条跑偏的措施，以免胶条安装质量不好，引起漏油，给检修工作带来麻烦。

d. 沿箱沿站人，用钢钎子四角对眼，当周围螺孔都对正后，落下大盖（或钟罩）。上螺钉，沿周围多次紧固至严密。

2）附件的回装。分接开关、安全气道、气体继电器、冷却器（散热器）、净油器、储油柜、温度计等附件与油箱的相对位置和角度需按照拆前标记或安装使用说明书进行组装。

3）向变压器油箱注油。先将油注至没过绕组顶部，其余的油待装完套管后再补注。

4）低压套管的回装。

a. 瓷套表面应光滑、无闪络痕迹，并经交流耐压试验合格后，按相位及拆前标记进行回装。更换新的耐油胶垫。

b. 稳固套管压盘。紧固螺钉时，先徒手将螺钉拧紧，然后用扳手按对角拧紧，最后由一人进行操作，防止用力不均而损坏法兰或瓷套。

c. 接下部引线。应先将连接下部引线的螺母、平垫用 00 号砂纸打磨，去掉氧化物及引线上的脏物，上引线时一定要紧固，螺母要拧紧，松脱会引起套管下部连接处发热。

5）高压套管的回装。

a. 吊套管前应旋下均压帽，帽内应无积水，否则应擦干净。

b. 起吊套管，穿入拉线，将套管装入套管座内。拉引线接头时应注意线心不要打弯。

c. 紧固套管螺钉，保持密封良好。

6）补注油至标准油位。

注油时要及时排放大盖下和套管座等突出部位的积气。

7）做电气试验。静止 24h 后，进行检修后的电气试验。

8）组装变压器时注意事项。

a. 各部件应装配正确、紧固、无损伤。

b. 各密封衬垫应质量优良、耐油、化学性能稳定，压紧后一般应压缩到原厚度的 1/3 左右。

c. 各装配接合面应无渗漏油现象，阀门的开关应灵活，无卡涩现象。

d. 油箱和储油柜间的连通管应有 2%～4% 的升高坡度（以变压器顶盖为基准）。

e. 气体继电器安装应"水平"（以变压器为基准），变压器就位后，应使其顶盖沿气体继电器方向有 1%～1.5% 的升高坡度。

f. 变压器组装完毕后，应进行油压试验 15min（其压力对于波伏油箱和有散热器油箱来说应比正常压力增加 2400Pa），并且各部件接合面密封衬垫及焊缝应无渗漏。

知识点四　变压器常见故障类型及处理方法

变压器发生的主要故障是绕组故障，其次是铁心。故障的类型有绕组故障、铁心故障及套管和分接开关等部件的故障。当事故发生时，要善于捕捉故障现象，准确判断故障产生的原因，迅速而准确处理故障。表 9-1 列出了变压器常见故障的种类、现象、产生原因及处理方法。

表 9-1　　　　　　变压器常见故障的种类、现象、产生原因及处理方法

故障种类	故障现象	故障原因	处理方法
绕组匝间或层间短路	（1）油温升高 （2）变压器异常发热 （3）油发出特殊的"噬噬"声 （4）电源侧电流增大 （5）三相绕组的直流电阻不平衡 （6）高压熔断器熔断 （7）气体继电器动作 （8）储油柜盖冒黑烟	（1）绕组绝缘受潮 （2）变压器运行年久，绕组绝缘老化 （3）绕组绕制不当，使绝缘局部受损 （4）油道内落入杂物，使油道堵塞，局部过热 （5）绕组可能存在局部匝间短路	（1）进行浸漆和干燥处理 （2）更换或修复所损坏的绕组、衬垫和绝缘筒 （3）更换或修复绕组 （4）清除油道中的杂物
绕组接地或相间短路	（1）高压熔断器熔断 （2）安全气道薄膜破裂、喷油 （3）气体继电器动作 （4）变压器油燃烧 （5）变压器振动	（1）绕组主绝缘老化或有破损等重大缺陷 （2）变压器进水，绝缘油严重受潮 （3）油面过低，露出油面的引线绝缘距离不足而击穿 （4）绕组内落入杂物 （5）过电压击穿绕组绝缘	（1）更换或修复绕组 （2）更换或处理变压器油 （3）检修渗漏油部位，注油至正常油位 （4）清除杂物 （5）更换或修复绕组绝缘，并限制过电压的幅值
绕组变形与断线	（1）变压器发出异常响声 （2）断线相无电流指示	（1）制造装配不良，绕组未压紧 （2）短路电流的电磁力作用 （3）导线焊接不良 （4）雷击造成断线 （5）制造上缺陷，强度不够	（1）修复变形部位，必要时更换绕组 （2）拧紧压圈螺钉，紧固松脱的衬垫、撑条 （3）割除熔蚀或截面缩小的导线或补换新导线 （4）修补绝缘，并做浸漆干燥处理 （5）修复改善结构，提高机械强度

续表

故障种类	故障现象	故障原因	处理方法
铁心片间绝缘损坏	（1）空载损耗变大 （2）铁心发热，油温升高，油色变深 （3）吊出器身检查可见硅钢片漆膜脱落或发热 （4）变压器内发出异常响声	（1）硅钢片间绝缘老化 （2）受剧烈振动，片间发生位移或摩擦 （3）铁心紧固件松动 （4）铁心接地后发热烧坏片间绝缘	（1）对绝缘损坏的硅钢片重新涂刷绝缘漆 （2）紧固铁心夹件 （3）按铁心接地故障处理方法
铁心多点接地不良	（1）高压熔断器熔断 （2）铁心发热，油温升高油色变黑 （3）气体继电器动作 （4）吊出器身检查可见硅钢片局部烧熔	（1）铁心与穿心螺杆间的绝缘老化，引起铁心多点接地 （2）铁心接地片断开 （3）铁心接地片松动	（1）更换穿心螺杆与铁心间的绝缘套管和绝缘衬 （2）将接地片压紧或更换新接地片
变压器油变劣	油色变暗	（1）变压器油长期受热氧化使油质变劣 （2）变压器故障引起放电造成变压器油分解	更换新油或对变压器油过滤
套管闪络	（1）套管表面有放电痕迹 （2）高压熔断器熔断	（1）套管有裂纹或破损 （2）套管表面积灰脏污，套管密封不严，绝缘受损；套管间掉入杂物	（1）更换套管 （2）清除套管表面的积灰和脏污；更换垫；清除杂物
分接开关烧损	（1）高压熔断器熔断 （2）油温升高 （3）触点表面产生放电声 （4）变压器油发出"咕嘟"声	（1）动触头弹簧压力不够或过渡电阻损坏 （2）开关配备不良，造成接触不良 （3）连接螺栓松动 （4）绝缘板绝缘变劣；变压器油位下降，分接开关暴露在空气中；分接开关位置错位	（1）更换或修复触头接触面，更换弹簧或过渡电阻 （2）按要求重新装配并进行调整 （3）紧固松动的螺栓 （4）更换绝缘板；补注变压器油至正常油位；纠正错位

项目一　变压器的不吊心检修

一、教学目标

（一）能力目标

（1）能进行变压器的不吊心检查。

（2）能进行变压器的外观检查。

（3）能进行变压器的内部检查。

（二）知识目标

（1）了解变压器的故障类型。

（2）熟悉变压器的内部、外部构造。

(3) 掌握变压器不吊心检修的操作步骤和方法。

二、仪器设备

变压器检修实训仪器设备见表 9 - 2。

表 9 - 2 变压器检修实训仪器设备表

序号	名　　　称	数量
1	电力变压器	1 台
2	高压验电器、低压验电器、绝缘操作杆、低压接地线、安全帽、绝缘手套、绝缘鞋、脚扣、安全带、绝缘梯、电工工具、绝缘电阻表等	各 1 套
3	导电杆、连接导线、变压器油、橡皮垫圈、熔丝、固定螺栓、硅胶、变压器绝缘罩等	若干

三、工作任务

进行某一型号电力变压器的不吊心检修。

变压器小修的操作步骤：查看运行记录→对变压器进行故障检查→外观检查→内部检查→不吊心检查。

变压器的不吊心检修简称小修，小修时除对变压器外部各附件进行检查和清扫外，还应通过试验检查变压器器身和油的故障情况。

【任务一】变压器的故障检查

(1) 查看变压器的运行记录，了解变压器的绝缘状况，了解变压器在运行中所发现的缺陷和异常情况，出口短路的次数。查阅变压器上次修理的技术资料和技术档案。

(2) 检查气体继电器的动作情况。若气体继电器动作，说明变压器内产生了大量气体，应首先检查继电器内的油面和变压器内的油面高度，从放气阀门处收集气体继电器的气体，尽快鉴别气体的颜色、气味和可燃性，从而初步判断变压器故障的类型和原因。

若差动继电器动作，应配合电气试验确定故障范围、分析故障产生的原因。

【任务二】变压器的外观检查

变压器发生故障后，应检查储油柜的油位，油箱是否破裂，油箱外有无绝缘油溅出，安全气道膜是否破裂、高低压套管是否完整、上层油温计指示的最高温度、引线接头是否牢固和有无发热现象等。通过外部检查，可发现和进一步推测变压器的内部故障。

【任务三】变压器的内部检查

变压器的内部故障一般通过试验和测量的方法来检查、判断。

(1) 测量变压器绕组之间及绕组对地的绝缘电阻。用绝缘电阻表测量绕组的绝缘电阻，若测得的绝缘电阻值过小，或接近于零时，则说明绕组有接地或短路故障；若测得的绝缘电阻值小于规定值，则说明绕组绝缘受潮，需进行烘干处理。在测量绝缘电阻的同时结合做吸收比试验判明绕组绝缘的受潮情况。

(2) 对变压器做直流泄漏和交流耐压试验。变压器绝缘击穿后，常常出现变压器油浸入击穿点而使绝缘暂时恢复的假象，用绝缘电阻表检查往往不能判断出故障，必须采用直流泄漏和交流耐压试验来测定，以判明故障情况。

(3) 测量变压器绕组的直流电阻。若三相直流电阻之间的差值大于一相电阻值的 +5% 并与上次所测得数据相差 2%～3% 时，便可判定绕组有匝间、层间短路故障或分接开关引线有断线故障。

（4）测定变压器的变比。当怀疑变压器某相绕组匝间短路时，可在变压器高压侧加较低的电压进行变比的测定，变比值异常的那一相存在匝间短路。如果油箱顶盖已吊开，可看到短路点由于短路电流产生的高热使其附近的变压器油分解而冒出的气泡和黑烟，从而可判明故障相。

（5）测定变压器的三相空载电流。在变压器二次侧开路，一次侧接额定电压测量其空载电流。将测得的三相空载电流与上次试验数据进行比较，若一相或三相值偏大许多，则说明绕组和铁心有故障。

（6）进行变压器油的油样试验。当变压器发生故障后，应立即取出油样进行观察和试验，判定变压器油是否合格，能否继续使用。

◖【任务四】变压器的不吊心检查

（1）套管的清扫和检查。变压器的高压绝缘套管经过长时间运行后，积灰和脏污严重，应检查套管外观并清扫，检查绝缘子有无裂痕、破损和放电痕迹。并保持套管表面清洁，无放电痕迹，无裂痕，裙边无破损。

（2）导电接头的检查。检查套管引线各处铜铝接头的紧固螺栓有无松动，接头处有无过热现象。若有接触不良或接头腐蚀，应进行修理或更换。各种引线接头的紧固螺栓应拧紧，无松动现象。

（3）油箱的清扫和检查。清扫变压器油箱及散热管，检查油箱内部清洁度、油箱和散热管焊接处及其他部位有无漏油及锈蚀。若是密封衬垫老化、断裂引起渗漏，应更换；若是焊缝渗漏，应进行补焊或用胶黏剂补漏；检查油箱及大盖等外部，进行除锈蚀和喷漆，检查隔磁及屏蔽装置。

（4）储油柜的检查。放出储油柜的存油，将其内部清扫干净，对于磁力油位计应检查其传动机构是否灵活，有无卡轮、滑齿现象；检查储油柜的油位是否正常，并观察储油柜内的实际油面，对照油位计的指示进行校验；检查并清除储油柜集污盒内的油垢。若变压器缺油应及时补注新油。

（5）吸湿器的检查和处理。倒出内部吸湿主剂，检查剥离罩完好，进行清扫。观察吸湿器内的变色硅胶颜色，相对湿度小于 10%，硅胶颜色为深蓝色；相对湿度小于 30%，硅胶颜色为淡蓝色；相对湿度小于 50%，硅胶颜色为淡粉红色；相对湿度小于 100%，硅胶颜色为粉红色；若硅胶已变成粉红色，说明硅胶失效，应取出放入烘箱内，在 120～160℃ 左右进行烘干脱水处理。烘干后的硅胶呈蓝色，可重新放入吸湿器内继续使用。

（6）接地线的检查。检查接地线是否可靠，变压器接地线是否完整、良好，有无腐蚀现象。

（7）气体继电器的检查。检查气体继电器容器、玻璃窗、放气阀、放油塞、接线端子盒、小套管是否完好，有无漏油；阀门的开闭是否灵活；触点动作是否正确可靠；控制电缆及继电器触点的绝缘电阻是否良好。

（8）校验温度计。校验测量上层油温的温度计指示是否准确。

（9）检查、清扫冷却系统。清扫冷却系统表面的积灰和脏污，检查散热器有无渗漏，冷却风扇、潜油泵的工作是否正常。对于强迫油循环水冷式变压器，还应检查冷却水泵的工作是否正常，冷油器表面有无渗油、漏水现象。若有渗漏点，应采用气焊或电焊进行补焊并做涂漆处理；对不合格的密封胶垫进行更换，以保持整体密封良好。

（10）在变压器本体、充油套管、净油器内取油样做耐压试验和化学试验。

（11）按有关规程规定做电气试验。

四、检修实训报告及记录

检修实训报告及记录应包含的内容（见表9-3）：

（1）报告封面应写明报告名称、专业班级、姓名学号、同组成员、检修日期。

（2）报告应填写变压器的外观检查、内部检查、变压器不吊心检查内容。

（3）变压器不吊心检修的心得体会（200字以上）等。

表9-3　　　　　　　　　　　　　　变压器检修实训报告

项目名称		变压器的不吊心检修
专业＿＿＿＿＿＿＿＿＿　　班级＿＿＿＿＿＿＿＿　　姓名＿＿＿＿＿＿＿＿　　学号＿＿＿＿＿＿＿＿		
同组成员＿＿＿＿＿＿＿＿＿＿＿＿＿＿＿＿＿＿＿＿＿＿＿＿＿　　检修日期＿＿＿＿＿＿＿＿		

序号	考核内容	操作要点
1	变压器的外观检查	（1）储油柜油位 （2）油箱是否破裂 （3）油箱外有无绝缘油溅出 （4）安全气道膜是否破裂 （5）高低压套管是否完整 （6）上层油温计指示的最高温度 （7）引线接头是否牢固、有无发热现象
2	变压器的内部检查	（1）绕组对地的绝缘电阻 （2）直流泄漏试验 （3）交流耐压试验 （4）绕组直流电阻值 （5）变比、三相空载电流 （6）变压器油样试验
3	变压器的不吊心检查	（1）套管的清扫和检查、油箱的清扫和检查 （2）导电接头的检查 （3）储油柜的检查 （4）吸湿器的检查和处理 （5）接地线的检查 （6）气体继电器的检查、温度计的校验 （7）冷却系统的检查
变压器不吊心检修的心得体会：		
指导老师评语： 　　　　　　　　　　　　　指导教师＿＿＿＿＿＿＿＿　＿＿＿＿年＿＿月＿＿日		

五、考核评定（仅供教师评分时参考）

考核评定应包括的内容：

（1）变压器的外观检查。配分 20 分（检查错漏，每错一项扣 3 分；未按要求进行，每项扣 2 分）。

（2）检修实训数据记录。配分 10 分（填错或少填一项扣 1 分；心得体会优秀 6 分，良 5 分，中 4 分及格 3 分）。

（3）变压器的内部检查。配分 30 分（检查错漏，每错一项扣 5 分；试验未按要求进行，每项扣 2 分）。

（4）变压器的不吊心检查。配分 30 分（检查欠规划或超时，每项扣 2 分；检查不认真酌情扣分）。

（5）安全环保，遵守纪律。配分 10 分（无安全环保意识扣 5 分；迟到、早退不守纪律，每次扣 2 分）。

项目二 变压器的吊心检修

一、教学目标

（一）能力目标

（1）能进行变压器的吊心检查。

（2）能进行变压器吊心后的器身、引线检修。

（3）能进行变压器吊心后的绕组、铁心检修。

（4）能进行变压器油箱、钟罩、气体继电器的检修。

（5）能进行变压器套管、电流互感器的检修。

（6）能进行变压器蝶阀、油门的检修。

（二）知识目标

（1）了解变压器吊心检修的内容和步骤。

（2）熟悉变压器套管、气体继电器、套管电流互感器等的检修方法。

（3）掌握变压器吊心后铁心、绕组的检修步骤和方法。

二、仪器设备

变压器检修实训仪器设备见表 9 - 4。

表 9 - 4　　　　　　　　　　变压器检修实训仪器设备表

序号	名　　称	数量
1	电力变压器	1 台
2	起重工具、滤油机、耐压机、过滤纸、烘箱、焊头机、电动扳手，常用测试变压器的仪表仪器，真空处理用的真空泵，检查密封性能的气泵油等	各 1 件
3	绝缘材料、密封材料，漆类及化工材料，各种预制零部件等	若干

三、工作任务

进行某一型号电力变压器的吊心检修。

变压器吊心检修的操作步骤：放油→拆卸附件→拆箱沿螺栓→吊心（额定容量 $S_N \leqslant$ 3200kVA 时，将箱盖和器身一起吊出，垫敷枕木）→检查绕组及铁心的绝缘等。

变压器的吊心检修又称变压器的大修。它是进行变压器不吊心检查和试验确定变压器内部存在故障后，对变压器进行的检修。吊心检修应在晴天进行，其空气相对湿度不大于75%，环境清洁。

变压器吊心后，首先对变压器器身进行冲洗，清除油泥和积污，并用干净的变压器油按照从下到上，再从上到下的顺序冲洗一次。不能直接冲到的地方，可用软刷刷洗。冲洗干净后再进行以下项目的检修。

【任务一】变压器器身的检修

（1）全面检查器身的完整性，有无缺陷（如过热、弧痕、松动、线圈变形、开关接点变色等）。对异常情况要查找原因并进行处理，同时做好记录。

（2）器身暴露在空气中的时间不可过长（从抽油开始至注油止），相对湿度≤65%约16h，相对湿度≤75%约12h，当器身温度低于周围环境气温时，宜将变压器加热高出环境温度10℃。

（3）进行器身检查时，场地周围应清洁干净，并设置有防尘措施，油箱底应保持洁净无杂质。

（4）强油冷却的线圈应注意检查固定于下夹件上的导向电木管连接是否牢固，密封是否良好，线圈围屏上的出线是否密封。

【任务二】变压器绕组的检修

（1）检查绕组。

1）检查相间隔离板和围屏有无破损、变色、变形、放电痕迹。如果发现异常应打开其他两相围屏进行检查。

2）检查绕组表面是否清洁，匝绝缘有无破损。应使绕组表面清洁、无油垢、无变形，整个绕组无倾斜、位移。

3）检查绕组各部垫块有无位移和松动。

4）用手指按压绕组表面，检查其绝缘状态，有无凹陷和松弛现象。鉴别可按以下五种情况进行：

a. 绝缘富有弹性，色泽新鲜均衡，用手按压时无残留变形，为一级绝缘，属良好状态。

b. 绝缘较坚硬，颜色较深，用手按压时无裂纹和脱落，为二级绝缘，属合格状态。

c. 绝缘脆化，颜色深暗，用手按压时有轻微裂纹和变形，为三级绝缘，属勉强可用状态。绝缘暂时不能更换时，尚可继续运行一个小修期限，但在运行中要特别注意防止过载和突然短路等情况发生。

d. 绝缘已严重脆化，颜色变黑，用手按压时显著变形、酥脆、脱落，甚至可见裸露导线，为四级绝缘，属不合格状态。对不合格的绝缘，要进行大修，更换绕组。

e. 检查线圈油道有无被油垢或杂物堵塞。必要时可用软毛刷（白布或泡沫塑料）轻轻擦洗。

（2）绕组的修理。根据绕组损坏的程度决定进行局部修理或重绕。当检查发现绕组有短路、接地、绝缘击穿故障或绝缘老化脱落等现象时，应进行重绕，对于大型变压器，将其送回制造厂修理，或由制造厂绕好线圈后运送到现场进行修理。对于中小型变压器的重绕和大型变压器的绕组局部修理可在现场检修间进行。

【任务三】变压器铁心的检修

（1）检查铁心。

1）检查铁心外表是否平整，有无放电烧伤痕迹，有无片间短路或变色，上铁轭的顶部和下铁轭的底部是否有油垢杂物。若叠片有翘起或不规整之处，可用铜锤或木棰敲打平整。

2）检查铁心、上下夹件、方铁线圈压板（包括压铁）的紧固度和绝缘情况。

3）检查压钉、绝缘垫圈的接触情况。用专用扳手逐个紧固上下夹铁、正反压钉等各部位的紧固螺栓，压钉与绝缘垫圈接触良好，无放电烧伤痕迹，反压钉与上夹铁间有足够距离。

4）检查穿心螺栓与铁心之间的绝缘情况，并用专用扳手紧固上下铁心的穿心螺栓，使穿心螺栓紧固，其绝缘电阻与历次试验比较应无明显变化。

5）检查铁心间和铁心与夹铁之间的油路。油路应畅通，油道垫块无脱落、堵塞。

6）检查铁心接地铜片的连接及绝缘状况是否良好。

（2）铁心的修理。

变压器铁心发生烧毁故障或老式高损耗变压器改造为低损耗变压器时，均需大修。

1）变压器的铁心材料。变压器的铁心材料主要有热轧磁性硅钢片、冷轧晶粒取向磁性硅钢片（分单向和无取向）和非晶合金材料。

a. 热轧磁性硅钢片。热轧磁性硅钢片的制造工艺是通过热轧将硅钢碾压成钢片，一般含硅量在 4% 左右。在热轧磁性硅钢片中，晶粒的排列是不规则的，因而导磁性能没有方向性，饱和磁通密度比较低，约 1.6T。因此，在变压器中铁心的使用密度为 $1.4\sim1.5T$，硅钢片的损耗比较大，50Hz 在磁通密度为 1.5T 时的损耗大于 2W/kg。

b. 冷轧晶粒取向磁性硅钢片。冷轧晶粒取向磁性硅钢片是将硅钢热轧到一定厚度后，再冷轧到最终厚度。冷轧磁性钢带分为晶体不取向磁性钢带和晶粒取向钢带。单取向冷轧硅钢片的导磁率与轧制方向有关，沿轧制方向的导磁率最高，与轧制方向垂直的导磁率最低。晶体不取向磁性钢带主要用于电机制造，晶粒取向钢带用于变压器制造。用冷轧晶粒取向磁性钢带制造的变压器铁心的噪声比常规取向磁性钢片铁心的噪声小。

c. 非晶合金材料。非晶合金材料是美国阿利德公司首先研制成功的，1979 年用于制造变压器铁心。非晶合金变压器比用磁性钢片制造的变压器的空载损耗降低 50%～80%，空载电流降低 50%。

2）变压器的铁心修理。

a. 当穿心螺栓与铁心有两点或多点连接时，会产生较大的涡流，造成铁心发热而烧坏。其修理方法一般是更换穿心螺栓上的绝缘管和绝缘衬垫，拆开接地片，用绝缘电阻表测量铁心与穿心螺栓及上下夹铁之间的绝缘电阻，应不低于 $10M\Omega$。

b. 当硅钢片间绝缘脱落、绝缘炭化或变色等，应拆开铁心修理。若叠片只有部分绝缘损坏，应将损坏的部分刮掉，清除干净后，补涂绝缘漆。

【任务四】变压器引出线的检修

（1）检查引线有无变形、变脆、破损，有无断股，引线与引线接头处焊接是否良好，有无过热现象。发现异常，修复或更换同型号、同规格产品。

（2）检查线圈至分接开关的引线接头的焊接情况是否良好，有无过热现象。引线对各部位的绝缘距离、引线的固定情况是否符合要求。发现异常，修复或更换同型号、同规格产品。

（3）检查绝缘支架有无松动和裂纹、位移情况，检查引线在绝缘支架内的固定情况。若有异常，进行修复或更换同型号、同规格产品。

（4）检查套管安全帽密封是否良好，套管与引线的连接是否紧固。若有异常，进行修复。

【任务五】变压器油箱及钟罩的检修

（1）检查油箱内部清洁度并进行清扫。

（2）清扫强油管路，并检查强油管路的密封情况。

（3）检查套管的升高座，一般升高座的上部应设有放气塞，对于大电流套管，为防止涡流发热，三相之间应采取隔离措施。

（4）检查油箱（或钟罩）大盖是否保持平整，接头焊缝用砂轮打平，箱沿内侧可加焊防止胶垫移位的圆钢或方铁。

（5）检查铁心定位螺栓，检查隔磁及屏蔽装置。发现异常，修复或更换同型号、同规格产品。

（6）检查油箱强度和密封性能，检查油箱及大盖等外部，进行清扫及除锈（特别是焊缝），如果有砂眼渗漏应进行补焊并重新喷漆。

【任务六】变压器油浸式套管的检修

（1）清扫套管表面上的灰尘和油垢，进行外观检查。

（2）检查套管瓷套表面是否光滑，有无裂纹、破碎、放电烧伤痕迹等情况。如果发现异常，应修复或更换。

（3）拆卸套管前应先轻轻晃动，检查套管是否松动；套管分解时，应逐个松动法兰螺钉，防止受力不均损坏套管。

（4）拆导杆和法兰螺钉前，应防止导杆摇晃损坏瓷套。

（5）对于大型套管起吊时应注意起吊角度。

（6）擦拭油垢，检查瓷套内部。

（7）组装套管时，注意胶垫位置应放正。

【任务七】变压器套管型电流互感器检修

（1）检查引线标志是否齐全。

（2）更换引出线柱的密封胶垫。

（3）必要时进行伏安特性试验。

（4）测量电流互感器线圈的绝缘电阻。

【任务八】变压器气体继电器的检查

（1）检查容器、玻璃窗、放气阀、放油塞、接线端子盒、小套管是否良好，接线端子及盖板上箭头标志是否清楚，各接合处是否有渗漏油。

（2）冲洗干净气体继电器。

（3）检验动作、绝缘、流速校验合格。

【任务九】变压器蝶阀、油门及塞子的检修

（1）检查蝶阀的转轴、挡板是否完整灵活和密封，更换密封垫圈。

（2）拆下油门分解检修，研磨并更换密封填料。

（3）对放气（油）塞全面检查并更换密封圈。

四、检修实训报告及记录

检修实训报告及记录应包含的内容（见表 9-5）：

（1）报告封面应写明报告名称、专业班级、姓名学号、同组成员、检修日期。

（2）报告应填写变压器吊心检修的内容。

（3）变压器吊心检修的心得体会（200 字以上）等。

表 9-5   变压器检修实训报告

项目名称	变压器的吊心检修	
专业_____ 班级_____ 姓名_____ 学号_____		
同组成员_____ 检修日期_____		

序号	考核内容	操作要点
1	检查各螺母、螺栓	（1）螺母、螺栓是否齐全 （2）螺母、螺栓有无松动
2	检查高、低压绕组的固定情况	（1）高、低压绕组有无变形、位移 （2）绝缘垫块有无松动 （3）绕组油路有无堵塞
3	检查绕组绝缘	（1）绕组整体绝缘情况 （2）有无局部绝缘老化
4	铁心检查	（1）铁心叠片是否整齐、紧密 （2）铁心叠片漆膜有无脱落、变色 （3）铁心油路有无堵塞
5	检查铁轭夹铁和穿心螺栓绝缘	（1）铁轭夹铁绝缘情况 （2）穿心螺栓绝缘情况 （3）铁心接地情况
6	变压器引接线的检查	（1）引接线连接是否牢固 （2）引接线绝缘有无破损
7	油箱及散热器的检修	（1）油污情况 （2）漏油位置
8	气体继电器、蝶阀、油门及塞子的检查	（1）气体继电器的动作、绝缘、流速 （2）蝶阀的转轴、挡板 （3）油门、放油塞密封情况

变压器吊心检修的心得体会:
指导老师评语:
指导教师＿＿＿＿＿＿＿＿ ＿＿＿＿年＿＿月＿＿日

五、考核评定（仅供教师评分时参考）

考核评定应包括的内容：

（1）检修实训数据记录。配分10分（填错或少填一项扣1分；心得体会优秀6分，良5分，中4分，及格3分）。

（2）变压器器身检修。配分10分（检查错漏，每错一项扣2分）。

（3）变压器绕组、铁心的检修。配分40分（检查错漏，每错一项扣5分；未按要求进行，每项扣2分）。

（4）变压器引出线、油箱的检修。配分10分（检查欠规划或超时，每项扣2分；检查不认真酌情扣分）。

（5）变压器套管型电流互感器、气体继电器的检修。配分10分（检查欠规划或超时，每项扣2分；检查不认真酌情扣分）。

（6）变压器蝶阀、油门及塞子的检修。配分10分（检查不规划或超时，每项扣2分）。

（7）安全环保，遵守纪律。配分10分（无安全环保意识扣5分；迟到、早退不守纪律，每次扣2分）。

项目三　变压器分接开关的检修

一、教学目标

（一）能力目标

（1）能进行变压器分接开关动、静触头的检修。

（2）能进行变压器分接开关相关附件的检修。

（二）知识目标

（1）了解变压器分接开关的类型及作用。

（2）理解变压器分接开关的结构。

（3）掌握变压器分接开关的检修顺序及检修方法。

二、仪器设备

电机检修实训仪器设备见表9-6。

表 9 - 6　　　　　　　　　　　　　　**电机检修实训仪器设备表**

序号	型号	名　　称	数量
1		电力变压器	1台
2		起重工具、滤油机、耐压机、过滤纸、烘箱、焊头机、电动扳手，常用测试变压器的仪表仪器，真空处理用的真空泵，检查密封性能的气泵油等	各1件
3		绝缘材料、密封材料、漆类及化工材料，各种预制零部件等	若干

三、工作任务

进行某一型号电力变压器分接开关的检修。

分接开关分为无励磁分接开关和有载调压分接开关。分接开关的动、静触头是变压器高压绕组回路的一部分，这些触头在变压器运行时经常进行操作，可能会产生触头接触不良，发生打火或过热现象，它直接影响变压器的正常运行，严重时会造成变压器损坏。因此，变压器吊心后应对分接开关进行检修。变压器分接开关的结构如图 9 - 12 所示。

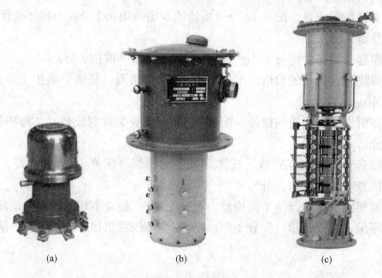

(a)　　　　　　　　　　(b)　　　　　　　　　　(c)

图 9 - 12　变压器分接开关结构示意图
（a）无励磁分接开关结构；（b）有载调压分接开关外部结构；（c）有载调压分接开关内部结构

（1）无励磁分接开关的检修。

1）检查分接开关各部分是否齐全完整。

2）松开分接开关上方头部的定位螺栓，转动操作手柄，检查动触头转动是否灵活。上部指示位置是否一致。

3）检查动静触头之间接触是否良好，触头表面状态是否良好。检查触头分接线是否紧固，有无松动。

4）检查分接开关绝缘件状况是否良好，测量分接开关每一抽头的接触电阻，该电阻值应小于 $500\mu\Omega$。测量分接开关在各个切换位置时绕组的直流电阻值。

5）检修分接开关时，拆卸前应做好明显标记，拆装前后指示位置必须一致，各相不得互换。

6）检查绝缘操作杆 U 形拨插接触是否良好。

7）发现开关绝缘受潮或在空气中暴露时间过长，应进行干燥。

（2）有载分接开关的检修。

1）按规定时间间隙对切换开关进行检查与维修。

2）检修时，切换开关本体暴露在空气中的时间不得超过 10h，相对湿度不大于 65%，否则应做干燥处理。

3）检查开关各部件是否齐全、切换开关各紧固件是否松动、快速机构的主弹簧、复位弹簧爪卡是否变形或断裂，各触头编织软连接有无损坏，动静触头的烧损程度，过渡电阻扁线是否有断裂及其电阻值是否与铭牌相同。若有异常，修复或更换同型号、同规格产品。

4）测量分接开关每一抽头的接触电阻，该电阻值应小于 $500\mu\Omega$。

5）检查限流电阻是否有断裂、损坏等现象。绝缘板是否损坏，用绝缘电阻表测量运行中曾带电的绝缘电阻值。若有异常，应修复或更换。

6）吊出切换开关，用合格的变压器油清洗各部件及油箱壁。

7）取油样进行化验，对不合格的油进行更换。

8）复装，注油。

四、检修实训报告及记录

检修实训报告及记录应包含的内容（见表 9-7）：

（1）报告封面应写明报告名称、专业班级、姓名学号、同组成员、检修日期。

（2）报告应填写变压器分接开关检查的内容。

（3）变压器分接开关检修的心得体会（200 字以上）等。

表 9-7　　　　　　　　　　　　　变压器检修实训报告

项目名称	变压器分接开关的检修	
专业＿＿＿＿＿＿　　　班级＿＿＿＿＿＿　　　姓名＿＿＿＿＿＿　　　学号＿＿＿＿＿＿		
同组成员＿＿＿＿＿＿＿＿＿＿＿＿＿＿＿＿＿＿＿＿＿＿＿＿＿　检修日期＿＿＿＿＿＿＿＿＿		

序号	考核内容	操作要点
1	检查动静触头之间的接触情况	（1）触头有无烧伤痕迹 （2）触头有无氧化变色 （3）动静触头是否对齐
2	检查触头分接线紧固情况	（1）焊接触点是否良好 （2）螺栓接头是否良好
3	检查动、静触头接触压力情况	（1）弹簧压力是否正常 （2）塞尺检查结果
4	检查分接开关的转轴	（1）转轴转动是否灵活，定位螺栓是否牢固 （2）分接开关指示位置与实际分接是否相符
5	检查分接开关的各绝缘件	各绝缘件是否清洁、有无损伤
6	测量动静触头之间的接触电阻	（1）位置Ⅰ接触电阻 （2）位置Ⅱ接触电阻 （3）位置Ⅲ接触电阻

序号	考核内容	操作要点
7	其他检查	（1）油样化验 （2）抽头接触电阻

变压器分接开关检修的心得体会：

指导老师评语：

指导教师_____　_____年____月____日

五、考核评定（仅供教师评分时参考）

考核评定应包括的内容：

（1）检修实训数据记录。配分 20 分（填错或少填一项扣 1 分；心得体会优秀 6 分，良 5 分，中 4 分，及格 3 分）。

（2）分接开关动静触头之间的接触情况。配分 10 分（检查错漏，每错一项扣 2 分）。

（3）触头分接线紧固情况。配分 10 分（检查错漏，每错一项扣 5 分；未按要求进行，每项扣 2 分）。

（4）动、静触头接触压力情况。配分 10 分（检查欠规划或超时，每项扣 2 分；检查不认真酌情扣分）。

（5）分接开关的转轴检查。配分 10 分（检查欠规划或超时，每项扣 2 分；检查不认真酌情扣分）。

（6）分接开关的各绝缘件检查。配分 10 分（检查欠规划或超时，每项扣 2 分；检查不认真酌情扣分）。

（7）动静触头之间的接触电阻测量等。配分 15 分（测量错误或超时，每项扣 2 分；测量不认真酌情扣分）。

（8）安全环保，遵守纪律。配分 15 分（无安全环保意识扣 5 分；迟到、早退不守纪律，每次扣 2 分）。

项目四　变压器的干燥及油处理

一、教学目标

（一）能力目标

（1）能进行变压器的干燥处理。

（2）能进行变压器的油处理。

（二）知识目标

（1）了解变压器受潮的原因。

（2）熟悉变压器干燥的判断及处理方法。

（3）掌握变压器干燥的方法和油处理操作步骤。

二、仪器设备

变压器检修实训仪器设备见表9-8。

表9-8 变压器检修实训仪器设备

序号	名 称	数量
1	电力变压器	1台
2	高压验电器、低压验电器、绝缘操作杆、低压接地线、安全帽、绝缘手套、绝缘鞋、脚扣、安全带、绝缘梯、电工工具、绝缘电阻表、真空滤油机等	各1套
3	导电杆、连接导线、变压器油、橡皮垫圈、熔丝、固定螺栓、硅胶等	若干

三、工作任务

进行某一型号电力变压器的干燥和油处理。

【任务一】变压器的干燥处理

（1）变压器干燥的判断。当变压器受潮，绝缘下降或检修中超过允许暴露时间，应对变压器进行干燥处理。变压器是否需要干燥的判断如下：

1）tanδ 值在同一温度下比上一次测得的数值增加30％以上，且超过绝缘预防性试验规程规定时。

2）绝缘电阻在同一温度下比上次测得的数据降低40％以上，线圈温度在10～30℃，63kV 及以下变压器吸收比低于1.2，110kV 及以上低于1.3。

3）油中有水分或油箱中出现明显进水，且水量较多。

4）变压器经过全部或局部更换绕组或绝缘的大修，不论测量结果如何，均应进行干燥。

5）大修中变压器铁心在空气中停留的时间超过规定，或在空气中湿度较高，大修后是否需要干燥应通过比较检修前后并在相同的条件下，与测得的结果进行比较来确定，在测量时应把油的 tanδ 值考虑进去。

6）新安装变压器不符合下列条件者应进行干燥。

a. 绝缘电阻低于出厂试验值的70％以上。

b. 绝缘电阻低于表9-9规定者。

表9-9 绝缘电阻参考值（MΩ）

高压绕组电压等级（kV）	温 度（℃）							
	10	20	30	40	50	60	70	80
3～10	450	300	200	130	90	60	40	25
20～35	600	400	270	180	120	80	50	35
63～220	1200	800	540	360	240	160	100	70

（2）变压器干燥的方法。变压器的干燥方法视其容量大小、结构型式、受潮情况以及现

场条件的不同而不同。主要有油箱铁损真空干燥法，绕组铜损干燥法，零序电流干燥法，零序短路干燥法，感应加热法，热风干燥法，真空热油雾化喷淋干燥法，真空干燥法，气相真空干燥法等。下面主要介绍短路电流干燥法和零序电流干燥法。

1）短路电流干燥法（绕组铜损干燥法）。

短路电流干燥法是将变压器的高压绕组短路，低压绕组加一较低的交流电压，使两绕组中均流过适当大小的交流电流，产生铜损，从而加热干燥变压器。这种方法可用于轻度干燥带油变压器或不带油干燥的哪些受潮不太严重的小型变压器。采用此法干燥，电源的容量为

$$S = 1.25 S_N U_k$$

式中：S 为电源容量，kW；S_N 为被干燥变压器的额定容量，kVA；U_k 被干燥变压器短路电压的相对值，通常为 $4\% \sim 7\%$。图 9-13 为短路电流干燥法接线示意图。开始干燥时，调节调压器的输出电压使电流为额定电流的 125%；当高压绕组温度上升到 65℃ 时降为额定电流；当温度升高到 75℃ 时，减少电流到额定电流的 85%，最后控制绕组温度不超过 95℃，上层油温不超过 85℃，连续加热到绝缘性能合格为止。

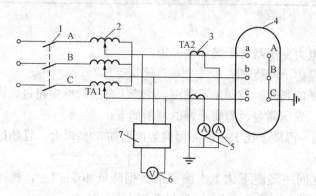

图 9-13　短路电流干燥法接线图

1—电源开关；2—调压器；3—电流互感器；4—变压器；

5—电流表；6—电压表；7—电压转换开关

2）零序电流干燥法。

a. 零序电流干燥时绕组的连接。零序电流干燥法是将单相交流电通入变压器的绕组，三相绕组流过同相位的电流（零序电流），零序电流产生零序磁通，零序磁通在箱壳内感应涡流而发热，热量传到器身对绕组绝缘进行加热干燥。绕组的连接方式如图 9-14 所示。对于三相串联的 6kV 绕组和三相并联的 35kV 绕组，选用 380V 或 220V 单相电源即可。

b. 采用零序电流干燥法注意事项。绕组连接时，不加电流的一侧为星形连接，干燥时应开路，如图 9-14（a）、（b）所示。若为三角形连接时，应接成开口三角形，以避免出现过高的感应过电压，如图 9-14（c）所示。干燥时可以保温，也可以不保温。为了提高烘干效率，油箱外表面可用保温材料进行保温。零序电流干燥法容易产生器身个别部位局部过热，可多设几个测温元件进行监视。

3）变压器干燥操作注意事项。不管采用哪种方式加热干燥变压器，在无油时，变压器的器身温度不应超过 95℃，在带油干燥时油温不应高于 80℃，以避免油质老化。如果带油干燥不能提高绝缘电阻，应把油全部放出，无油干燥。其次，采用带油干燥法应每 4h 测量

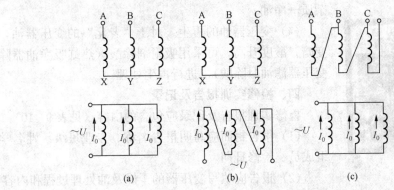

图 9-14 零序电流干燥时绕组连接方式

(a) Yy0；(b) Yd11；(c) Dy11

一次绝缘电阻和油的击穿电压。当油击穿电压呈稳定状态，绝缘电阻值也连续 6h 保持稳定，即可停止干燥。

【任务二】变压器油的处理

变压器油起着绝缘和传导热量的双重作用。但变压器油在运行过程中会受到较高温度的作用和空气中氧的作用而发生氧化导致油绝缘性能和散热效果变劣（老化），变压器油极容易吸收空气中的水分而受潮，油的老化和受潮危害变压器的正常运行，严重时会造成变压器损坏。因此，对于不合格的变压器油必须进行处理，恢复其性能才可继续使用。

（1）采用各种措施延迟油的老化。

1）在储油柜上部空间充满氮气，隔断空气与油的接触，防止油过早老化。

2）采用胶囊密封式储油柜。

3）加装净油器。

4）油中加抗氧化剂（占总油量的 0.3%～0.5%）。

（2）变压器油的净化。对于"受潮"的变压器油，采用真空滤油机或压力滤油机将油中的水分和脏污分离出去。

（3）定期对油取样试验，及时了解运行中的油质量。

1）运行中的配电变压器，一般每 3 年至少取油样做一次简化试验（即试验油的闪点、机械杂质、游离碳、酸值、电气强度试验、水溶性酸碱及水分等 7 项试验）。

2）对新油或再生油，取油样进行物理、化学试验，对于大修后的变压器取油样进行简化试验。

3）对于劣质油，进行除水分、气体及杂质处理，提高油的绝缘强度、介电损耗系数等指标。主要方法有以下几种：

a. 利用过滤法除去油泥、固体杂质。

b. 利用真空法除去水分和气体。

c. 利用加热法使油中的水分汽化，除去水分。

目前普遍采用真空滤油机去除油中的水分和气体。真空滤油机如图 9-15 所示。真空滤油机的工艺流程：待处理变压器油→进入加热器加热→粗过滤去除大颗粒杂质→进入分水器去除水分→进入真空罐经高热、高真空度去除油液中溶解水溶解气体→进入精滤器去除微粒

图 9-15　真空滤油机

杂质→净油。

（4）变压器油的再生。对于"老化"的变压器油，其色泽变暗，酸度升高，可采用吸附剂除酸（热虹吸净油器除酸或在变压器滤油时除酸），进行再生处理。

四、检修实训报告及记录

检修实训报告及记录应包含的内容（见表 9-10）：

（1）报告封面应写明报告名称、专业班级、姓名学号、同组成员、检修日期。

（2）报告应填写变压器的干燥及油处理过程和内容。

（3）进行变压器干燥及油处理的心得体会（200 字以上）等。

表 9-10　　　　　　　　　　　　变压器检修实训报告

项目名称	变压器的干燥及油处理		
专业＿＿＿＿＿＿＿　　班级＿＿＿＿＿＿＿　　姓名＿＿＿＿＿＿＿　　学号＿＿＿＿＿＿＿			
同组成员＿＿＿＿＿＿＿＿＿＿＿＿＿＿＿＿＿＿＿＿＿　　检修日期＿＿＿＿＿＿＿＿			
序号	考核内容		操作要点
1	变压器的干燥处理		（1）变压器干燥的判断 （2）短路电流干燥法 （3）零序电流干燥法
2	变压器油的处理		（1）延迟油的老化措施 （2）变压器油的净化 （3）定期对油取样试验 （4）变压器油的再生
进行变压器干燥及油处理的心得体会：			
指导老师评语： 　　　　　　　　　　指导教师＿＿＿＿＿＿＿　　＿＿＿年＿＿月＿＿日			

五、考核评定（仅供教师评分时参考）

考核评定应包括的内容：

（1）检修实训数据记录。配分 20 分（填错或少填一项扣 1 分；心得体会优秀 6 分，良 5 分，中 4 分，及格 3 分）。

（2）变压器的干燥处理。配分 35 分（处理错误项为零分，处理不恰当适当扣分）。

（3）变压器油的处理。配分 35 分（处理错漏，每错一项扣 5 分；处理不恰当适当扣分）。

（4）安全环保，遵守纪律。配分 10 分（无安全环保意识扣 5 分，迟到、早退不守纪律，每次扣 2 分）。

项目五　小型电源变压器的设计与制作

一、教学目标

（一）能力目标

（1）能进行小型电源变压器的设计与制作。

（2）能进行小型电源变压器的参数计算。

（3）能选用小型电源变压器的绝缘材料，并进行绕组的绕制。

（二）知识目标

（1）理解小型电源变压器的铁心结构及铁心叠装方法。

（2）掌握小型电源变压器的参数计算及绝缘材料选用。

（3）正确理解变压器的简单制作工序。

二、仪器设备

变压器检修实训仪器设备见表 9-11。

表 9-11　　　　　　　　变压器检修实训仪器设备表

序号	名　　　称	数量
1	变压器设计手册	1 套
2	制图工具、钢直尺、划针等划线工具	1 套
3	0.8~1.0mm 厚酚醛纸板、杉木、松木块	适量
4	变压器检修常用工具（电工刀，眉工刀，电烙铁；铜棒，万用表；绝缘电阻表；钢丝钳，尖嘴钳，绕线机；手术弯剪）和量具	各 1 件
5	漆包线；硅钢片、木槌；杉木板，楠竹，砂纸，各种绝缘纸、套管、绝缘带等	若干

三、工作任务

设计、制作一个小型单相电源变压器，规格要求如图 9-16 所示，其中变压器 $\eta=78\%$。

说明：小型单相变压器主要用于交流工频电压、电流的转换。实际应用中，购买市场销售产品往往参数满足不了要求，这就需要根据实际情况，自己动手设计绕制小型电源变压器。小型电源变压器的制作思路是：根据使用负载的大小确定小型变压器的容量→从负载侧所需的电压大小计算出两侧的电压→根据用户的要求及环境确定其材质和尺寸→经过计算确定其输入、输出容量、铁心截面积、每个绕组的匝数→确定铁心窗口面积、导线直径等参数。

◀【任务一】小型变压器的设计

（1）确定小型变压器的额定功率。

1）输出功率：变压器输出功率为二次侧各绕组输出功率之和。对于图 9-16 所示变压器绕组有

$$P_2 = U_2 I_2 + U_3 I_3 = 9 \times 0.5 + 6 \times 1 = 10.5 \text{ (W)}$$

2）输入功率

$$P_1 = P_2 / \eta = 10.5/0.78 = 13.46 \text{ (W)}$$

3）输入电流

$$I_1 = \alpha P_1 / U_1 = 1.1 \times 13.46/220 = 0.0673 \text{ (A)}$$

式中：$\alpha = 1.1$（经验系数），一般取 $\alpha = 1.1 \sim 1.2$；η 为变压器效率，容量在 100W 以下，取 $\eta = 0.7 \sim 0.8$；容量在 $100 \sim 1000$W 的变压器取 $\eta = 0.8 \sim 0.9$。

（2）确定小型变压器的铁心规格。

1）确定铁心截面积 S

$$S = K\sqrt{P_2} = 1.25 \times \sqrt{13.46} = 4.58 \text{ (cm}^2)$$

式中：$K = 1.2$，为经验系数，K 的取值与变压器的输出功率有关，输出功率 100W 以下的变压器取 $K = 1.2 \sim 1.3$；输出功率 $100 \sim 500$W 的变压器取 $K = 1.1 \sim 1.2$；输出功率 $500 \sim 1000$W 的变压器取 $K = 1.0 \sim 1.1$；功率大者取小值。变压器的铁心如图 9 - 17 所示。

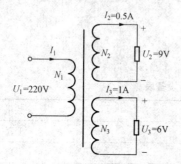

图 9 - 16 电源变压器示意图

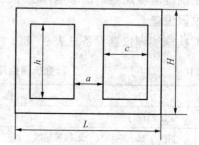

图 9 - 17 变压器的铁心示意图

2）确定铁心规格。可查表 9 - 12 中 GEI 型铁心数据，选用 GEI16 铁心，$a \times b = 16 \times 32$。其中：$a$ 为铁心舌宽，b 为铁心叠厚；一般舌宽 a 和叠厚 b 之比为 $1 : 1 \sim 1 : 2$。

表 9 - 12   常用小功率硅钢片型号（铁心片厚 0.35mm）

硅钢片型号	尺寸（mm）				铁心规格	中间舌片净截
	c	H	h	L	$a \times b$ (mm×mm)	面积（cm²）
GEI-12	8	38	22	44	12×15	1.62
					12×18	1.95
					12×21	2.27
					12×24	2.60
GEI-14	9	43	25	50	14×18	2.27
					14×21	2.65
					14×24	3.03
					14×28	3.53
GEI-16	10	48	28	56	16×20	2.88
					16×24	3.46
					16×28	4.04
					16×32	4.61

（3）确定小型变压器绕组的匝数。其计算如下

$$各绕组的匝数\ N_i = 各绕组所需电压 \times 每伏匝数$$

1）绕组每伏匝数 N_0 的确定。

根据 $U \approx E = 4.44fN\Phi_m$，已知铁心截面积 S 和磁通密度 B，可求得线圈的每伏匝数。其中：$N = U/(4.44f\Phi_m)$，$N_0 = N/U = 1/(4.44f\Phi_m) = 1/(4.44fB_mS)$，$B_m$ 的单位为 T [特斯拉]，S 的单位为 m^2。

一般取 $N_0 = 450000/B_mS$（B_m 的单位为高斯，S 的单位为 cm^2）

$$N_0 = 450000/B_mS = 450000/(10000 \times 4.61) \approx 10\ （匝/V）$$

2）一、二次绕组匝数的计算。

a. 一次绕组 N_1 匝数（$U_1 = 220V$）　　$N_1 = N_0U_1 = 10 \times 220 = 2200$（匝）

b. 二次绕组 N_2 匝数（$U_2 = 9V$）　　$N_2 = 1.05N_0U_2 = 1.05 \times 10 \times 9 = 95$（匝）

c. 二次绕组 N_3 匝数（$U_2 = 6V$）　　$N_3 = 1.05N_0U_3 = 1.05 \times 10 \times 6 = 63$（匝）

（4）确定小型变压器绕组导线的规格。

根据各绕组输出电流的大小和选定的电流密度，可以得到各绕组的导线直径为

$$d = 1.13\sqrt{I/J}$$

一般电源变压器的电流密度可以选用 $J = 2 \sim 3A/mm^2$。最后根据导线直径及变压器的绝缘等级选择合适的漆包线。取 $J = 3A/mm^2$。

1）一次绕组 N_1 导线直径　$d_1 = 1.13\sqrt{I_1/J} = 1.13\sqrt{0.0673/3} = 0.169$（mm）

2）二次绕组 N_2 导线直径　$d_2 = 1.13\sqrt{I_2/J} = 1.13\sqrt{0.5/3} = 0.461$（mm）

3）二次绕组 N_3 导线直径　$d_3 = 1.13\sqrt{I_3/J} = 1.13\sqrt{1.0/3} = 0.652$（mm）

查《电工手册》漆包线规格表，可选用导线直径为 0.17mm、0.47mm、0.67mm 的 Q_2 型漆包线。

（5）选用合适的变压器绝缘材料。绝缘材料的绝缘性能一般与温度有关。温度越高，绝缘材料的绝缘性能越差。为保证绝缘强度，每种绝缘材料都有一个适当的最高允许工作温度，在此温度以下，可以长期安全地使用，超过这个温度就会迅速老化。按照耐热程度，把绝缘材料分为 Y、A、E、B、F、H、C 等级别，各耐热等级对应的温度见表 9-13。

表 9-13　　　　　　　　　　　绝缘等级与最高工作温度的关系

绝缘等级	Y	A	E	B	F	H	C
最高温度（℃）	90	105	120	130	155	180	200

对于一般小型电源变压器，其工作环境、温升情况无特殊要求，工作电压为 220V，其层间绝缘可用牛皮纸，其厚度为 0.05mm。线圈间的绝缘可采用 2～3 层牛皮纸或 0.12mm 的青壳纸。采用 16×32 线圈框架。

在绕制变压器时，线圈框架层间的隔离、绕组间的隔离，均要使用绝缘材料，一般的变压器框架材料可用酚醛纸板制作，层间可用聚酯薄膜或电话纸作隔离，绕组间可用黄蜡布作隔离。

变压器绕制好后，还要浸渍绝缘漆，以增强变压器的机械强度、提高绝缘性能、延长使用寿命，一般情况下，可采用甲酚清漆作为浸渍材料。

【任务二】小型变压器线圈的制作、浸漆与烘干

（1）绕线前的准备。

1）材料准备。除了根据设计要求选取变压器铁心、漆包线外，还需准备好一些绝缘材料，主要有绝缘纸（0.05～0.07mm 厚）、青壳纸（0.12～0.25mm）及绝缘套管等。另外还必须准备制作骨架用的胶木或树脂板（1～1.5mm 厚）。

2）工具准备。需要的工具包括小型绕线机、电烙铁、剪刀等。

（2）木心的制作。木心是套在绕线机转轴上，支撑绕组骨架，进行绕线时的临时工具，通常用杉木制作，按铁心尺寸稍加大些制成。

（3）骨架的制作。骨架的作用是支撑绕组和绕组对地绝缘，一般骨架所用的材料为层压板、硬质塑料、酚醛纸板等。一般用 1.0mm 胶木板或树脂板制成相应的形状，然后拼装组合而成。

（4）绕线。绕组层次按一次侧、静电屏蔽层、二次侧高压绕组、二次侧低压绕组依次叠绕；做好层间、绕组间及绕组与静电屏蔽层的绝缘；当绕组线径大于 0.2mm 时，绕组的引出线可利用原线，当绕组线径小于 0.2mm 时，应采用软线焊接后输出，引出线应用绝缘套管绝缘。绕线时注意以下三点：

1）木心及骨架套在绕线机上并固定好，且安排好漆包线放线架，使它能顺利放线。

2）导线要求绕得紧密而整齐，绕制时应向绕组前进的相反方向微拉约 5°，绕制过程有一定的速度和力度，并尽量保持均匀。

3）一次侧由于导线较细，可不加层间绝缘，但一次绕组与二次绕组之间需加青壳纸进行绝缘，二次绕组层间加绝缘纸绝缘，对电子仪器中使用的变压器，一、二次绕组之间还需加静电屏蔽层。

（5）装配铁心及半成品测试。

1）装配铁心。铁心叠片要求平整且紧而牢，如果铁心太松，容易发热或产生振动噪声。插片时需一片一片交叉对插，要防止碰坏绕组绝缘。

2）半成品测试。分为空载测试和加载测试及绝缘电阻测试。

a. 空载电压的测试：一次侧加额定电压，二次侧不接负载，正常时，二次侧电压应比设计电压输出值高，如果发现异常，应立即停电，查明原因。

b. 空载电流的测试：一次侧加额定电压时，其空载电流应小于 10%～20% 的额定电流。

c. 绝缘电阻测试：用绝缘电阻表测试各绕组之间及各绕组对铁心及地的绝缘电阻，对于 400V 以下电压的变压器其绝缘电阻不应低于 50MΩ。

（6）浸漆与烘干。

1）绕组或变压器预烘干：其作用是除去绕组的潮气，但温度不应超过变压器材料的耐温。

2）浸漆：对绕组或变压器进行浸漆。

3）烘干：浸漆滴干后的绕组或变压器，再次送入烘箱内进行干燥，烘到漆膜完全干燥、固化不粘手为止。

（7）成品测试。

1）耐压及绝缘测试：用高压仪、绝缘电阻表测试各绕组之间及各绕组对铁心（地）的耐压及绝缘电阻。

2）空载电压、电流测试（同上）。

3）加载测试：变压器二次侧接入 $100\Omega/1A$ 滑线变阻器，调变阻器阻值，使负载电流达额定值，二次侧额定电压应接近额定值而不能下降太多且变压器不能太烫手，加载时略有发热属正常。

四、检修实训报告及记录

检修实训报告及记录应包含的内容（见表 9-14）：

（1）报告封面应写明报告名称、专业班级、姓名学号、同组成员、检修日期。

（2）报告应填写变压器规格、绕组匝数。

（3）报告应填写绕组的检查和试验及浸漆、烘干方法。

（4）小型电源变压器的设计和制作心得体会（200 字以上）等。

表 9-14　　　　　　　　　　变压器检修实训报告

项目名称	小型电源变压器的设计与制作

专业_____　　　班级_____　　　姓名_____　　　学号_____

同组成员_____　　　检修日期_____

序号	考核内容	操作要点
1	变压器规格（包括铁心规格）	（1）输入容量 （2）输出容量 （3）总容量 （4）截面积 A_{Fe}　（cm^2） （5）硅钢片型号、厚度 （6）硅钢片片数
2	变压器绕组（线圈的制作）、铁心	（1）一次绕组匝数 N_1 （2）二次绕组匝数 N_2、N_3 （3）漆包线直径 （4）骨架制作 （5）铁心装配
3	绕组的浸漆和烘干	（1）预烘 （2）浸漆 （3）烘干
4	绕组的检查和试验（成品测试）	（1）直流电阻 （2）绝缘电阻 （3）空载电流 （4）输出电压

小型电源变压器的设计与制作心得体会：

指导老师评语：

指导教师_____　　_____年____月____日

五、考核评定（仅供教师评分时参考）

考核评定应包括的内容如下。

（1）变压器规格（包括铁心规格），输入输出容量、硅钢片等配分 20 分（数据错误项为零分，型号选错适当扣分）。

（2）检修实训数据记录。配分 10 分（填错或少填一项扣 1 分；心得体会优秀 6 分，良 5 分，中 4 分，及格 3 分）。

（3）线圈的制作，铁心装配。配分 45 分（线圈数据错误，每错一处扣 5 分；做工粗糙酌情扣分）。

（4）检查和试验，配分 10 分（操作欠规划或超时，每项扣 2 分；试验结果错误一项扣 2 分）。

（5）浸漆和烘干，配分 5 分（绝缘电阻不合格扣 2 分）。

（6）安全环保，遵守纪律。配分 10 分（无安全环保意识扣 5 分；迟到、早退不守纪律，每次扣 2 分）。

第十章 三相异步电动机检修

三相异步电动机是发电厂及工矿企事业广泛使用的拖动设备。电动机在运行过程中可能产生各种各样的故障，造成电动机运行失常或烧毁。为了保证电动机稳定、可靠地运行，除了进行正常的维护外，还必须对电动机进行定期检修，通过检查试验，找出故障隐患并消除缺陷。

知识点一 三相异步电动机故障原因及检修方法

一、三相异步电动机的检修原则

三相异步电动机故障繁多，现象变化多样。故障诊断的原则是快速、准确检修电动机的关键。大量的电动机检修实例证明，电动机的故障检修原则可用"三先三后"进行概括。

（1）先清洁后检查。电动机的不少故障，都是由于工作环境差而引起的，在检查寻找故障时，应首先把机内清洁干净，排除因污染引起的故障后，再动手进行检测。例如，输入电压接线柱接触不良引起打火，线圈脏污易引起匝间绝缘下降等。

（2）先机外后机内。诊断和检查故障时，要从机外开始，逐步向内部深入检查。例如，遇到待修三相异步电动机时，应首先检查输入电压是否正常，连接线、插头、插座有无问题。在确认一切正常无误之后，再检查电动机本身，这样既能避免盲目性，减少不必要的损失，又可大大提高检修的效率。

（3）先静态后动态。静态是指在切断电动机电源的情况下先进行检查，如插头是否接触良好，电动机绕组接头有无断线及焊接不良，线圈有无烧黑及变色等。动态是指电动机处于通电的工作状态。动态检查必须经过静态检查及测量后方可进行，绝对不能盲目通电，以免扩大故障。

二、电动机故障产生的原因

电动机产生故障的原因主要有外部原因、内部原因和人为原因三种。

（1）外部原因。外部原因是由电动机外部条件造成的故障，如电动机长期工作、负载过重造成对电动机线圈的损害、电网电压不正常、灰尘等造成绕组老化、匝间短路等。

（2）内部原因。内部原因主要是指电动机开关及触点氧化、机内线圈断路、烧毁、连接部件脱焊、腐蚀等造成的故障。

（3）人为原因。人为原因大多数是用户自己乱拆、乱改造成的故障。

维修电动机人员在检修机器前，首先要弄清故障属于哪种原因造成，然后根据不同故障原因和表现的症状进行检查、分析和修理。检修时，一般从外部原因着手，询问用户使用情况，做好记录，以便于对故障进行分析和判断，然后再着手查找内部原因。

三、电动机故障的检修程序

要快速修好一台电动机，除掌握电动机的基本原理和检修方法外，还应注意电动机的检修步骤是否合理。单相电动机和三相异步电动机的检修程序大体相同。检修时，可按以下步骤进行：

（1）询问用户。通过询问用户，了解待修电动机故障现象，经过分析，便能大体确定故障范围。为寻找故障点，询问用户的内容大致分为以下几种情况：

1）电动机的使用情况。例如，供电电压是否与电动机电压相符，三相电源是否平衡，电动机所使用的场所是在室内还是室外，是否受到碱、盐、酸等气体侵蚀，电动机风路是否堵塞、受潮、淋过雨，积灰是否过多等。

2）电动机的运行情况。例如，有无异响，转速、温度有无变化，电动机绕组内有无串火冒烟及焦味等。

3）电动机维修情况。电动机修理时更换的导线线径过细或线圈匝数不足都有可能引起电动机过热。如果不按时更换润滑脂，会造成轴承磨损等。

（2）外部检查。

1）电气方面。用绝缘电阻表检查绕组的绝缘是否良好，用万用表测量绕组的直流电阻，三相电阻值是否对称，检查绕组首尾端是否正确。绕组中有无短路、断路及接地等现象。

2）机械方面。检查机座、端盖有无裂纹，转轴有无弯曲变形，转轴转动是否灵活，有无异响。风道是否堵塞，风叶及散热片等是否完好。

（3）内部检查。

1）定子绕组的检查。定子绕组端部有无损伤，查看绕组端部有无油污或积垢，绝缘是否良好，接线及引出线是否断线、脱焊，检查绕组有无烧伤或烧焦，有无焦臭味。

2）定子铁心的检查。

a. 检查铁心表面有无擦伤，查看定子、转子表面是否有擦伤痕迹。若转子表面只有一处擦伤，而定子表面全部擦伤，可能是转轴弯曲或转子不平衡引起的。若观察到转子表面一周全有擦伤痕迹，定子表面只有一处擦伤痕迹，这是由于定子、转子不同心所造成的，如机座和端盖止口变形或因轴承严重磨损使转子下落所致。若定子、转子表面均有局部擦伤痕迹，这是由于上述两种原因共同引起的。

b. 检查铁心位置是否对正，查看定子、转子铁心是否对齐，若不对齐就相当于铁心缩短，因磁通密度增高引起铁心过热，这多数是由转子铁心轴向串位或新换转子不适合所造成的。

3）检查转子。查看风叶有无损坏或变形，端环有无裂痕或断裂，检查笼条有无断裂。

4）检查轴承。查看轴承的内外套与轴承室的配合是否合适，同时检查轴承的磨损情况。

（4）通电检查。通过对电动机外部及内部检查，大部分故障均可查出原因，对于一些隐蔽性故障，可通电作进一步检查，若通电后发现声音异常、有焦味或不能转动，应马上断电进行细查，以免扩大故障范围。当电动机起动未发现问题时，此时可测量三相电压是否平衡，让电动机连续运行一段时间，随时用手触摸电动机机座的铁心部分及轴承端盖，若发现有过热现象，应停电检查，拆开电动机，用手去摸绕组端部及铁心部分，如果线圈过热，可能有短路；如果铁心过热，说明绕组匝数不足或铁心硅钢片间的绝缘损坏。

（5）故障排除。故障原因找出后，就可以针对不同的故障部位加以更换和调整，更换器件时，所更换的器件应和原来的器件型号和规格保持一致。

四、对三相异步电动机检修的要求

（1）拆卸三相异步电动机前应对有关零部件做好标记，如记下接线端子、刷架、端盖及滑动轴承盖的相对位置等。小心拆卸以免损坏零部件。

（2）新绕制好的线圈，应认真核对每个线圈的匝数是否相同，线圈首末端应套以不同颜色的蜡管，以示区别。

（3）更换绕组应保持原来的线径。对槽满率较低的电动机，新线径可略大，以降低损耗及温升。

（4）铝线绕组更换为铜线绕组时，铜线的截面积应等于或大于铝线截面积的70%，线圈匝数保持不变。

（5）绕制或嵌放线圈时，要精心操作，不能损伤导线及其绝缘层。局部修理时，要特别注意不能损坏相邻的好线圈。

（6）3～6kV的电动机更换绕组时，应进行交流耐压试验，1kV以下的电动机可不做。耐压试验的时间，一般为1min。

（7）更换绕组时应使用与电动机铭牌耐热等级相对应的绝缘材料。

（8）机械零件进行补焊及切削加工时，要特别注意防止变形、开裂及偏心。

（9）电动机修理完毕，应按规定进行检查、试验即试机后方可交给用户。

五、电机检修常用的方法

电机检修常用的方法有直观检查法、电压法、电流表法、电阻法和替换法。

（1）直观检查法。直观检查法是最简单的电动机检查方法，也是检修中必须采用的方法，该法是通过维修人员的眼、耳、手、鼻等直观感觉，用看、听、闻、摸等最基本的手段，对电动机的故障现象进行检查，以便发现和排除故障。

1）看。看就是观察电动机的故障现象，观察时应注意以下几个方面：

a. 观察电容器（单相电动机）有无漏液、鼓起或炸裂的现象。

b. 机械部件有无断裂、磨损、脱落、错位或太松等。

c. 各接线头是否良好，有无灰尘，连接是否正确，接头有无断线。

d. 通电时电动机有无打火、冒烟等现象。

2）听。听就是凭耳朵听电动机在工作时有无异常声音。电动机正常运转时，滚动轴承仅有均匀连续的轻嗡嗡的声音，滑动轴承的声音更小，不应有杂声。滚动轴承缺油时，会发出异常的声音，则可能是轴承钢圈破裂或滚珠有疤痕，轴承内混有沙、土等杂物，轴承零件有轻度的磨损。严重的杂声可通过耳朵听出来，轻微的声音可以借助一把大螺丝刀抵在轴承外盖上，耳朵贴近螺丝刀木柄来细听，通过"听"，可以快速地判断出故障部位，提高检修效率。

3）闻。闻就是通电时用鼻子闻电动机有无焦煳味。当闻出机内有不正常的气味发出时，应及时关断电源，以免故障扩大。

4）摸。摸就是用手触摸电动机的螺钉有无松动现象，外壳有无过热。当发现外壳过热时，应切断电源，以免扩大故障。

（2）电压法。电压法主要用来测量电动机的输入电压，对于三相异步电动机，任意两相之间的电压一般为380V左右，对于单相电动机，输入电压为220V左右，若测量时无电压或相差较多，应对输入电路进行检查。

（3）电阻法。电阻法是检修电动机最重要的方法之一。利用万用表的欧姆挡，通过测量电动机绕组的电阻值，可以迅速判断出绕组是否开路、短路等情况。

对于三相异步电动机，三相绕组的电阻值应基本相等，对于单相电动机，主绕组和副绕组的电阻值根据起动原理的不同有较大差异（主绕组电阻较大）。

（4）电流表法。用万用表测量电动机的电流（也可用钳形电流表测量绕组的电流）。根据所测量电流的大小分析电动机内部绕组的故障情况。一般常用的万用表只有"直流电流"挡，而无"交流电流"挡，测量时，如在风扇电动机的电源线上串入几欧至几十欧的电阻（阻值不宜太大，以免影响测量精度），然后测量电阻两端的电压降，根据欧姆定律便可求出风扇电动机的工作电流。将此电流与电动机额定电流相比较，便能发现问题之所在。

（5）替换法。替换法是指用良好的器件替换所怀疑的器件，若故障消除，说明怀疑正确。否则，应进一步检查、判断。用替换法可以检查电动机中所有器件的好坏，而且结果一般都是准确无误的，很少出现难以判断的情况。

知识点二　电动机绕组的重绕检修技术

电动机绕组烧坏是检修电动机中经常遇到的现象，究其原因，主要由机械、电源两个方面的故障引起。

一、电源方面的原因

（1）电源电压过高，当超出了额定电压的 10% 以上时，会使铁心产生磁饱和造成主磁通量增加，导致励磁电流成倍增加，引起电动机过热。

（2）电源电压过低，当低于额定电压的 5% 以上时，会使电动机的转矩按电压的平方值下降，如果负载不变，转子要保持必需的电磁转矩来平衡负载的阻力，迫使转子电流密度增大，通过电磁感应而导致定子电流的增加，使绕组过热。

（3）若三相电源不平衡、缺相或者其中一相线路接触不良都将造成起动及运行时过热而损坏绕组。

（4）接线时，如果误将星形接法接成三角形接法或者三角形接法接成星形接法，会导致绕组在非所需电压下工作而使电动机过热损坏。

（5）电动机绕组局部绝缘损坏，致使局部发热而烧坏绕组，若绕组接地，不仅会损坏绕组，而且对定子铁心也有损伤。

当定子绕组已损坏且无法使用时，则需全部拆换绕组。

二、绕组拆换及重绕的工艺流程

绕组拆换及重绕的主要工艺流程：记录原始数据→拆除旧绕组→准备漆包线→选择模具→绕制线圈→准备绝缘材料和制作槽楔→嵌线→接线→扎线→浸漆和烘干。

（一）电动机原始数据的测量记录

绕组拆换之前必须详细记录有关电动机的原始数据，否则会给重换新绕组造成困难。电动机的原始数据包括铭牌数据、铁心数据和绕组数据等。

（1）铭牌数据。铭牌提供了电动机的额定功率、额定电压、额定电流和额定转速等基本数据，还有电动机型号、接法和绝缘等级等内容，因此，应认真记录铭牌数据。若不涉及铭牌损坏处理，这些数据也可以不记，需要时直接查取。

（2）铁心数据。铁心数据包括定子铁心内、外径，定子铁心长度、槽数、磁轭厚度和齿宽等，转子铁心的外径、槽数等。

(3) 绕组数据。在绕组拆下前，应记下绕组端部伸出铁心的长度。拆下绕组后，根据绕组的形式，测量、计算绕组各部分的尺寸。

若采用"电动机修理记录卡"的方式记录以上各数据，不仅使检修人员一目了然，而且为以后的维修和再次修理提供了便利。记录卡的样式见表 10-1，其内容可视实际情况增删。

表 10-1　　　　　　　　　　　**电 动 机 修 理 记 录 卡**

1. 送修单位：＿＿＿＿＿＿＿＿＿＿＿＿＿＿＿＿＿
2. 铭牌数据：型号＿＿＿＿＿，功率＿＿＿＿＿，转速＿＿＿＿＿，接法＿＿＿＿＿，电压＿＿＿＿＿，电流＿＿＿＿＿，频率
　＿＿＿＿＿，功率因数＿＿＿＿＿，绝缘等级＿＿＿＿＿。编号＿＿＿＿＿，日期＿＿＿＿＿
3. 铁心数据：
　定子外径＿＿＿＿＿，定子内径＿＿＿＿＿，定子铁心长度＿＿＿＿＿，转子外径＿＿＿＿＿，定、转子槽数＿＿＿＿＿
4. 绕组数据：
　绕组形式＿＿＿＿＿，线圈节距＿＿＿＿＿，并联支路数＿＿＿＿＿，导线直径＿＿＿＿＿，并绕根数＿＿＿＿＿，每槽导线
　数＿＿＿＿＿，线圈匝数＿＿＿＿＿，线圈端部引出长度＿＿＿＿＿
5. 故障原因及改进措施：
6. 维修人员和日期：
　维修人员＿＿＿＿＿，检修日期＿＿＿＿＿

(二) 旧绕组的拆除方法

在电动机的生产和检修过程中，绕组经过浸漆、烘干后，已成为一个质地坚硬的整体，拆除比较困难。通常对旧绕组的拆除可采用冷拆、热拆和溶剂溶解法。冷拆法和溶剂溶解法可以保护铁心的电磁性能不变，但拆线比较困难。热拆法比较容易，但在一定程度上会破坏铁心的绝缘，影响电磁性能。

(1) 热拆法。热拆法分为通电加热拆除法和烘箱加热拆除法两种。

1) 通电加热拆除法。拆开绕组端部的连接线，在一个极相组内用三相调压器或电焊变压器作电源给定子绕组通入单相低电压、大电流进行加热，当绝缘软化后，切断电源，迅速退出槽楔，拆除线圈。这种方法适用于大、中型电动机。但如果绕组中有断路或短路的线圈，则不能应用此法。

2) 烘箱加热拆除法。用电烘箱对定子加热，待绝缘软化后，趁热拆除旧绕组。

需要说明的是，拆卸时不要用火烧，因为火烧容易破坏铁心的绝缘，使电磁性能下降。拆除旧绕组时保留 1～2 个完整的旧线圈。

(2) 溶剂溶解法。此法一般适用于小型（1kW 以下）和微型电动机绕组的拆除，对于普通小型电动机，可把定子绕组浸入 9％的氢氧化钠溶液中，浸泡 2～3h 后取出，用清水冲净，抽出线圈即可。若拆除绝缘漆未老化的 0.5kW 以下的电动机时，可用丙酮 25％、酒精 20％、苯 55％配成的溶剂浸泡，待绝缘物软化后拆除旧绕组。对于 3kW 以下的小型电动机，为了节约，也可用丙酮 50％、甲苯 45％、石蜡 5％配成的溶液刷浸绕组，使绝缘软化后拆除旧绕组。由于这种溶剂有毒、易挥发，因此，使用时应注意保护人身安全。

(3) 冷拆法。冷拆法在日常维修电动机时应用最多，冷拆法分为冷拉法、冷冲法。

1) 拆卸工具。拆卸时，需要用不同规格的錾子和手锤，拆卸大型电动机需要比较大的錾子，拆卸小型电动机用小型的錾子。

2) 拆卸方法。拆卸时，先用錾子錾切线圈一端的绕组，一般选择有接线的一边绕组进

行拆除，錾切时，应注意錾子的放置角度，不能置得过陡以防损坏定子铁心；也不可太平，以致錾切的线端不平整。錾切好之后，再进行冲线，冲线时需要根据线槽的形状来选择冲子，线槽有圆形和矩形两种，对于圆形线槽，选择圆形冲子；对于矩形线槽，需要选择方形的冲子。选择好冲子之后，用锤头对准錾割面捶击冲子。冲线时，不要急于一次性拆卸某槽的线圈，应该一次一次地循环逐步冲出线圈。在冲线圈的过程中，不可用力过猛，以免损伤槽口或使铁心翘起。另外，还应保留一个完整的旧线圈，作为绕制新线圈时的样品。

绕组拆完后，清理线槽内的残留物。清理电动机定子槽常用的工具是钢齿刷和清槽片，选择这些工具时应根据定子槽的大小来决定。在清理时还要注意检查铁心硅钢片是否有损，若有缺口、弯片时，应予以修整。

（4）准备漆包线。

1）将旧线圈全部拆除和清理干净后，准备好漆包线。具体方法是：从拆下的旧绕组中剪取一段未损坏的铜线，放到火上烧一下，将外线圈的绝缘皮擦除，并将其拉直，然后，用千分尺测量线径。选择漆包线时，应尽可能选择与原漆包线线径大小相等或稍大一点的导线。

2）选择漆包线的方法与技巧。当选择不到与原来一致的漆包线时，可对原来的漆包线进行替换。为了不影响电动机的性能，替换时，可用两根较细的导线代替原来的一根导线，并使两根细导线的截面积之和与原导线的截面积相等。为了保持电动机的性能不产生明显的变化，最好是两根细导线的总截面积较原导线的截面积略大。绕线时最好先绕一组嵌线试一试，不能让槽满率较原装的大得太多。所选用的两根导线直径应尽量相近，不要一根过粗，另一根太细。导线相差太大，则会由于各根导线电阻不对称而造成电流密度不平衡，引起线圈过热。

（三）选择模具

（1）绕线模尺寸的确定。线圈绕的大小对嵌线与电动机性能的影响很大，线圈绕得过小，则不好嵌线，不便于端部整形，线圈绕得过大，则浪费材料，增加成本，修理后的端部过长顶住外壳端盖，影响绝缘。

1）线圈的大小。完全由绕线模的尺寸决定。在拆下旧线圈时，应保留一个比较完整的线圈，直接测取线圈内侧的几匝导线周长，作为制作绕线模的周长尺寸。也可用一根旧导线在铁心槽中按线圈形状、尺寸，弯出一个线圈作为制作绕线模的依据，或按电动机型号从有关手册中查出绕线模的尺寸。

绕线模式样一般有菱形和鼓形两种，如图 10-1、图 10-2 所示。

2）计算线圈周长的经验公式。一般情况下，线圈的周长就是模心的周长，可由旧绕组（线圈）量取或从电动机铁心槽中量取。简易计算公式为

$$L = 2h + \pi D$$

式中：D 为模板宽度。$h =$ 铁心长 $+ 0.2 \sim 0.6$（小电动机取 $0.5 \sim 0.6$）。

（2）绕线模的制作与选择。模心做成后，通常在其轴心处倾斜地锯开，半块固定在上夹板，半块固定在下夹板，以使绕成的线圈易于脱模。为便于取下线圈，通常将模心的外周设计有一定的斜度。

夹板和模心是一个隔一个组合起来的，最外都是夹板，靠中心的轴孔穿入螺钉或绕线机的螺杆用螺母拧紧而固定。夹板上还要开一些槽，用来通过两线圈之间的连线的跨接线或用

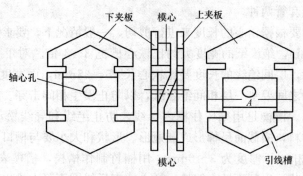

图 10 - 1　菱形线模的结构

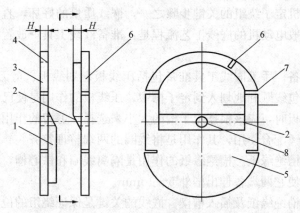

图 10 - 2　鼓形线模的结构

1—模心下截；2—模心；3—夹板 1；4—过桥线模心上截；

5—夹板 2；6—挂线槽；7—扎线缝；8—绕线机轴孔

来埋放扎带。

（四）绕制线圈的方法

（1）绕制线圈的方法。在确定好线圈的线径、匝数及模具后，就可以进行线圈的绕制了。三相异步电动机一般采用绕线机进行绕制线圈。绕线时，将活动模具放到绕线机轴上，并调整绕线机的计数器使其归零。将线圈的一端套上一段套管，并固定在绕轴上，用手抓在套管上，以免在绕线时划伤手指，在绕制过程中，应注意引力合适，排列整齐紧密，不得有交叉，线圈的始末端留头要适当，一般以线圈周长的 1/3 为宜。线圈绕好后必须用绑扎带将两个直线部分扎紧，以防松散。

（2）绕制线圈的技巧。在绕制过程中，需要看一下绕制的匝数是否符合要求，若不符合要求，再继续绕制。如遇到导线要接头时，注意接头的位置应放在端部，套上绝缘管，接好焊牢。多根并绕的导线接头位置，应当相互错开一定距离。绕完后，推出模具，用绕制好的线圈扎好，以备使用。若在绕制线圈过程中不慎断线，应立即停绕，并记录下圈数，然后接好接头（线头的线端，用细砂纸或小刀轻轻刮去绝缘漆，把两线头拧紧连接在一起，涂上焊锡膏，焊上焊锡，套上一段绝缘套管）。

（五）绝缘材料的准备和制作槽楔

（1）准备绝缘材料。电动机所用的绝缘材料应以电动机工作温度来确定选取什么材料，一般有绝缘纸和绝缘套管两种。

剪切绝缘纸时，要根据铁心的长度来进行剪切，一般情况下，要求绝缘纸的长度比铁心的长度长约 10~30mm，绝缘纸的宽度大约比铁心槽宽 3~4 倍。对于双层绕组，在上下层之间要垫以层间绝缘，层间绝缘的长度要比铁心长 15~35mm，而宽度则要比槽宽 5mm 左右。绕组端部相与相之间要垫一层相间绝缘纸，以防止发生相间击穿。

（2）槽楔的制作。槽楔是用来压住槽内导线，防止绝缘和导线松动的，槽楔一般用楠竹、玻璃层布板作材料，横截面呈梯形或圆冠形。形状和大小要与槽口内侧相吻合，长度一般比槽绝缘纸短 2~3mm，厚度为 3~6mm，用楠竹制作槽楔，槽楔表面应光滑，无毛刺。底面要削薄且成斜口状，以利于插入线槽，插入槽楔后线圈不可太松也不可过紧。

（六）绕组的嵌线工艺

嵌线是重绕电动机定子绕组的关键步骤之一，嵌线质量的好坏，直接影响电动机的电气性能和使用寿命。一般电动机的嵌线工艺流程是：准备嵌线工具→放置槽绝缘纸→嵌线→封槽口和端部整形。

（1）嵌线工具准备。手工嵌线工具准备包括压线板、划线板、剪刀、打板及橡皮锤等。划线板的作用是将漆包线顺利地划入到定子槽中，压线板的作用是使已经下到定子槽中的漆包线整齐。选择压线板时，应该根据定子槽的大小来选择。剪刀的作用是将多余的绝缘纸剪掉，打板一般和橡皮锤配合使用，其作用是将线圈的两端整理整齐。

（2）裁剪和安放槽绝缘纸。槽绝缘纸的作用是隔离线圈和铁心槽，使它们相互绝缘。槽绝缘纸的裁剪长度应使它两端各伸出槽外 5~10mm。

（3）嵌线和包裹槽绝缘纸及插入槽楔。嵌线的关键是保证绕组的位置和次序正确，以及良好的绝缘性。线圈通用嵌线方法有拉入法、划入法和分批塞入法。

1）拉入法（嵌第一条线圈边时用）。

a. 摆好线圈，分清头尾（引线对电动机出线孔）。

b. 安放槽绝缘纸（槽绝缘纸纵向折成 U 形插入槽中，光面向里，便于向槽内嵌线）。

c. 将要下（嵌）线的线圈边捏扁（另一边扭转 90°）。

d. 将线圈边从槽口一端拉入槽内（左手向前拉，右手捏扁向前送）。

e. 插入通条（通条即压线板），将导线压在通条下方，把槽内蓬松的导线压实。

f. 剪去超出铁心的绝缘纸（把绝缘纸摆放在槽中间位置）。

g. 用划线板和通条配合包好线圈的第一条线圈边。

h. 抽出通条。

i. 将准备好的槽楔插入槽内（插入后不能太紧或过松）。

2）划入法（嵌第二条线圈边时用）。

a. 安放槽绝缘纸。

b. 将下（嵌）线的线圈边捏扁。

c. 用划线板分批将线圈划入槽内（可分批少量塞入一部分线圈到槽内）。

d. 插入通条（导线应压在通条下方）。

e. 剪去超出铁心的多余绝缘纸。

f. 用划线板包好线圈的第二条线圈边。

g. 抽出通条。

h. 将准备好的槽楔插入槽内（插入后不可太紧太松）。

3）分批嵌线法。嵌第二条线圈边时采用，即分批少量将导线塞入槽内（与划入法配合同时使用）。

（七）绕组的连接及隔相

（1）线头的焊接。接线前弄清楚并联支路数、接法及出线方向，确定出线位置，然后整理好线圈接头，留足所需的引线长度，将多余部分剪去。用刮漆刀刮去接线头上的绝缘漆，并将套管套在引线上。按绕组的连接方法进行线头的连接。

若线头仅是绞合而不是焊接，在长期高温下接触面易氧化，使接触电阻变大。电流通过时产生高温，加速该处氧化，使接触电阻更大，这样恶性循环，久而久之，必然会烧坏接头，因此，导线的接头必须进行焊接，才能保证电动机不因绕组接头损坏而影响整机工作。

在焊接中，锡焊因其操作方便，接点牢固，导电性好应用最广。其焊料是铅锡合金。焊剂常用松香酒精溶液，松香酒精有去氧作用，它不仅可将氧化铜还原为铜，而且在焊料溶化后，可以自行覆盖在焊件表面，防止焊接处氧化。注意在焊接过程中要保护好绕组，切不可使溶锡掉入线圈内造成短路。

对于漆包线比较粗的电动机，一般采用氧焊的方法，这种焊接方法最大的优点是焊接时不需要刮漆包线的绝缘皮，焊接时，要控制好火力，防止火苗烧坏绕组。焊好后，等焊点冷却后，用套管将焊接点套上。将所有连线焊好后，从电动机的出线孔将三相绕组的三个首端和三个尾端引出。

（2）隔相。当相邻两组线圈属于不同相时，必须在这两组线圈的端部之间安放相间绝缘纸，进行隔相。相间绝缘纸可在嵌线过程中插入，也可以在嵌线全部完成后插入。插入隔相纸的方法是，用划线板插入两相线圈组的端部之间，撬开一个缝隙，将隔相纸插进缝隙里。隔相时应把隔相纸插到底，压住层间绝缘或槽绝缘，使两个线圈组完全隔开。

（3）焊接点的检查。将三相绕组的线头引出后，应用万用表测量三相绕组的每相绕组是否导通，各相之间是否绝缘。若电动机接线正确，可用绝缘电阻表测量电动机的相间绝缘电阻值和对地绝缘电阻值。

1）测量每相绕组的对地绝缘电阻。将绝缘电阻表的一个接线夹接到电动机的外壳上，另一个接线夹接到绕组的一个引出线上，用手摇动绝缘电阻表，转速要均匀稳定，约 120r/min，待表针稳定后再读数。正常情况下，每个绕组的对地电阻应在 $5M\Omega$ 以上，如果阻值偏小，说明线圈绝缘不良，应进行检修。注意测量时不要用手触摸绝缘电阻表的接线柱，以免触电。

2）测量相与相之间绕组的绝缘电阻。将绝缘电阻表的两个接线柱接到不同相的两线圈引出接头上，摇动绝缘电阻表，测量线圈的相间绝缘电阻值，应大于 $5M\Omega$ 以上。

（八）线圈端部的整形和端部绑扎

（1）端部整形。端部整形的目的是使端部导线相互贴紧、外形圆整、内圆直径大于铁心内径，外圆直径小于铁心外径。端部整形的方法是将一块竹板或木板垫在绕组端部，用木锤或橡皮锤敲打垫板使绕组端部向外扩张成喇叭口。

（2）端部绑扎。定子端部绑扎的作用是加强端部的整体性等。

最简单的绑扎方法是用线绳子将端部粗略地绑扎一下。较简单的是用白布带隔两个或一个槽打一个扣进行绑扎。最复杂的是用白布带一槽一槽地连续绑扎，被称为全包。

对于高速电动机，应利用纱带从铁心端部线圈的交叉孔中穿过，整齐地绕盖整个端部线圈，并且两个端部都应绑扎。绑扎时应特别注意相间绝缘不能错位。

（3）三相绕组的连接。三相绕组引出的 6 根引线，应根据绕组的原始数据中的接法要求连接成 Y 接法或 D 接法。用专门的电源引出线将三相绕组的 6 个端子接到接线盒的接线板上，利用短接铜片进行三相绕组的连接。

电源引出线的采用。一般采用橡皮绝缘软导线或其他多股绝缘软铜线作为电源的引出线。其线径、规格应根据电动机的额定功率或额定电流并留有一定的裕度选择。

（九）绕组的浸漆和烘干

浸漆和烘干包括预烘、浸漆、烘干三个过程。

（1）浸漆和烘干的目的。经过修理后的绕组要进行浸漆处理，其目的有以下几点。

1）提高绕组的防潮性能。目前所采用的槽绝缘，如青壳纸复合绝缘，在潮湿的空气中会不同程度地吸收潮气，从而使绝缘性能变坏。绝缘材料经过浸漆烘干处理后，能够将吸潮的毛孔塞满，在表面形成光滑的漆膜，可起到密封的作用，从而提高绕组的防潮能力。

2）改善散热条件，增强导热性能。电动机运行时会产生大量的热量，大部分是经槽绝缘传给铁心的，再经过铁心传导给机壳，最后由散热片经风扇吹冷散发出去。由于绝缘体传导热量的能力比空气大，经过绝缘处理后，槽绝缘和导线间的隙缝内充满了绝缘漆，从而大大地改善了电动机的散热条件，降低了绝缘老化的速度。

3）提高绕组的机械强度。由于导体通过电流时会产生电动力，尤其是鼠笼式电动机，在起动时电流很大，导线会产生强烈的振动，时间长了导线绝缘可能被摩擦破损，将有可能产生短路和接地等故障。经浸漆处理后，可使松散的导线胶合为一个结实的整体，加固了端部的机械强度，使导线不能振动。

4）提高化学稳定性。经过浸漆处理后，漆膜能防止绝缘材料与有害化学介质接触而损害绝缘性能，提高了绕组防霉、防电晕、防油污等能力。

5）保护绕组的端部。绕组经过浸漆之后，电动机绕组的端部比较光滑，使外表的杂物不易进入端部的内部，便于维修。

（2）浸漆和烘干的方法。浸漆时，应根据被浸电动机的绝缘耐热等级，是否要耐油等条件，选择相应的绝缘漆，常用的绝缘漆可分为黑漆（沥青漆）和清漆两大类。建议选用国产 1032 醇酸绝缘漆，这种漆的特点是：漆膜平滑光泽，有良好的耐油性、耐电弧性，内层附着力较好，适用于浸渍 E、B 级电动机的线圈。黏度过稠可加稀释剂、甲苯或二甲苯稀释即可。

浸漆的方法较多，常用的有浇浸法、沉浸法、真空压力浸漆法等。单台修理的电动机一般采用浇浸法。浸漆和烘干可分为以下几个步骤：

1）预烘。预烘温度要逐渐增加，如果加热太快，绕组内外温差大，在表面水分蒸发时，有一部分潮气将往绕组内部扩散，影响预烘效果。一般温升速度以不大于 $20\sim30℃/h$ 为宜。预烘温度，A 级绝缘保持在 $105\sim115℃$，E 级与 B 级绝缘保持在 $115\sim125℃$，时间一般为 $4\sim7h$。烘干后的绕组绝缘电阻达到 $30\sim50M\Omega$ 后，就可以进行第一次浸漆了。

2）浇漆。这种方法在日常维修中应用最多，浇漆时，将电动机垂直放在漆盘上，用漆壶浇绕组的一端，经过 $20\sim30min$，将电动机倒过来浇另一端，一直将电动机浇透为止。

3）沉浸法。当维修的电动机较多时，可采用沉浸法，沉浸时，将电动机吊浸到漆罐中，漆面高于绕组约 20cm，直到不冒气泡为止。

4）滴漆。取出定子绕组后，在常温下放置 30min，滴去多余的漆（可回收再用）。

5）烘干。常用的烘干方法有以下几种：

a. 灯泡烘干法。此法工艺、设备简单方便，耗电少，适用于小型电动机，也是日常维修电动机常用的方法。具体操作过程是：将电动机定子放置在灯泡之间，灯泡可选用红外灯泡或普通的白炽灯泡，烘干时注意用温度计监视定子内温度，不许超过规定的温度，灯泡也不要过于靠近绕组，以免烤焦。

b. 煤炉干燥法。将定子放于两条板凳中间，在定子下面放一只煤炉，煤炉上用薄铁板隔开间接加热，定子上端放一只端盖，再用麻袋覆盖保温。调整电动机与煤炉的距离，就可以改变干燥的温度。在干燥过程中要注意防火。

c. 电炉干燥法。将定子架空放于一个较大的铁桶中间，铁桶上盖上铁板并留有通风口，将电炉放在铁桶中间地面上通电加热。铁桶用砖垫起，调整垫起的高度可调节温度。用此法干燥时，如铁桶较小，要注意防止温度过高。

d. 烘房烘干法。烘房通常用耐火砖砌成，有内外两层，中间填隔热材料。在墙的四周放上电阻丝作为发热器，发热器外面用铁皮罩住，在通电的过程中，必须用温度计监测烘房的温度，不得超过允许值。烘房顶部留有出气孔，烘房的大小根据常修电动机容量大小和每次烘干电动机台数决定。

e. 电流烘干法。将定子绕组接在低压电源上，靠绕组自身发出的热量进行干燥。烘干过程中，需经常监视绕组温度，若温度过高暂时停止通电，以调节温度；另外，还要不断测量电动机的绝缘电阻，符合要求后就停止通电。烘干时 A 级绝缘温度控制在 $115\sim125℃$，E、B 级绝缘控制在 $125\sim135℃$，时间在 10h 以上。烘干过程中，每隔 1h 用绝缘电阻表测量一次绝缘电阻，若连续三次测出的数值基本不变时，即可停止烘干。

知识点三 三相异步电动机的故障检修

电动机使用不当或使用日久，发生故障是难免的，对于三相异步电动机，主要故障可分为电气故障和机械故障两大类。

一、三相异步电动机常见故障及检修

三相异步电动机发生的电气故障主要是指定子绕组接地、短路、断路以及定子铁心和转子绕组等故障，这些故障一般会造成电动机不起动或运转不正常。

（一）定子绕组接地

所谓定子绕组接地，是指定子绕组与机壳直接接通，绕组接地后，会引起电流增大，绕组发热烧坏绝缘，严重时会造成相间短路，使电动机不能正常工作，还常伴有振动和响声。

（1）造成绕组接地的主要原因。

1）绕组因受潮、发热、振动，使绕组绝缘性能变坏，在绕组通电时被击穿。

2）电动机因长期过载运行或转子与定子铁心相擦（扫膛），产生高热使绝缘老化。

3）在下（嵌）线时，槽内绝缘被铁心毛刺刺破或在下线整形时槽口绝缘被压裂，使绕组碰触铁心。

4）引出线绝缘损坏或绕组端部过长与机壳相碰。

5）绕组绝缘过度损坏等。

（2）绕组是否接地的判断方法。

1）观察法。绕组接地故障易发生在绕组端部和槽口处。观察绕组的端部和槽口处，看是否有破裂和焦黑的痕迹，如有焦黑处，说明故障点就发生在此部位。

2）用验电笔检查。给电动机通电，用试电笔测试电动机的外壳，若测电笔氖管发亮，一般说明绕组有接地现象。

3）用万用表检查。将万用表旋至 $R \times 10k\Omega$ 挡，把一只表笔接到电动机的外壳上，另一只表笔分别触碰三相绕组的接线端，当哪相绕组偏转到"0"时，说明该绕组短路。

4）用绝缘电阻表检查。将绝缘电阻表接在电动机外壳与绕组组成的电路中，测量其绝缘电阻。观察绝缘电阻表的示数，若示数为零，说明绕组接地。若示数大于零而小于 $0.5M\Omega$，说明绕组受潮，将绕组烘干后再测量，观察绝缘电阻是否上升，若不上升，说明绝缘或绕组损坏。测量时，绝缘电阻表应根据电动机的电压等级来选择，一般 380V 的电动机选用 500V 的绝缘电阻表。

5）灯泡法。将隔离变压器二次侧的一端接机壳，另一端经 220V/100W 灯泡分别与每相绕组的接线端相连。若绕组绝缘良好，则灯泡不亮，否则，灯泡亮。操作时要注意安全，防止触电。

若用上述方法检测出绕组有接地故障后，应进一步检查接地点，应特别注意观察铁心槽口处，看是否有绝缘破裂、焦黑等，若无，则接点可能在槽内，这时就需要将该相定子绕组的极相组间连接线剪断，用绝缘电阻表或灯泡法分相进行检查。

若接地点在槽的附近，且没有严重烧坏损坏时，只需在接地处的导线和铁心之间插入绝缘材料后，涂上绝缘漆就行了，不必拆除线圈。若绕组受潮，需将绕组进行预烘（60～80℃），然后浇上绝缘漆并烘干（120℃左右），直到绕组对地绝缘电阻大于 $0.5M\Omega$。若绕组严重受潮，绝缘因老化而脱落且接地点较多时，或接地点在槽内时，一般应更换绕组。

（二）定子绕组短路

定子绕组短路是指线圈导线绝缘损坏，使相邻的线匝直接相通，造成电动机电流大、线圈发热等故障，若只有几匝短路时，电动机还可以起动、运转，但这时电流增大，三相电流不平衡，起动力矩降低，当短路匝数过多时会烧坏电动机，不能起动。常见的短路故障有线圈相间短路。

（1）产生绕组短路的原因主要有以下几点：

1）绕组受潮严重，未经烘干处理就接入电源，造成电源电压击穿绝缘。

2）电动机长期过载运行，绝缘老化、脱落。

3）维修中碰伤绝缘或绕组端部、层间、相间绝缘没有垫好。

（2）绕组是否短路，可采用以下方法进行判断。

1）外观观察法。拆开电动机观察定子绕组的颜色，短路点如发生在绕组的端部，仔细观察可找到机械损伤部位及短路点，短路点往往呈现黑色烧焦痕迹，颜色较深。若用手摸黑点处，便会发现绝缘漆已变焦发脆，甚至已经炭化碎裂。

2）手感温升法。利用绕组短路后必然发热的原理，用手感来判断短路位置。具体方法是：先通电让电动机空载运行约 10min（若发出焦煳味或冒烟，应立即断电），然后断电，迅速拆开电动机，取出转子，用手摸定子绕组各部，如某处温度明显高于其他部位，说明短路点即在该处。

3）用万用表或绝缘电阻表检查。用 500V 绝缘电阻表检查可检查相间是否短路。检查时，将电动机绕组头尾接线头拆开，用万用表或绝缘电阻表测量相间电阻，若阻值很小或为零，即为短路相。

4）电阻测量法。用万用表或电桥分别测量三相绕组的电阻值并与正常电阻值相比较，电阻小的绕组存在短路故障。需要注意的是，测量时，被测绕组接头的绝缘必须清理干净，否则，会有很大误差。

5）用短路侦察器检查。检查绕组是否短路比较有效的方法是用短路侦察器检查。测试时，定子绕组不接电源，把侦察器的开口部分放在被检查的定子铁心槽口上。侦察器线圈的两端接上单相交流电源（最好用低压电源）。这样，侦察器与定子铁心组成变压器的磁路，侦察器的线圈相当于变压器的一次绕组，而被检查的定子铁心槽内的线圈就相当于变压器的二次绕组。如果定子绕组里有短路点存在，则短路线圈中就会有电流通过，并在它的周围产生交变磁场，此时，拿一块薄铁片（如废锯条），放在被测绕组的另一边的槽子上面，短路线圈所产生的磁通就会经过铁片而成回路，把铁片吸附在定子铁心上，并发出"吱吱"的响声。

另一种方法是在短路侦察器的电路中串联一只电流表，把短路侦察器贴着铁心内圆周表面慢慢移动，如果被测线圈中短路存在，电流表的读数就会增大。把短路侦察器沿定子铁心逐槽移动检查，线圈会产生很大的电流，时间稍长可将侦察器线圈烧坏。

（三）判断绕组接地或短路的方法技巧

（1）判断绕组接地和绕组短路时，为便于测量，需要打开电动机的接线盒，对于 Y 接法的电动机，应断开三相绕组的中性点，对于 D 接法的绕组，应拆开三相绕组头尾相接的短接板。

（2）匝间短路点易发生于线圈的端部、相邻的两个线圈之间、上下两层线圈之间、定子槽外的线圈部分。如线圈因漆皮碰破造成匝间短路，或者是局部线圈因电流过大而烧焦形成短路，短路点在线圈表层，可做局部修补。方法是：把定子绕组加热至 120℃左右，使线圈软化后，用胶木板条把受损伤的几匝线圈挑起，垫上绝缘纸，涂上绝缘漆再放回原处，整理绑扎后再涂以绝缘漆烘干即可。

（3）有些短路故障用局部修补有困难时，可以采用将短路故障的少数线匝予以裁除。其方法是把绕组加热到 70～80℃（或刷上浓度为 90%的酒精静置半小时），使绝缘稍软化后，把线圈拨开，将短路线圈端部断开，用钳子把这些线圈抽出槽外，而后，将完好的线圈挑接起来，就可以继续使用。若短路故障严重，则必须重绕绕组。

（四）绕组绝缘电阻偏低

所谓绝缘电阻偏低，是指绕组对地绝缘电阻或相间绝缘电阻大于零而低于正常值。如不进行处理而投入运行，就有被击穿烧坏的可能。绝缘电阻的正常值，对额定电压 1kV 以下的电动机为 0.5MΩ。1kV 以上的电动机为 1MΩ/kV（热态）。绝缘电阻一般用绝缘电阻表测量。

绝缘电阻偏低，一般有以下几个方面的原因。

1）绕组受潮。如电动机较长时间停用，潮湿空气、雨水或腐蚀性气体进入电动机，使绕组表面附着一层导电物质，引起电阻下降。

2）绝缘老化。使用较长时间的电动机，受电磁机械力及温度的作用，主绝缘开始出现龟裂、分层、酥脆等轻度老化现象。

3）绝缘存在薄弱环节。如选用的绝缘材料质量不好、厚度不够、在嵌线时被损伤等，或者原来绝缘处理不良，经使用后绝缘变得更差，以致整机或某一相绝缘电阻偏低。

（五）绕组的干燥处理

绕组绝缘电阻偏低，大多数是由绕组受潮造成的。绕组受潮一般要进行干燥处理。对于绝缘轻度老化或存在薄弱环节的绕组，干燥后还要进行一次浸漆与烘干。下面介绍两种常用的干燥方法。

（1）烘房（烘箱）干燥法。对于备有烘房或烘箱的地方，这是最简便的方法，它适用于任何受潮程度的电动机。具体操作方法是：将受潮电动机放入烘房（烘箱）内，温度由低到高逐渐调节到 100℃左右，连续进行直到烘干为止。

（2）光热干燥法。容量较小及轻度受潮的电动机，可利用红外线灯泡或普通白炽灯泡的光热效应进行烘烤。此法简单易行，改变灯泡大小、数量或距离，即可改变烘烤温度。

（六）干燥处理注意事项

干燥电动机时，除保留必需的通风排气口外，应将电动机与周围空气隔绝起来，以减少热量损失。干燥时要用温度计测量绕组温度，升温速度一般不大于 10℃/h，绕组的最高加热温度控制在 100～110℃。在干燥过程中，每隔 1h 测量并记录一次温度及绝缘电阻。开始时，由于绕组温度的提高及潮气的大量扩散，绝缘电阻出现下降状态，降到某最低值后，便逐渐回升，最后 3～5h 内趋于稳定或微微上升，当绝缘电阻达到 5MΩ（380V 电动机）以上时，干燥处理即可结束。

（七）定子绕组断路

定子绕组断路是指导线、连接线、引出线等断开或接线头脱落。定子绕组断路故障主要有：绕组线圈导线断路、一相断路、并绕导线中有一根或几根断路、并联支路断路等。

绕组一相断路后，对星形接法的电动机，通电后不能自行起动，断路电流为零。对三角形接法的电动机，虽然自行起动，但三相电流极不平衡，其中一相电流比另外两相约大70%，且转速低于额定值。采用多根并绕或多支路并联绕组的电动机，其中一根导线断路或一条支路断路并不造成一相断路，这时用电桥可测得断股（或断支路）相的电阻较另外两相大。

断路通常是由于绕组导线受外力作用而断开、引出线焊接不良、压接端子不牢、接线盒接线端紧固件未拧紧、电动机电流过大导线烧断等引起。

单通路绕组电动机断路时，可采用万用表检查。如果绕组为星形接法，可分别测量每相绕组的电阻值；如果星形连接的三相绕组的某相绕组断路，用万用表测量时，该相绕组的电阻为∞；若绕组为三角形接法，需将三相绕组的接头拆开再分别测量。

对于功率较大的电动机，其绕组大多采用多根导线并绕或多路并联，有时只有一根导线或一条支路断路，这时应采用三相电流平衡法检查。若电动机绕组为 Y 接法，使其空载运行，用电流表分别测出三相空载电流，若三相电流不平衡，又无短路现象，那么电流较小的一相就是存在部分断路的一相。若绕组为 D 接法，可先将接头拆开一个，用电流表测各相电流，电流小的一相就是存在断路的一相。

　　若绕组断路发生在端部，只需将断线处的绕组适当加热软化，然后把断线焊好并包上绝缘即可。若绕组断路是由连接线头松脱或接触不良引起的，可重新焊牢，包好绝缘。若绕组断路在槽内，且断路严重时，须更换绕组。

　　（八）定子绕组接线错误

　　定子绕组接线错误往往将造成电动机起动困难，转速低，响声大，三相电流严重不平衡。接线错误主要有两种：绕组引出线头尾接反；绕组内部个别线圈或极相组接错。

　　三相绕组首尾的判断可采用第九章第四节中三相绕组首尾端判断法或用以下方法进行检查。

　　（1）绕组串联检查法。一相绕组通 36V 低压交流电，另外两相串接灯泡，此时灯泡上的电压是两相绕组感应电动势的矢量和。如灯泡发亮，说明三相绕组头尾连接是正确的。如灯泡不亮，则说明两相绕组头尾接反。

　　（2）万用表检查法。将万用表置于毫安挡，在接通电源瞬间，如万用表的指针摆向大于零的一边（正偏），则电池正极和万用表黑表笔所接的端头同为首端或同为尾端。如指针反向摆动，则电池正极和万用表红表笔所接的端头同为首端或同为尾端。将电池接到第三相的两端进行判断，以确定该相的首端与尾端。

　　（3）指南针检查法。将定子横放，对某相绕组两端通以 3～6V 的直流电源（干电池或其他直流电源均可）。用一个指南针沿定子内圆周移动，若指南针依次经过每一极相组时，指针便转动 180°，N、S 极性变换一次，则绕组接线正确。反之，若经过某一极相组时，指南针的极性不变，则这个极相组接线错误，如图 10-3 所示。若指南针经过某一极相组时指向不定，则该极相组的线圈可能接反或嵌反。判断出某一极相组接反时，可将该极相组的两个接线端头互换。如发现反接的线圈端头较多，应该按该机的绕组展开图重新校对、接好，再做试验检查。

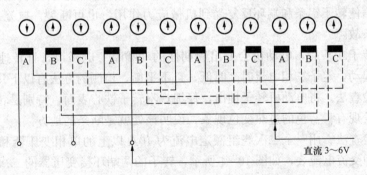

图 10-3　指南针绕组接错示意图

　　（4）滚珠检查法。这种方法可判断极相组是否接错，但不能找出故障点。把电动机转子抽出，在定子内腔放一钢珠（滚动轴承的钢珠即可），然后将单相低压交流电通入定子绕组。如果绕组接线正确，则钢珠会沿原表面滚动旋转。如接线有错，则交流电产生的磁场错乱，钢珠不能连续滚动而跌落。试验时间不宜过长，并且一定要用低压电源，否则会烧坏定子绕组。

（九）定子铁心损坏

三相异步电动机的定子铁心是电动机磁路的组成部分。为了减小铁心损耗，保证电动机高效、平稳地运行，定子铁心用 0.35～0.5mm 的硅钢片叠压而成，并有片间绝缘。大中型电动机的定子铁心还有风道，以改善铁心的散热，降低铁心表面的温度。铁心内外圆的同轴度允许误差为 0.05mm，冲片毛刺应在 0.05mm 以内。在组装时，硅钢片要整齐、压紧，铁心齿部弹开度不能过大。

（1）故障原因。电动机长期处于潮湿、有腐蚀气体的环境中，会使电动机铁心表面锈蚀、铁心压装扣片开焊、铁心与机壳配合松动、铁心冲片高低不齐等。另外，若拆卸旧绕组时，没有加热软化绕组，会造成铁心齿部弹开度过大。如果铁心外圆不齐，会造成铁心与机壳接触不良，影响封闭式电动机的热传导，使电动机温升过高。如果铁心内圆不齐，又可能使定子、转子相擦。如果铁心槽壁不齐，则会造成嵌线困难，并且容易损坏槽绝缘。另外，若铁心压装扣片开焊，铁心齿部弹开度过大，就相当于气隙有效长度增大，会使电动机励磁电流增加，功率因数降低，铁耗增加，温升过高。

（2）检修方法。对于表面有锈迹或毛刺的铁心，可去除锈迹或毛刺后再浸渍绝缘漆。如果定子铁心与机壳配合不紧，可以在机壳上增加电焊点数，或者在机壳外部向定子铁心钻螺丝孔，加固定螺栓。如果铁心齿部弹开度过大，可以用碗形压板压紧铁心两端，并与扣片焊牢。对于内圆不齐的铁心以机壳端盖止口为基准精磨铁心内圆，但必须注意磨量，否则会使铁耗过大。若转子与定子相擦，定子铁心严重损坏无法修理，则只能作报废处理。

（十）电动机转子断条

笼型三相异步电动机的转子，绕组为铸铝制成的鼠笼条和端环，一般不易损坏。但是如果材料或制作工艺不良，可使鼠笼条内部产生缩孔、砂眼、夹层等缺陷，使用日久，会在这些缺陷处开裂。同时在频繁地起动、正反转的场合下，会引起转子铝条中的感应电流过大，产生的电磁力也很大，时间长了便会发生铝条断裂现象。电动机在长期使用中，由于起动、制动和热胀冷缩使转子铝条和端环反复受到机械应力作用，也可断裂。鼠笼条和端环断裂，通称为转子断条故障。

笼型铸铝转子断条后，电动机会发出周期性的"嗡嗡"电磁声，且转速下降，起动困难，甚至无法起动，定子三相电流时高时低，且不平衡，检测的方法有以下几种：

（1）观察检查法。将电动机转子抽出，仔细观察转子铁心表面，特别是转子的端环与导条交接处，若发现有青蓝色的过热变色现象，说明该处就是断条的地方。

（2）铁粉检查法。用一个二次绕组额定电流为 10A 以上的单相变压器和一个容量相当的单相调压器和交流电流表，如图 10-4 所示，转子的两端环接变压器的二次绕组。检查时首先把调压器二次绕组输出调至 0V 后接通交流电源，此时电流表无显示。然后慢慢地增大调压器二次绕组的输出电压，同时注意观察电流表，待变压器二次绕组电流为 10A 时，停止调整，此时电压大约为变压器一次绕组额定电压的 5%～10%（以上过程相当于变压器短路试验）。如果不用电流表，经调压器使变压器输出 30V 左右的电压即可。这时，转子导条中将有电流流过，并在其周围形成磁场。在每根导条上撒一些细铁粉，正常的导条边缘上将均匀地吸附铁粉，而断条上的铁粉很少或没有，这样就可以准确地找出断条。

（3）短路侦察法。将已接通 220V 交流电和串有电流表的短路侦察器放在铁心槽口，如图 10-5 所示，并沿转子铁心外圆逐槽移动，若发现电流表读数突然变小，说明被测槽内有断条故障，也可用铁片代替电流表，若能吸住并发出"吱吱"声，说明导条未断。否则，导条断裂。

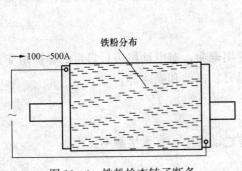

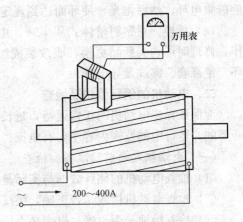

图 10-4　铁粉检查转子断条　　　　　图 10-5　断路侦察器检查转子断条

（4）替换法。若条件允许，也可将同型号规格的转子换上试运行，若电动机负载能力、转速、声音等方面都正常，则说明被换下的转子有断条故障。

若断裂处在端环或槽外其他明显部位时，可将断裂纹凿成 V 形槽，用气焊焊平即可。对铜质转子导条来说，若只有个别条断裂，可在断条两端环上开一个缺口，将断条敲掉，然后换上一根与原铜条截面积相同的新铜条，铜条两端要伸出端环约 20mm，把伸出部分敲弯并贴在墙环上，用气焊焊牢，在车床上车平，再校正平衡即可。若断条很多时，需要更换全部铜条。对铝质转子导条来说，若只有个别导条断裂，可把断条挖掉，将与原条截面积一样的铝条打入槽内焊牢即可。若断条严重时，可将转子放于 10% 的工业烧碱溶液中浸泡，使铝条腐蚀下来，转子铁心从溶液中取出后，需用清水冲洗。若有条件可重新铸铝，也可换成铜条笼型转子。

（十一）集电环故障

集电环是绕线型转子特有的部件，其主要作用是通过电刷将绕组与外电路相连接，以完成起动、运行、制动、调速等功能。因此，集电环发生故障，电动机便不能使用。

电动机常用的集电环有塑料整体式、组装式及紧圈式三种，环的材料有青铜、黄铜、低碳钢及合金等。

集电环发生松动、接地、短路及引出线接触不良等故障时，一般经过局部检修便可修复。当环面上有斑点、刷痕、凹凸不平、烧伤、失圆等缺陷时，可进行一般修理或用车床旋修。如损伤比较严重，无法修复时，则需更新。

（1）局部检修。当发现集电环接地或短路时，首先应清除环间的炭末及积灰，短路故障一般可排除。如短路仍存在，对组装式集电环，可将导电杆拆下，如短路故障消失，说明短路是导电杆绝缘损坏而引起的，应逐根检查导电杆绝缘，并将损坏处修复。如拆下导电杆后故障仍存在，可进一步检查绝缘套与环内圆的接触面有无破裂、烧焦痕迹。如有，应清除破裂或烧焦的痕迹，并适当将破裂或烧焦处挖大，摇测绝缘电阻合格后，注入环氧树脂胶填平。

（2）一般修理。集电环表面轻微损伤（如斑点、刷痕、轻度磨损等），先用细平锉或油石在转子转动时研磨。锉刀压力不要过大且要均匀，以免磨削过多或出现新的不平整。待伤痕消除后，用砂纸在转子高速转动下抛光，便可恢复使用。

（3）旋修。当集电环失圆、表面有槽沟，烧伤及凹凸比较严重时，应将转子放到机床上旋修集电环。然后抛光，使环面达到规定的光洁度。

（4）更换。对塑料整体式集电环，由于配方及模具比较复杂，修理现场一般无条件制作，修理时可购买新品更换，或改装成组装式集电环。对组装式集电环的更换，主要更换环、绝缘套、绑线及导电杆。

二、电动机的例行维护及检查

为保证异步电动机的正常运行，延长电动机使用寿命，对电动机进行日常的维护是非常必要的，运行中的监视内容主要有电流、电压、温升、振动和噪声等。

（一）电动机起动前的准备和检查

（1）检查电动机的铭牌数据与实际是否配套。

（2）检查电动机接线是否正确，接线柱是否有松动现象，有无接触不良。

（3）检查接地是否正确，机壳是否接地良好。

（4）检查电源开关、熔断器的容量、规格与继电器是否配套。

（5）测试绝缘电阻和直流电阻。

（6）用手转动电动机的转轴，是否转动灵活。

（7）检查集电环和电刷表面是否脏污，检查电刷压力是否正常。

（8）检查电动机的起动方法，确定电动机的旋转方向。

（二）日常使用中应注意观测的事项

（1）听声音。通过电动机发出的声音来判断电动机可能产生的故障。

1）电动机正常运行，发出的声音较均匀、无杂音。

2）发出嗡嗡声，转速明显下降。故障原因可能是电源缺相、三相电压不平衡或转子有断条。

3）声音时高时低。其原因是负载波动或电源电压波动。

4）有杂音。杂音的来源有轴承损坏、风扇及风罩或端盖相擦、定转子相擦、电动机内有异物等，可借助螺丝刀等杆状物测听分辨。

（2）测温度。常用的方法是用温度计测量，或凭经验用手触摸感觉温度的高低。

1）测量铁心温度。用锡箔包好温度计盛酒精的底部，将电动机上盖吊环拧下，温度计塞入吊环孔中，用海绵等将其塞紧固定。温度计指示的温度即铁心的温度。B级绝缘电动机，温度值最好不要超过 $70°$，F级绝缘电动机，温度值最好不要超过 $90°$。

2）测量轴承温度。一般用测量最接近轴承外圈处的温度代替。

3）手感法。用手触及外壳看电动机是不是烫手。在用手触摸前，用验电笔验电确认外壳不带电，确认电动机外壳已可靠接地。

（3）测电流。可用电流表或钳形电流表定期监测电动机电流的大小。

1）三相电流基本平衡，但大于铭牌值的 1.15 倍，说明负载过重。

2）三相电流不平衡度小于 3%，若测量三相电压基本平衡，则电动机绕组可能存在匝间局部短路，三相电流不平衡度大于 3%，则电动机绕组可能存在较严重的匝间短路。

3）若三相电流按一定的周期大小摆动，且转速下降，则转子有可能出现了断笼故障。

4）若三相电流严重不平衡，两相基本上相同，第三相较小，可能是第三相电路接触不良造成的故障。

（三）日常维护

电动机及所用的各种电气设备，必须时刻处于正常运行状态，以保证生产顺利进行。因此，平时应对它们加强维护，发现问题和故障及时处理。

（1）保持清洁。对电动机外壳、风扇罩处的灰尘、油污及其他杂物等要经常进行清扫，以保证良好的通风散热，避免对电动机部件的腐蚀。

（2）定期更换轴承润滑脂。一般一到两年更换一次轴承润滑脂。

（3）检查电动机各处紧固螺钉和皮带轮顶丝。

（4）经常检查电动机的基础架构及配套设备之间的连接是否良好。

（5）定期检修。对于工作环境恶劣、灰尘多及较潮湿场所的电动机，一年至少小修1～2次。

三、电动机机械故障的检修

（一）转轴故障

电动机转轴常见的损坏有轴弯曲、轴颈磨损、轴裂纹、局部断裂、转子松动等。造成电动机轴损坏的原因，除轴本身材质不好及强度不够外，轴与轴承、联轴节配合过松或有相对运动，频繁的正反转冲击，拆装时过大的机械碰撞，安装轴线不正等也可引起轴的损坏。

（1）轴弯曲。转轴弯曲变形是由于安装不正确、长期超负载运转或受外力碰撞而引起的，弯曲的表面使定子与转子相擦，产生摩擦声和机械噪声。

对转子弯曲的检查，可装载于车床上用千分表或划线盘检查，测定轴及转子的不同部位，即可找出弯曲的部位和大小。还可以将电动机转子取出平放在平台上，用两块高度相等的V形铁将轴两端架起来，再用千分表或划线盘检查。

如果转轴弯曲量超过0.2mm，则必须矫正，矫正弯曲处最好用压力机或车床。把转子放在车床上，利用三爪自定心卡盘和尾座顶尖将两端夹紧，另用一铁棒或一节长铁管压在弯曲部，棒的一端利用床身作支点，运用杠杆原理慢慢地施加压力，每施加一次，检查一次，一点一点地将弯曲处矫正过来。用压力机或敲打法矫正，则是将弯曲变形位置朝上，轴两端用等高的硬木垫起，用硬木顶住变形位置，逐点用压力机加压或用手锤敲击，边矫正边检查，由轻到重，反复进行，直至调为径向跳动量在0.05mm以内。

（2）轴颈磨损。轴颈磨损是由于轴承内圈与轴颈的配合公盈过小，在运行中发生轴与内圈相对运动，使轴颈磨损而松动（即走内圆）。这时，必须将轴颈补大到原来尺寸。常用的修补方法有下列几种：

1）喷镀或刷镀。利用专门的设备将金属镀在磨损的轴颈上，再磨削到需要的直径。此法适用于磨损深度不超过0.2mm的场合。

2）补焊。将转轴放在带滚轮的支架上，用中碳钢焊条进行手工电弧焊，从一端开始，一圈一圈地补焊，边焊边转动转子，直至将轴颈全部补焊完毕。冷却后，放在车床上加工到所需尺寸。加工时，注意校正两轴颈转子外圆的同轴度。

3）镶套。当轴颈磨损较大或局部烧损时，可将轴颈车圆后镶套。套的材料用30～45号钢，其厚度为2.5～4mm，将套加热装到轴上后，放在车床上加工套的外圆。

（3）键槽损坏。键槽损伤，可先进行电焊，然后车圆重铣键槽，也可以采用铣宽键槽的办法，或转过一个角度另铣键槽。

（4）转轴裂纹或断裂。当转轴出现裂纹或断裂时，应进行更换。更换时，要求新轴的钢牌号与旧轴相同（多数为 35 号或 45 号钢）。

压出旧轴有两种方法：转子质量在 40kg 以下且轴与铁心配合不太紧的，可以在铁平台上垂直撞击将轴顶出。对较重或配合较紧的转子，用压力机压出。根据旧轴的尺寸加工新轴。加工分两次进行：先车好中间部分，压入铁心；再车轴承位置及轴伸端。加工时要特别注意保证铁心外圆与两个轴承位置的同轴度。

当转轴裂纹在轴伸处时，可先打出坡口，用电焊补焊，然后进行精车。补焊时注意不能变形且有足够的强度。

（5）转子铁心松动。当转子铁心与转轴发生松动时，一般会造成低速时噪声小或没有噪声，高速时有噪声的故障。噪声大小与铁心松动度有关，松动度越大，冲击声越大。铁心松动还同时影响电动机的转速，严重时将使电动机不能转动。

判断转子与转轴是否松动的方法很简单，只要把转子抽出，一手夹紧转轴，一手握住转子，用力扭动，看转轴与铁心间有无松动感觉。当转轴松动时，一般需要更换一只原生产厂生产的相同型号、规格的转子，或者把转轴压出来，加工一根新轴压进去，转轴材料应选用 45 号碳素钢。

（二）端盖和机座故障

电动机端盖和机座一般是用生铁铸成的。最常见的故障是产生裂纹，原因多为铸造缺陷或过大的振动及敲击所致。端盖的另一种故障是内圆磨损，这是由于内圆和轴承外圈配合较松，在运动中产生相对运动（即轴承走外圆）造成的，电动机频繁的正反转也会加速端盖内圆的磨损。下面分别介绍修理的方法。

（1）修补裂纹。采用铸铁焊条或铜焊条补焊。补焊时，需将工件加热到 700～800℃，然后用直流弧焊机进行焊接。焊好后，放在保温炉内逐渐冷却，以消除焊件的内应力，减少变形。补焊机座时，注意保护好精加工端面及绕组，不使其被高温与焊渣损伤。补焊后需保持端盖与机座的同轴度。

（2）修补端盖内圆磨损。修补端盖内圆磨损主要有以下两种方法。

1）打"麻点"，也叫打"烊冲眼"。用高硬度的尖冲头，在内圆周面上打出均匀的凹凸点，目的是缩小内圆直径，使它与轴承外圈配合较紧。此法适用于轻微磨损的小型电动机端盖，是一种临时应急办法。

2）锡焊。用锡焊法修理内圆端盖磨损是一种简单易行的办法，不但坚固耐用，而且可保证与止口的同轴度。操作时，先用汽油彻底清洗轴承及端盖轴承室，用布擦干净。将轴承外圆的三等分处用细砂布磨去亮层表面后擦干净，然后在各等分处涂上一点盐酸，用紫铜电烙铁头在其上平整地烙上一层薄锡，再用细砂布磨平，清擦干净。将焊好锡的轴承装入轴承室，多余的焊锡会自动脱落下来。该法可修复间隙不大于 0.3mm 的端盖内圆磨损故障。

（三）轴承损坏

在小型电动机中，一般前后轴承均采用滚珠轴承，在中型电动机中，传动端采用滚动轴承，另一端采用滚珠轴承。大型电动机中，电动机一般采用滑动轴承。

电动机经过一段时间的使用后，会因润滑脂变质、渗漏等造成轴承磨损，间隙增大。此时轴承温度过高，运转噪声增大，严重时还可能使定子与转子相擦。

在电动机运行时，用手触摸前轴承外盖，其温度应与电动机机壳温度大致相同，无明显的温差（前轴承是电动机的负载端，最容易损坏）。另外，也可以听电动机的声音有无异常。将螺丝刀或听诊棒的一头顶在轴承外盖上，另一头贴到耳边，仔细听轴承滚道或滚珠沿轴承滚道滚动的声音，正常时声音是单一、均匀的，如有异常应将轴承拆卸下来检查。

将轴承拆卸下来后，一定要清洗干净，并仔细检查，以免清洗时的面纱或刷毛遗留在轴承滚道内。可以用手转动轴承外圈，观察其转动是否灵活，再用一只手捏住轴承外圈，另一只手转动轴承内圈，检查轴承内外圈之间轴向窜动和径向晃动是否正常，转动是否灵活。另外，也可以在灯光下检查轴承滚道、保持器及滚珠有无锈迹、伤痕等。

对于有锈迹的轴承，可将其放在煤油中浸泡便可除去铁锈。若轴承有明显伤痕，则必须加以更换。同时，还应抹上干净的润滑脂。润滑脂的指标主要为滴点、针入度、氧化安定性及低温性能。选择润滑脂的原则是：轴承工作温度应低于润滑脂滴点 $10 \sim 30 \text{℃}$。转速较高的电动机应选用针入度较大的润滑脂。负载较重的电动机应该选择针入度较小的润滑脂。润滑脂的填充量约为轴承室的 $1/3 \sim 1/2$，常用的润滑脂为复合钙基润滑脂、钙钠基润滑脂及二硫化钼等。

知识点四　三相异步电动机修复后的检查和试验

电动机重绕后，检测是检验电动机重绕质量的基本依据。一般的检查试验有以下几项。

一、外观检查

首先检查线圈端部尺寸是否符合要求，必要时重新整形。定子端部喇叭口不宜过小，否则影响通风甚至转子放不进去。轴向通风的电动机还要注意端部是否碰风叶。两极电动机端部较长，要注意是否碰端盖。电动机出线标记和连接是否正确、电动机的转向是否正确。其次检查槽底口上的绝缘是否裂开，槽口绝缘是否封好，绝缘纸或槽楔是否凸出槽口，相间绝缘纸是否垫好，槽楔是否太松等。

二、测量绕组的直流电阻

（1）目的。测量绕组直流电阻的目的是确定三相电阻是否平衡，线径的选择是否正确，各相的匝数是否相等，有无短路、断路现象等。

（2）方法。测量 1Ω 以下的电阻时，应选用双臂电桥。测量 $1 \sim 10\Omega$ 的电阻时，应选用单臂电桥。测量 10Ω 以上的电阻时，可选用万用表。

（3）测量结果与故障判断。对所测三相绕组电阻的判断有两个方面的内容：一个是三相不平衡度，另一个是大小。

1）如果绕组为 Y 接法，测两相之间的电阻时，若出现某两相间的电阻值为正常值，而其他为无穷大，则是一相断线。

2）若两相间的电阻值是正常值的 3 倍，则是把 D 接法的绕组误接为 Y 接线。

3）如果绕组为 D 接法，若两相间的电阻分别为正常值的 1.5 倍、3.0 倍，则第三相绕组断线。

4）三相电阻的不平衡度的合格判断。

三相不平衡度用 $\Delta R(\%)$ 表示，它应在 $\pm 3\%$ 以内。

$$\Delta R(\%) = [R_{\max}(\text{或} R_{\min}) - R_{\text{p}}]/R_{\text{p}} \times 100\%$$

式中：$R_{\max}$、$R_{\min}$ 为实测三相电阻中最大或最小的一个；R_{p} 为三相平均值。

三、测量绕组的对地及相间绝缘电阻

（1）目的。通过测量绝缘电阻，可以检查绕组绝缘材料的受潮情况，绕组与机壳之间、三相绕组内部之间是否有短路，保证电动机的安全运行。

（2）测量要求。测量绕组的绝缘电阻一般用绝缘电阻表，修理电动机时应根据电动机电压等级选择绝缘电阻表，380V 及以下的电动机用 500V 绝缘电阻表；600~1000V 的电动机用 1000V 绝缘电阻表；3000~6000V 的电动机用 2500~5000V 绝缘电阻表。

（3）测量方法。分别测量电动机的相间及绕组对地绝缘电阻。新嵌线的绕组耐压试验之前，低压电动机不小于 5MΩ，3~6kV 高压电动机不小于 20MΩ。大型电动机测定绝缘电阻时应判断是否受潮，吸收系数 $k = \dfrac{R''_{60}}{R''_{15}}$ 应大于 1.3 倍。

四、耐压试验

（1）目的。通过耐压试验确切发现绝缘局部或整体所存在的缺陷（耐压试验又称为绝缘预防性试验）。

（2）使用仪器。耐压试验应用专用的耐压试验仪进行。在国家标准中，对该仪器的要求如下：

1）输出电压应为正弦波，一般为交流 50Hz。

2）高压变压器的容量按输出电压计算，每 1kV 不少于 1kVA。例如，对 380V 电动机，应不小于 2kVA。

3）试验电压应从高压侧取得。

4）应有明显的声光警示装置和可靠的接地系统。

5）应有击穿保护（跳闸）装置和高压泄漏电流显示装置。

（3）加电压值。对于一般低压电动机，当全部为新更换的绕组时，加电压值计算式为

$$U_G = (2U_N + 1000) \; (V)$$

对部分更换绕组的定子或第二次试验时，应取上述计算值的 80%。

（4）试验方法及判断。

1）三相异步电动机需要改变接线进行三次试验，才能将每相之间和各相对地的耐压试验做完。每次操作时，电压均从 0V 开始，在 10s 左右的时间内将电压升至要求的数值并保持 1min 后，再逐渐下调到 0V。

2）结果判断。一般情况下，试验中保持 1min 不发生击穿即为合格。如有必要，可规定高压侧泄漏电流的最大允许值，当超过规定值时则认为绝缘不符合要求。

五、空载试验

（1）目的。

1）检测三相空载电流的对称性及重绕质量，测定空载电流的大小和空载损耗。

2）检查电动机工作中是否有杂音、振动，轴承、铁心的发热程度是否超过要求等。

（2）空载试验要求。

1）空载电流三相不平衡不应超过 10%。

2）空载电流不应偏离设计值的 ±5%。

3）空载电流不应超出额定电流 20%~50%。

4）空载试验中，空载电流无明显变化。

（3）空载试验的方法。用三块电流表分别测量三相空载电流，也可用一只钳形电流表分别测量三相电流，用两功率表测量三相空载损耗。由于空载时电动机的功率因数较低，应采用低功率因数表进行测量。空载试验时，应仔细观察电动机的起动和运转情况，监视有无异常响声，铁心是否过热。

六、堵转试验

做短路试验时，先将电动机转子堵转，再用三相调压器给三相绕组加交流电压，并使电压从零逐步升高使定子绕组的电流达到额定电流值，这时加在定子绕组上的电压称为短路电压。一般 0.6～1.0kW 电动机的短路电压为 90V，1.0～7.5kW 电动机的短路电压为 75～85V，75～13kW 电动机的短路电压为 75V。但需注意，额定功率大于 13kW 的电动机不能用这种方法试验。

另一种方法是使转子堵转，给定子绕组加上恒定电压，一般为 95～100V，此时测得的电流即为短路电流。短路电流在 1～1.4 倍额定电流之间为合格。如果短路电流过小，可能是串联绕组过多，漏抗太大，此时电动机的起动电流和起动转矩均小，过载能力差。如果短路电流过大，则可能是串联绕组太少，漏抗太小，此时电动机空载电流大，起动电流大，损耗也大，功率因数、效率均较低。

项目一　三相异步电动机的拆装

一、教学目标

（一）能力目标

（1）能正确选用拆装三相异步电动机的常用工具。

（2）能对拆卸的三相异步电动机进行检测。

（3）能进行三相异步电动机的正确拆卸和组装。

（二）知识目标

（1）了解三相异步电动机铭牌各参数的含义。

（2）熟悉三相异步电动机的结构和工作原理。

（3）掌握三相异步电动机的拆卸、装配步骤及方法。

二、仪器设备

电机检修实训仪器设备见表 10-2。

表 10-2　　　　　　　　　电机检修实训仪器设备表

序号	型号	名　称	数量
1	Y802-4	三相异步电动机（带有前后轴承端盖）	1台
2		电机检修常用工具、量具	各1套

三、工作任务

进行某一型号三相异步电动机的拆卸和组装（如 Y802-4 三相异步电动机）。

【任务一】三相异步电动机拆卸前的准备

（1）准备好检修电动机的拆卸工具。

（2）用压缩空气将检修的电动机表面灰尘吹净，擦拭干净电动机的表面污垢。

（3）拆除电动机的地脚螺母（包括弹簧垫圈和平垫圈）及外部连接线，做好拆卸前的原始数据记录，记录卡的样式见表10-3。

表 10-3   异步电动机修理记录卡

1. 送修单位：_____
2. 铭牌数据：型号_____，功率_____，转速_____，接法_____，电压_____，电流_____，频率_____，功率因数_____，绝缘等级_____。编号_____，日期_____
3. 铁心数据： 　定子外径_____，定子内径_____，定子铁心长度_____，转子外径_____，定、转子槽数_____
4. 绕组数据： 　绕组形式_____，线圈节距_____，并联支路数_____，导线直径_____，并绕根数_____，每槽导线数_____，线圈匝数_____，线圈端部引出长度_____
5. 故障原因及改进措施：
6. 维修人员和日期： 　维修人员_____，维修日期_____

【任务二】三相异步电动机的拆卸

（1）拆下电动机的电源引接线。

（2）卸下传送带或负载端联轴器。

1）测量皮带轮或联轴器与电动机前端盖或转轴根部间的距离。

2）在带轮或联轴器的前端冲一点或两点标志，以防安装时装反。

3）取下皮带轮（或联轴器）上的固定螺栓或销钉，然后用拉具将带轮拉出（若带轮锈住，可注入松动剂或煤油再慢慢拉出）。

4）拆除电动机接线盒内的电源线及接地线并贴上标签，记下每个零件的数目和尺寸。

（3）卸下前轴承外盖和电动机的前端盖，做好标记，拆卸风罩和外风扇。

（4）拆卸轴承盖和端盖，拆卸前后轴承及轴承内盖。

（5）从定子腔内抽出转子。对于中型电动机转子较重，需二人一起往外抬出转子，一人抬住转轴的一端，另一人抬转子的另一端，轻轻抬出，不要碰伤定子铁心。对于大型电动机，则需用专用吊装工具吊出转子。电动机的拆分如图10-6所示。

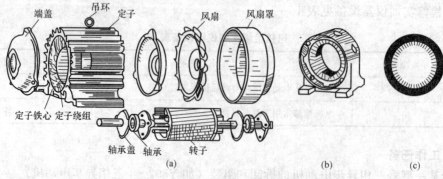

图 10-6 笼型异步电动机的结构
（a）笼型异步电动机拆分图；（b）定子机座；（c）定子铁心冲片

【任务三】三相异步电动机的装配

（1）检查定子腔内有无杂物，清扫定转子、配全零部件。

（2）将轴承内盖及轴承装于轴上，装上滑环并加以紧固。把滚动轴承压入或配合上轴承衬，装上风扇。

（3）将装配好的转子装入定子内膛，转子穿入定子内膛时，要注意勿使转子擦伤，装入转子后再将端盖装上。

（4）端盖固定后，手动盘车时，转子在定子内部应转动自如，无摩擦、碰撞现象。之后，将滚动轴承内加上适量的润滑油，再装上并紧固轴承的凸缘和侧盖。

（5）装配时可用榔头轻敲端盖四周，并按对角线均匀对称逐步旋紧螺栓。端盖固定好以后，用手转动转子，转子应转动灵活，无摩擦、碰撞现象。再手动盘车，若转动部分没有摩擦并且轴向游隙值正常，可把皮带轮或联轴器装上。

（6）紧固地脚螺栓，接好电源引接线和接地线。

（7）与负载连接前找气隙和定中心。

（8）用绝缘电阻表检查绕组对地冷态（即常温下）绝缘电阻值不应低于 $0.5\text{M}\Omega$。

四、检修实训报告及记录

检修实训报告及记录应包含的内容（见表 10-4）：

（1）报告名称、专业班级、姓名学号、同组成员、检修日期。

（2）报告应填写拆装三相异步电动机的步骤和方法。

（3）拆卸三相异步电动机的心得体会（200 字以上）等。

表 10-4 　　　　　　　　　　　**电 机 检 修 实 训 报 告**

项目名称	三相异步电动机的拆装	
专业_____	班级_____　　　姓名_____	学号_____
同组成员_____		检修日期_____

序号	考核内容	操作要点
1	三相异步电动机的结构	（1）定子部分 （2）转子部分
2	拆卸小型三相异步电动机的步骤和方法	（1）工具选择、使用 （2）拆卸顺序 （3）拆卸方法
3	装配小型三相异步电动机的步骤和方法	（1）工具选择、使用 （2）装配顺序 （3）装配方法 （4）接线
拆卸电动机的心得体会：		
指导老师评语： 　　　　　　　　　　　　　　　　指导教师_____ 　_____年___月___日		

五、考核评定（仅供教师评分时参考）

考核评定应包括的内容：

（1）正确使用拆卸电动机的工具，团队合作。配分 20 分（工具使用错误一项扣 5 分，团队成员不合作扣 5 分）。

（2）拆卸、组装电动机的步骤和方法。配分 40 分（错误一项扣 2 分）。

（3）知识应用，回答问题，语言表达。配分 10 分（回答问题不正确，每次扣 2 分；语言表达不清，每次扣 2 分）。

（4）操作规范、有序、不超时。配分 10 分（操作欠规范或超时，每项扣 3 分）。

（5）安全环保意识，遵守纪律。配分 10 分（无安全环保意识扣 5 分；迟到、早退不守纪律，每次扣 2 分）。

（6）检修实训数据记录。配分 10 分（填错或少填一项扣 1 分）。

项目二　电机三相绕组首尾端判断

一、教学目标

（一）能力目标

（1）能正确测量电机三相绕组的直流电阻值。

（2）能判断三相电机定子绕组的首尾端。

（3）能正确掌握电机三相绕组首尾端的判断方法。

（二）知识目标

（1）熟悉三相绕组的星形及三角形接法。

（2）掌握三相绕组的直流电阻测量方法。

（3）掌握用直流法判断三相绕组首尾端的方法。

二、仪器设备

电机检修实训仪器设备见表 10 - 5。

表 10 - 5　　　　　　　　　　　　电机检修实训仪器设备表

序号	型号	名　　称	数量
1		三相电机（带有前后轴承端盖）	1 台
2		电机检修常用工具	1 套
3		万用表	1 只
4		1.5V 电池、开关及连接导线	若干

三、工作任务

进行某一型号电机三相绕组首尾端的判断（如 Y802 - 4 三相异步电动机）。

【任务一】电机定子三相绕组直流电阻的测量

（1）用万用表的欧姆挡（$R \times 1\Omega$）或直流单臂电桥分别测量电动机定子三相绕组的 6 个引出线端，找出同一相绕组的两个端头，得到三个绕组，分别做好标记。

（2）根据找出的同相绕组，测出三相绕组的直流电阻值：$R_U = $ ____ Ω，$R_V = $ ____ Ω，

$R_\mathrm{w}=$____ Ω。

【任务二】直流法判断电机三相绕组的首尾端

（1）用万用表的欧姆挡（$R\times1\Omega$）或直流单臂电桥分别测量三相绕组的 6 个引出线端，找出同一相绕组的两个端头并做标记。

（2）万用表选择较小的直流电流挡（或电压挡），并将万用表接在任意一相绕组的两端。

（3）将电动机的第二（或第三）相绕组接上干电池，在电池引线端点接通瞬间（即开关合上瞬间），观察万用表的指针偏转方向。如果万用表的表针反向偏转，则接电池"＋"的端子与接万用表红笔的端子为首端（或尾端），如果万用表的表针"正偏转"，则接电池"＋"的端子与接万用表黑笔的端子为首端（或尾端），如图 10 - 7（a）所示。

（4）用步骤（2）和步骤（3）继续判断第三相绕组，得出三相绕组的首尾端，如图 10 - 7（b）所示。

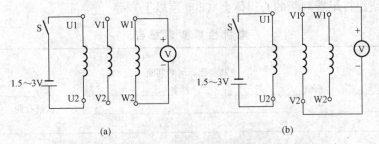

图 10 - 7　用干电池判断电机三相绕组首尾端示意图

(a) 判断任意两相绕组首尾端接线；(b) 判断第三相绕组首尾端接线

【任务三】剩磁法判断三相绕组的首尾端

（1）按图 10 - 8 接线。将三相绕组分开，万用表调到低电阻挡，测量并判断出三相绕组并做标记。

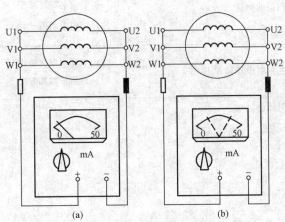

图 10 - 8　用剩磁法判断定子绕组首尾端接线示意图

(a) 首尾端并在一起；(b) 首尾端混合并在一起

（2）将万用表转换开关扳到直流毫安挡，并将电机的三相绕组（任一组三个端头）并联在一起，另一组三个端头也并联在一起接到万用表的表笔两端，然后用手转动转子，若万用表的表针不动，则说明三相绕组的三个首端 U1、V1、W1 并接在一起。三个尾端 U2、V2、W2 也并接在一起，如图 10-8（a）所示。如果用手转动转子时，万用表表针摆动，则说明不是首端相并和尾端相并，如图 10-8（b）所示。这时，应逐相分别对调后重新试验，直到万用表指针不动为止。

四、检修实训报告及记录

检修实训报告及记录应包含的内容（见表 10-6）：

（1）报告名称、专业班级、姓名学号、同组成员、检修日期。

（2）报告内容应填写以下内容。

1）三相绕组的星形及三角形接法。

2）三相绕组直流电阻值的测量方法及测量值。

3）三相绕组首尾端的判断步骤和方法。

（3）三相绕组首尾端判断的心得体会（200 字以上）等。

表 10-6　　　　　　　　　　　电机检修实训报告

项目名称　　　　　　　　　　　三相绕组首尾端判断

专业＿＿＿＿＿＿　　班级＿＿＿＿＿＿　　姓名＿＿＿＿＿＿　　　　学号＿＿＿＿＿＿

同组成员＿＿＿＿＿＿＿＿＿＿＿＿＿＿＿＿＿＿＿＿＿＿＿　　检修日期＿＿＿＿＿＿

序号	考核内容	操作要点
1	三相绕组的星形及三角形连接	（1）星形连接（Y 接法） （2）三角形连接（D 接法）
2	三相绕组直流电阻值的测量	（1）工具选择 （2）测量方法 （3）绕组电阻值
3	三相绕组首尾端的判断步骤和方法	（1）工具选择、使用 （2）判断步骤和方法

三相绕组首尾端判断的心得体会：

指导老师评语

指导教师＿＿＿＿＿＿＿　　　＿＿＿年＿＿月＿＿日

五、考核评定（仅供教师评分时参考）

考核评定应包括的内容：

（1）正确使用万用表或直流单臂电桥测量电动机绕组的电阻值，团队合作。配分 25 分（工具使用错误一项扣 5 分，团队成员不合作扣 5 分，不会测量电动机绕组电阻值扣 15 分）。

（2）三相绕组首尾端判断。配分 25 分（错误一项扣 10 分）。

（3）知识应用，回答问题，语言表达。配分 10 分（回答问题不正确，每次扣 2 分；语言表达不清，每次扣 2 分）。

（4）操作规范、有序、不超时。配分 10 分（操作欠规范或超时，每项扣 3 分）。

（5）安全环保意识，遵守纪律。配分 10 分（无安全环保意识扣 5 分；迟到、早退不守纪律，每次扣 2 分）。

（6）检修实训数据记录。配分 20 分（填错或少填一项扣 1 分；心得体会优秀 10 分，良 9 分，中 7 分，及格 6 分）。

项目三　三相单层链式绕组的重绕

一、教学目标

（一）能力目标

（1）能拆卸电机、制作绕线模心、嵌线工具。

（2）能使用常用的电机维修工具。

（3）能作三相单层链式绕组展开图。

（4）能根据电机绕组展开图进行链式绕组（线圈）的绕制。

（5）能进行三相单层链式绕组的嵌线。

（6）能根据三相单层链式绕组展开图进行相绕组的接线。

（7）能对定子绕组进行整形和包扎。

（8）能对修复后的电机进行各种试验。

（二）知识目标

（1）了解电机检修实训的内容及常用工具的使用方法。

（2）了解不同绕组不同线圈的绕制方法。

（3）了解三相单层同心式、交叉式、双层绕组的接线规律。

（4）熟悉电机定子绕组的拆卸及组装步骤。

（5）掌握电机定子绕组嵌线工具的制作方法。

（6）掌握三相单层链式绕组展开图的绘制。

（7）掌握三相单层链式绕组的嵌线方法。

（8）掌握三相单层链式绕组的连接规律和接线方法。

（9）熟悉三相单层链式绕组电动机的定子绕组整形和包扎方法。

（10）掌握电机修复后的检查和试验方法。

二、仪器设备

电机检修实训仪器设备见表 10-7。

表 10-7 电机检修实训仪器设备表

序号	型号	名 称	数量
1	Y801	24 槽 4 极三相交流电动机	1台
2		电机检修常用工具（电工刀，眉工刀，电烙铁，铜棒，万用表，钢丝钳，尖嘴钳，绕线机，手术弯剪）和量具	1套
3		漆包线，木榧，杉木板，楠竹，砂纸，各种绝缘纸、套管、绝缘带等	若干
4		电机试验台（或万用表、绝缘电阻表各一只）	1台

三、工作任务

进行某一型号电机三相单层链式绕组的重绕（如 Y802-4 三相异步电动机）。

绕组重绕的步骤一般为：拆除旧绕组并记录原始数据→绕制线圈→裁制绝缘材料→嵌线→端部接线及焊接→试验→浸漆、烘干。

【任务一】电机的拆装及绘制三相单层链式绕组展开图

（1）电机的拆卸方法：参考项目一中的相关内容。

（2）绘制 24 槽 4 极三相单层链式绕组展开图

电机绕组的结构常用绕组展开图来表示。展开图是假想把电机定子沿轴向切开、拉平，将绕组画在平面上的一张绕组连接规律示意图。

作绕组展开图一般分为 5 步：参数计算→分相→画槽编号→连接成极相组→连接成相绕组。

1）参数计算。根据定子槽数 Z，电机磁极数 $2P$ 计算出极距 τ、槽距电角度 α、每极每相槽数 q，并确定线圈节距 y。

a. 计算极距 τ。τ 指每个磁极占有的圆周长度（或槽数）。$\tau=\pi D/2P$（单位长度），或 $\tau=Z/2P$（槽数）。

本例：$Z=24$ 槽，$2P=4$ 极，$\tau=Z/2P=24/4=6$（槽）。

b. 计算槽距电角度 α。α 指定子铁心槽中相邻两槽之间的空间电角度，$\alpha=p\times360°/Z$。

本例：$\alpha=p\times360°/z=2\times360°/24=30°$

c. 计算每极每相槽数 q。q 指每相绕组在每一个磁极下占有的槽数，$q=Z/2Pm$

本例：$q=Z/2Pm=24/(4\times3)=2$(槽/极相)

d. 确定线圈节距 y。y 指一个线圈的两个有效边在定子圆周上的距离（即线圈的宽度）。$y=\tau$ 绕组称为整距绕组。$y<\tau$ 称为短距绕组。$y>\tau$ 称为长距绕组。

本例：取 $y=5$（槽）。

上式中：Z 为槽数，m 为相数，$2P$ 为磁极数，P 为极对数，D 为定子内圆直径。

2）分相。即确定各相绕组所属的槽号。线圈上层边、线圈号和槽号一致（双层绕组分相按节距 y 跨过的槽数决定下层边所在的槽数）。

方法一：按三相对称原则（或 q）在槽电动势星形图上划分出各相绕组所属的槽号。

方法二：按 q 及相带 A、Z、B、X、C、Y 划分出各相绕组所属的槽号。

本例按 $q=Z/2Pm=24/(4\times3)=2$(槽/极相)分相。各相绕组所属槽号见表 10-8。

表 10 - 8   **各 相 绕 组 所 属 槽 号**

极距	$N(\tau)$			$S(\tau)$		
相带	U1(A)	W2(Z)	V1(B)	U2(X)	W1(C)	V2(Y)
N1、S1	1、2	3、4	5、6	7、8	9、10	11、12
N2、S2	13、14	15、16	17、18	19、20	21、22	23、24

3）画槽并编号。实线表示线圈上层边，虚线表示线圈下层边，槽号、上层边号和线圈号一致。

4）连接成极相组并按支路数 a 的要求连接成相绕组（本例支路数 $a=1$）。

5）按三相对称原则（各相互差120°）连接成三相绕组。本例绕组展开图如图 10 - 9 所示。

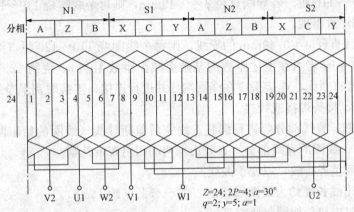

图 10 - 9 　24 槽 4 极三相单层链式绕组展示图

【任务二】绕线模心和夹板的制作

（1）绕线模心的制作方法。

1）确定线圈的周长 L。可由旧绕组量取或直接从电动机铁心槽中量取。

简易计算公式

$$L=2h+\pi D$$

式中：D 为模板宽度。

2）计算模心尺寸：$h\approx$ 铁心长 $+0.2\sim0.6\text{cm}$，本例取 $h=5.0+0.6=5.6\text{cm}$，模心用杉木板制作，则

$$L=2h+\pi D=2\times5.6+3.14\times5\approx27\text{cm}（可取 }L\approx27\sim27.5\text{cm}）$$

如铁心长为 8cm，则取 $L\approx33\sim34\text{cm}$。

3）制作模心。本例 $D\approx5\text{cm}$，如图 10 - 10（a）所示。

（2）夹板的制作方法。用杉木板制作夹板（在夹板上开一斜槽）。夹板尺寸比模板大 4~5cm 左右，夹板开斜槽的作用走过桥线。夹板开小槽的作用是绕线前先放入绑带线，绕好线圈后绑扎线圈再卸模。

【任务三】线圈的绕制及嵌线

（1）绕制线圈的方法。

1）准备好绕线模及导线后，将绕线模固定于绕线机上，就可以绕制线圈了。选择导线

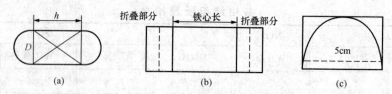

图 10-10 模心、槽绝缘纸、隔相纸制作示意图
(a) 模芯制作示意图；(b) 槽绝缘纸裁剪示意图；(c) 隔相纸裁剪示意图

时，要注意导线的质量及尺寸，按照原电机绕组的型号选择好新导线，且所选导线应符合电机要求的耐热等级。

如选择漆包线直径 $\phi=0.57$mm，则每个线圈绕 85～95 匝。如导线直径 $\phi=0.51$mm，则每个线圈绕 100～110 匝。若导线直径 $\phi=0.49$mm，则每个线圈绕 110～120 匝。

2）绕制线圈注意事项。

a. 若用漆包线直径 $\phi=0.49$mm 的导线，则每个线圈绕 110～120 匝（线圈绕制的匝数多，则嵌线困难，初学者可在上述匝数的基础上减少匝数 10%），绕制 12 个线圈。绕线时不要损伤导线，若有断线，连接头应在线圈端部并进行连接，连接时刮干净绝缘漆，套上绝缘套管（黄蜡管），接头焊接或绞接。

b. 绕好的线圈，直线部分要进行绑扎。绕完后剪断导线（线圈的始末两端留出适当的长度），脱模取下，线圈的直线部分（有效边）两端用白布带扎紧。

c. 线圈绕好后整齐排放，以便于嵌线。

d. 线圈的引出线长度约为线圈周长的 35%～45%（约 15cm）。

e. 绕制线圈时应避免线圈每匝交叉。

（2）绝缘纸与隔相纸的裁制方法。

1）槽绝缘纸。用聚酯薄膜纤维复合绝缘纸（青壳纸）。

2）尺寸要求。绝缘纸宽度约为 5cm，长度约为铁心长度加 4.5cm 左右。

3）绝缘纸折叠方法如图 10-10（b）所示。两侧各折叠 1.5cm 左右，以加强端部绝缘。

4）隔相纸用聚酯薄膜纤维复合绝缘纸（青壳纸）。

5）隔相纸尺寸。比线圈端部高度约高 1cm，小电动机一般取 3～5cm。用弯剪剪成半圆环形的 3/4。绝缘纸高出导线 5～8mm，如图 10-10（c）所示。槽绝缘纸、隔相纸可选用 0.2mm 或 0.25mm 厚的薄膜青壳纸或聚酯纤维复合箔。

（3）槽楔的制作。

1）材料。用毛竹或楠竹（用电工刀及眉工刀进行加工）。

2）长度。铁心长度+1.5mm 左右（槽楔的长度比槽绝缘纸略短）。

3）形状。截面积为梯形（三角形或圆形槽楔会突出定子槽，阻碍转子旋转）。

4）厚度。以槽楔插入后能把绝缘纸和线圈压紧，但不能太紧或太松。

（4）三相 24 槽 4 极单层链式绕组的嵌线。

1）嵌线规律。口诀："下一，空一，吊二（吊把数）"，即：下（嵌）一槽，空一槽，吊二个线圈边。

2）嵌线方法。有拉入法、划入法和分批塞入法。嵌线方法和技巧可参考第十章知识点二（绕组的重绕技术）第六点"绕组的嵌线工艺"相关内容。

a. 嵌（下）线时线圈引出线应放在电动机有引出孔的一边。

b. 每嵌好一槽可以剪去多余的绝缘纸，封槽口，打槽楔。

c. 用理线板理线时应从槽口一端理到另一端，使所理导线全部嵌入槽里后，再理其他导线，切忌局部压线。

d. 先嵌（下）线的线圈边引线下到槽底（底线），后下线的线圈边的引线放在槽上部（面线）。

3）嵌（下）线顺序（可参考三相单层链式绕组展开图 10 - 9 进行）。

a. 嵌（下）3 号线圈边（22 号线圈边导线吊把），空 4 号槽。

b. 下 5 号线圈边（24 号线圈边导线吊把），空 6 号槽。

c. 下 7 号线圈边和 2 号线圈边，空 8 号槽。

d. 下 9 号线圈边和 4 号线圈边，空 10 号槽。

e. 下 11 号线圈边和 6 号线圈边，空 12 号槽。

f. 下 13 号线圈边和 8 号线圈边，空 14 号槽。

g. 下 15 号线圈边和 10 号线圈边，空 16 号槽。

h. 下 17 号线圈边和 12 号线圈边，空 18 号槽。

i. 下 19 号线圈边和 14 号线圈边，空 20 号槽。

j. 下 21 号线圈边和 16 号线圈边，空 22 号槽。

k. 下 23 号线圈边和 18 号线圈边，空 24 号槽。

l. 下 1 号线圈边和 20 号线圈边。

m. 下（收）22 号线圈边（收把）。

n. 下（收）24 号线圈边（收把）。

（5）线圈的初步整形。用木棒和理线板将线圈端部整成喇叭形，不能让线圈端部碰转子、定子铁心、外壳、端盖，否则，会造成电动机不能旋转或对地绝缘不合格。

（6）裁剪及放置相间（隔相）绝缘纸。

1）目的。把不同相且相交叉的线圈完全隔离开来，防止相间短路。

2）隔相绝缘纸插入方法。用理线板撬开一条缝，将隔相纸插入并将隔相纸插到底，使两线圈完全隔开。隔相纸的形状如图 10 - 10 （c）所示。

【任务四】三相单层链式绕组的连接

（1）接线规律（同相线圈按"尾接尾，首接首"连接）。

（2）接线方法。接线分为极相组接线、相绕组接线和引出线接线。接线按以下步骤进行。

第一步：从 24 槽中找出 12 个线圈的 24 根引线，分出 12 根底线和 12 根面线（靠定子铁心内的引线定为面线）。每相有 4 个线圈。

第二步：选靠近接线盒的任一根底线作 U 相，然后同相线圈按"尾接尾，首接首"的接线规律连接成相绕组（一般情况下，面线和底线分别隔 2 根出线连接），如图 10 - 11 所示。

第三步：引出线连接。将三相绕组首尾端引到接线盒内的接线柱上，用 U1、V1、W1 标明绕组的首端，用 U2、V2、W2 标明绕组的尾端，以不同的颜色区别头尾，再根据实际情况连接成星形（Y）绕组或三角形（D）绕组。

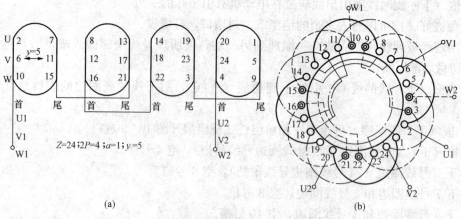

图 10-11　三相 24 槽 4 极单层链式绕组连接示意图

(a) 相绕组连接示意图；(b) 相绕组端视图

第四步：线头的焊接（或绞接）。焊接的目的是避免连接处氧化，保证电机长期安全运行。

1）将待焊接部分用刀刮净绝缘漆，用砂布打磨去除氧化层及油污。

2）使用电烙铁焊接时应避免割破绝缘层，焊锡要填满线缝，焊接牢固，焊接后套入绝缘套管。

（3）接线说明。顺着线圈走向，同相线圈底线每隔 2 根引线相接，面线每隔 2 根引线相接。每相有三根连接线，各相首端隔一根底线（或面线）。V、W 相分别滞后 U 相 120°、240°电角度（4 个槽）。

（4）接线注意事项。接线时在漆包线中先套入小套管，再套入中套管，刮干净漆包线绝缘漆后用绞接（或焊接），焊接（或绞接）好后，用尖嘴钳压平无毛刺（以防刺破绝缘套管），最后套上绝缘套管（一般使用玻璃丝黄蜡管）。

【任务五】三相单层链式绕组的整形绑扎、检查和试验

（1）线圈端部的整形及绑扎。

1）整形绑扎的目的。防止绕组端部与端盖相碰及与转子相擦。使线圈端部形成一个整体，线圈不碰转子，定子铁心，不碰外壳，不碰端盖。

2）整形的方法。将一块木棒垫在线圈端部，用木棰敲打垫板使绕组端部向外扩张。分别将两侧端部敲成喇叭口。

3）绑扎的方法。用布带将绕组有引出线的端部进行绑扎。

（2）绕组的检查与试验。主要检查所接的电源电压是否相符、绕组接法，转子转动是否灵活。

1）用万用表测量绕组直流电阻（三相电阻大小应相同），大中型电机用电桥测量绕组的直流电阻。

2）用绝缘电阻表测量绕组对地绝缘电阻 $R > 5\mathrm{M}\Omega$ 为合格。

3）旋转磁场的检查。将三相绕组接成 Y 接法，不装转子，加 $(8\sim10)\%U_\mathrm{N}$。用一薄铁片（自制铁片）通电进行试验观察，通电时铁片旋转说明有旋转磁场产生。电机嵌（下）线及接线基本正确。

4）绕组的耐压试验。

a. 试验目的：检查定子绕组相间绝缘及对地绝缘是否良好。

b. 试验电压：$U=2U_N+1000V$，分别对相—相、相—地进行耐压试验。

c. 判断方法：以耐压 1min 不击穿放电为合格。如产生放电，可能存在接地及相间短路故障，应查明原因。

5）空载试验（安装上转子后进行）。

a. 目的。检查三相空载电流的对称性及绕组的重绕质量。检查电机起动性能、空载损耗、运转情况。

b. 方法。用自耦变压器对三相绕组施加电压，用电压表、电流表、功率表监视。测转子转速，测三相空载损耗 $P_0 \approx (3 \sim 10) \% P_N$。

c. 若三相空载电流平衡，说明三相绕组对称。若三相空载电流不平衡，说明三相绕组不对称，应查明原因。

【任务六】绕组的浸漆和烘干

（1）浸漆和烘干的过程。分为预烘→浸漆→干燥三步进行。

（2）浸漆和烘干的目的。排除绕组及绝缘材料内部的潮气，增强绕组的绝缘强度、机械强度，改善散热性能。

（3）预烘的方法。用电炉或红外线灯（单台电机）对绕组逐渐加温烘干。检测绝缘电阻应 $R>100M\Omega$。当绕组温度降到 60～80℃时浸漆。

（4）浸漆的方法（可采用浇浸法。A 级绝缘，选用 1012 号耐油清漆。B 级绝缘，选用 1032 号聚氰胺醇酸树脂漆）。

浇漆方法。（单台电机）将定子绕组竖直放置在滴漆盘子上，绕组一端向上，用漆刷向绕组上端部浇漆，待绕组缝隙灌满漆并从另一端浸出后，再将定子倒置过来，用漆浇另一端绕组，直到浇透为止。

（5）烘干方法。用紫外线灯、烘箱或烤炉，烘 4～8h。检测绝缘电阻 $R>100M\Omega$ 为合格。若达不到要求，再烘干一次。

【任务七】师生互动（含实训时间分配）

（1）三相单层链式绕组的重绕。实训课时：24～28 课时（初学者一般用 28～34 课时）。

（2）实训时间分配及巡回指导。

1）模心、夹板制作 2 课时（教师现场检查指导，作示范，要求用砂布打磨光滑）。

2）绝缘纸、隔相纸、槽楔制作 2 课时（教师现场巡回指导，作示范），作绕组展开图 2 课时。

3）绕制线圈（12 个）一般用 3 课时，旧线圈用 4～6 课时（教师现场巡回指导，作示范绕线）。

4）下线 6～8 课时（教师现场巡回指导，示范嵌线前三个线圈。密切注意下线中出现的问题，并及时解决、纠正）。

5）接线 3～4 课时（要求学生学会看绕组展开图、端视图及绕组连接示意图，教师作示范接线，发现问题及时纠正）。

6）整形包扎检查 2～4 课时（教师现场巡回指导，作示范）。

7）试验 4～6 课时（在电机试验台上进行。注意试验安全，指出绕组下线、接线中可能存在的问题及解决方法)。

四、检修实训报告及记录

检修实训报告及记录应包含的内容(见表10-9):

(1)报告封面应写明报告名称、专业班级、姓名学号、同组成员、检修日期。

(2)报告应填写电机定子绕组的类型及拆装步骤。

(3)报告应填写电机定子绕组重绕的工序。

(4)报告应填写电机定子绕组的检查和试验项目及浸漆和烘干方法。

(5)三相单层链式绕组重绕的心得体会(300字以上)等。

表 10-9　　　　　　　　　　电 机 检 修 实 训 报 告

项目名称	三相单层链式绕组的重绕	
专业＿＿＿＿＿ 班级＿＿＿＿＿ 姓名＿＿＿＿＿ 学号＿＿＿＿＿		
同组成员＿＿＿＿＿＿＿＿＿＿＿＿＿＿＿ 检修日期＿＿＿＿＿		

序号	考核内容	操作要点
1	三相交流电机定子绕组的类型、要求	掌握定子绕组的相关知识
2	绕组的重绕	(1)工具选择、准备、使用 (2)重绕工序 记录数据 拆除旧绕组和清理定子槽 展开图的绘制 绕线模心和夹板的制作 绕线 嵌线 接线 重绕工艺
3	绕组的检查和试验	(1)测量每相的直流电阻 (2)测量相—地、相—相之间的绝缘电阻 (3)耐压试验
4	绕组的浸漆和烘干	(1)浸漆 (2)烘干

三相单层链式绕组重绕的心得体会:

指导老师评语:

指导教师＿＿＿＿＿　＿＿＿年＿＿月＿＿日

五、考核评定（仅供教师评分时参考）

考核评定应包括的内容：

（1）拆除绕组和清理。配分2分（操作不规范或清理不好，每项扣1分）。

（2）检修实训数据记录。配分20分（填错或少填一项扣1分；心得体会优秀10分，良9分，中7分，及格6分）。

（3）绘制三相单层链式绕组展开图。配分3分（绘图错误、不认真扣1~3分）。

（4）绕制线圈。配分8分（绕制方法不正确、绕制不整齐，每项扣2分）。

（5）绝缘纸、隔相纸裁制，槽楔的制作。配分4分（裁剪尺寸不合格、多裁、放置不整齐，每项扣1分；槽楔制作不合格扣2分）。

（6）嵌线。配分20分（随机抽查一个线圈，嵌线方法、工具使用不当，每次扣2分）。

（7）相绕组接线。配分12分（接头接错或连接不当扣4分；接线头不刮绝缘漆或刮不干净扣1分；接头焊接不当扣1分；接头绝缘套管少套或选配不当，每个扣1分）。

（8）整形、隔相绑扎。配分3分（端部不整形扣1分，不进行隔相扣1分，不绑扎或绑扎杂乱扣2分）。

（9）检查和试验，配分10分（试验结果错误，每项扣1分）。

（10）知识应用，回答问题是否正确，语言表达是否清楚，配分5分（回答问题不正确，每次扣1分；语言表达不清，每次扣1分）。

（11）正确使用各种工具。配分4分（使用一项错误扣2分）。

（12）操作规范、有序、不超时。配分5分（操作欠规范或超时，每项扣2分）。

（13）安全环保意识，遵守纪律，团结协作。配分4分（小组不合作成员，每人次扣2分）。

（14）遵守安全规范，无人身、设备事故（出现人身设备事故，该检修实训按0分计算）。

项目四　三相单层同心式绕组的重绕

一、教学目标

（一）能力目标

（1）能拆卸电机、制作绕线模心、嵌线工具。

（2）能使用常用的电机维修工具。

（3）能作三相单层同心式绕组展开图。

（4）能根据绕组展开图绕制同心式线圈。

（5）能进行三相单层同心式绕组的嵌线。

（6）能根据三相单层同心式绕组展开图进行相绕组的接线。

（7）能对定子绕组进行整形和包扎。

（8）能对修复后的电机进行各种试验。

（二）知识目标

（1）了解电机检修实训的内容及常用工具的使用。

（2）了解不同绕组不同线圈的绕制方法。

（3）进一步了解三相单层链式、同心式、交叉式、双层绕组的接线规律及区别。

（4）熟悉电机定子绕组的拆卸及组装步骤。

（5）掌握电机定子绕组嵌线工具的制作方法。

（6）掌握三相单层同心式绕组展开图的绘制。

（7）掌握三相单层同心式绕组的嵌线方法。

（8）掌握三相单层同心式绕组的连接规律和接线方法。

（9）熟悉三相单层同心式绕组电动机的定子绕组整形和包扎方法。

（10）掌握电机修复后的检查和试验方法。

二、仪器设备

电机检修实训仪器设备见表 10 - 10。

表 10 - 10　　　　　　　　　　电机检修实训仪器设备

序号	型号	名　　　称	数量
1	Y802	24 槽 4 极三相交流电机	1 台
2		电机检修常用工具（电工刀，眉工刀，电烙铁，铜棒，万用表，钢丝钳，尖嘴钳，绕线机，手术弯剪）和量具	1 套
3		漆包线，木棰，杉木板，楠竹，砂纸，各种绝缘纸、套管、绝缘带等	若干
4		电动机试验台（或万用表、绝缘电阻表各一只）	1 台

三、工作任务

进行某一型号电机三相单层同心式绕组的重绕（如 24 槽 4 极三相异步电动机）。

▶**【任务一】电机的拆装及三相单层同心式绕组展开图绘制**

（1）电机的拆卸方法（参考项目一中的相关内容）。

（2）绘制三相单层同心式绕组展开图。

1）参数计算：根据定子槽数 $Z=24$ 槽，$2P=4$ 极，计算出极距 τ、槽距电角度 α、每极每相槽数 q，并确定线圈节距 y。

a. 计算极距 τ：$\tau=Z/2P=24/4=6$（槽）。

b. 计算槽距电角度 α：$\alpha=p\times360°/Z=2\times360°/24=30°$。

c. 计算每极每相槽数 q：$q=Z/2Pm=24/(4\times3)=2$（槽/极相）。

d. 确定线圈节距 y：取 $y=5$，7（槽）。

上几式中：Z 为槽数；m 为相数；$2P$ 为磁极数；P 为极对数。

2）分相。即确定各相绕组所属的槽号。线圈上层边、线圈号和槽号一致（双层绕组分相按节距 y 跨过的槽数决定下层边所在的槽数）。按 $q=Z/2Pm=24/(4\times3)=2$（槽/极相）分相。各相绕组所属槽号见表 10 - 11。

表 10 - 11 各相绕组所属槽号

极距	N(τ)			S(τ)		
相带	U1(A)	W2(Z)	V1(B)	U2(X)	W1(C)	V2(Y)
N1、S1	1、 2	3、 4	5、 6	7、 8	9、10	11、12
N2、S2	13、14	15、16	17、18	19、20	21、22	23、24

3）画槽并编号。实线表示线圈上层边，虚线表示线圈下层边，槽号、上层边号和线圈号一致。

4）连接成极相组并按支路数 $a=1$ 的要求连接成相绕组。

5）按三相对称原则（各相互差120°）连接成三相绕组。绕组展开图如图10 - 12所示。

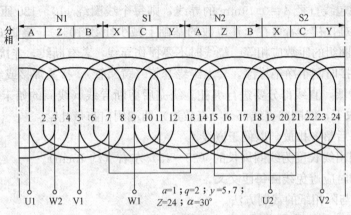

$a=1；q=2；y=5,7；$
$Z=24；\alpha=30°$

图 10 - 12　24 槽 4 极三相单层同心式绕组展开图

【任务二】绕线模心和夹板的制作

（1）绕线模心的制作方法。

1）制作两块模心，$y=5$，7（槽），并确定线圈的周长 L_1、L_2（$y=7$ 槽）。

a. 线圈周长可由旧绕组量取或直接从电动机铁心槽中量取。

b. 计算确定第一个线圈周长　$L_1=2h+\pi D$。其中，D 为模板宽度。

c. 计算确定第二个线圈周长　（$y=7$）$L_2=L_1+5$cm。

2）计算模心尺寸：$h\approx$铁心长$+0.2\sim0.6$cm，本实训取 $h=5.0+0.6=5.6$cm，模心用杉木板制作。

$$L_1=2h+\pi D=2\times5.6+3.14\times5\approx27（cm）（可取 L_1\approx27\sim27.5cm）$$

$$L_2=L_1+5=27+5\approx32（cm）$$

3）制作模心。本例 $D\approx5$cm，模心形状如图10 - 13（a）所示。

（2）夹板的制作方法。

1）夹板的尺寸比模板大 4～5cm，夹板开一斜槽的作用，主要是走过桥线。夹板开小槽的作用是绕线前先放入绑带线，绕好线圈后绑扎线圈再卸模。夹板用杉木板制作。

2）制作夹板（可参考项目三中三相单层链式绕组重绕的相关内容）。

【任务三】线圈的绕制及嵌线

（1）线圈的绕制方法。

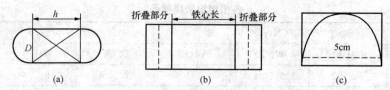

图 10 - 13　模心、槽绝缘纸、隔相纸制作示意图
(a) 模心制作示意图；(b) 槽绝缘纸裁剪示意图；(c) 隔相纸裁剪示意图

1) 准备好绕线模及导线后，将两块绕线模和三块夹板固定于绕线机上，两同心线圈连绕，绕线时，先绕小线圈（$y=5$），后绕大线圈（$y=7$ 槽），共绕 6 个同心线圈组。

2) 绕制线圈注意事项。

a. 若选用漆包线直径 $\phi=0.49\text{mm}$ 的导线，则每个线圈绕 $110\sim120$ 匝（线圈绕制的匝数多，则嵌线困难，初学者可在上述匝数的基础上减少匝数 10%），绕制 6 个同心线圈组，注意每个同心线圈组的匝数应相等。绕线时不要损伤导线，若有断线，连接头应在线圈端部并进行连接，连接时刮干净绝缘漆，套上绝缘套管（黄蜡管），接头焊接或绞接。

b. 绕好的线圈，直线部分要进行绑扎。绕完后剪断导线（线圈的始末两端要留出适当的长度），脱模取下，线圈的直线部分（有效边）两端用白布带扎紧。

c. 线圈绕好后整齐排放，以便于嵌线。

d. 线圈的引出线长度为线圈周长的（$35\sim45$）左右（约 15cm）。

e. 绕制线圈时应避免线圈每匝交叉。

(2) 绝缘纸与隔相纸的裁制方法。

1) 槽绝缘纸。用聚酯薄膜纤维复合绝缘纸（青壳纸）。

2) 尺寸要求。绝缘纸宽度约为 5cm，长度约为铁心长度加 4.5cm 左右。

3) 绝缘纸折叠方法如图 10 - 13（b）所示。两侧各折叠 1.5cm 左右，以加强端部绝缘。

4) 隔相纸用聚酯薄膜纤维复合绝缘纸（青壳纸）。

5) 隔相纸尺寸。比线圈端部高度约高 1cm，小电动机一般取 $3\sim5$cm。用弯剪剪成半圆环形的 3/4。绝缘纸高出导线 $5\sim8$mm，如图 10 - 13（c）所示。槽绝缘纸、隔相纸可选用 0.2mm 或 0.25mm 厚的薄膜青壳纸或聚酯纤维复合箔。

(3) 槽楔的制作。

1) 材料：用毛竹或楠竹（制作 24 根，用电工刀及眉工刀进行加工）。

2) 长度：铁心长度＋1.5mm 左右（槽楔的长度比槽绝缘纸略短）。

3) 形状：截面积为梯形（三角形或圆形槽楔会突出定子槽，阻碍转子旋转）。

4) 厚度：以槽楔插入后能把绝缘纸和线圈压紧，但不能太紧或太松。

(4) 三相 24 槽 4 极单层同心式绕组的嵌线。

1) 嵌线规律。口诀"嵌二，空二，吊二（吊把数）"。

即：嵌二槽，空二槽，吊二个线圈边。先嵌小线圈边，后嵌大线圈边。

2) 嵌线方法。线圈的嵌线方法和技巧可参考第十章知识点二第六点"绕组的嵌线工艺"。

a. 嵌（下）线时线圈引出线应放在电动机有引出孔的一边。

b. 每嵌好一槽可以剪去多余的绝缘纸，封槽口，打槽楔。

　　c. 用理线板理线时应从槽口一端理到另一端，使所理导线全部嵌入槽里后，再理其他导线，切忌局部压线。

　　d. 先嵌（下）线的线圈边引线下到槽底（底线），后下线的线圈边的引线放在槽上部（面线）。

　　3）三相单层同心式绕组的嵌（下）线顺序（可参考三相单层同心式绕组展开图 10 - 12 进行）。

　　关键点：先嵌小线圈，后嵌大线圈，两线圈一次性嵌完，注意线圈摆放。

　　a. 嵌 3 号小线圈边，嵌 4 号大线圈边，空 5、6 号槽（3、4 号线圈的另一条边吊把）。

　　b. 嵌 2 号小线圈边和 1 号大线圈边，嵌 7 号小线圈边和 8 号大线圈边，空 9、10 号槽。

　　c. 嵌 6 号小线圈边和 5 号大线圈边，嵌 11 号小线圈边和 12 号大线圈边，空 13、14 槽。

　　d. 嵌 10 号小线圈边和 9 号大线圈边，嵌 15 号小线圈边和 16 号大线圈边，空 17、18 槽。

　　e. 嵌 14 号小线圈边和 13 号大线圈边，嵌 19 号小线圈边和 20 号大线圈边，空 21、22 号槽。

　　f. 嵌 18 号小线圈边和 17 号大线圈边，嵌 23 号小线圈和 24 号大线圈边。

　　g. 收 22 号小线圈边（即吊把的 3 号小线圈的另一条边）。

　　h. 收 21 号大线圈边（即吊把的 4 号大线圈的另一条边）。

　　（5）线圈的初步整形。用木棒和理线板将线圈端部整成喇叭形，不能让线圈端部碰转子、定子铁心、外壳、端盖，否则，会造成电动机不能旋转或对地绝缘不合格。

　　（6）裁剪及放置相间（隔相）绝缘纸。

　　1）目的。把不同相且相交叉的线圈完全隔离开来，防止相间短路。

　　2）隔相绝缘纸插入方法。用理线板撬开一条缝，将隔相纸插入并将隔相纸插到底，使两线圈完全隔开。隔相纸的形状如图 10 - 10（c）所示。

【任务四】三相单层同心式绕组的连接

　　（1）接线规律："尾接首，首接尾"，如图 10 - 14 所示。

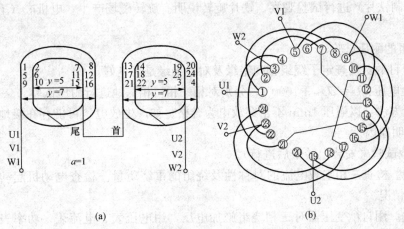

图 10 - 14　三相同心式绕组各相绕组连接示意图
（a）相绕组连接示意图；（b）相绕组连接端视图

（2）接线方法。接线分为极相组接线、相绕组接线和引出线接线。接线按以下步骤进行。

第一步：首先从 6 个同心线圈组中找出线圈的 12 根引线。

第二步：任取一个同心线圈的大线圈引出线作 U1 相的首端（如 1 号），另一小线圈引出线（如 7 号）与同相的下一个同心大线圈引出线（如 13 号）相接，另一小线圈（如 19 号）引出线作末端 U2。

即：U1 首端 1—7→过桥线连接 13—19→U2 末端

V1 首端 5—11→过桥线连接 17—23→V2 末端

W1 首端 9—15→过桥线连接 21—3→W2 末端

（3）接线注意事项。接线时先套入小套管，再套入中套管，刮干净绝缘漆后用绞接（或焊接）并先放好小套管后焊接（或绞接），用尖嘴钳压平无毛刺，以防刺破绝缘套管，最后套上绝缘套管（一般使用玻璃丝黄蜡管）。

【任务五】三相单层同心式绕组的整形包扎、检查和试验

（1）线圈端部的整形及绑扎。

1）整形绑扎的目的。防止绕组端部与端盖相碰及与转子相擦。使线圈端部形成一个整体，线圈不碰转子，定子铁心，不碰外壳，不碰端盖。

2）整形的方法。将一块木棒垫在线圈端部，用木锤敲打垫板使绕组端部向外扩张。分别将两侧端部敲成喇叭口。

3）绑扎的方法。用布带将绕组有引出线的端部进行绑扎。

（2）绕组的检查与试验。主要检查所接的电源电压是否相符、绕组接法，转子转动是否灵活。

1）用万用表测量绕组直流电阻（三相电阻大小应相同），大中型电动机用电桥测量绕组的直流电阻。

2）用绝缘电阻表测量绕组对地绝缘电阻 $R>5\mathrm{M}\Omega$ 为合格。

3）旋转磁场的检查。将三相绕组接成 Y 接法，不装转子，加 $(8\%\sim10\%)U_{\mathrm{N}}$。用一薄铁片（自制铁片）进行试验观察，铁片旋转说明有旋转磁场产生。电机嵌（下）线及接线基本正确。

4）绕组的耐压试验。

a. 试验目的：检查定子绕组相间绝缘及对地绝缘是否良好。

b. 试验电压：$U=2U_{\mathrm{N}}+1000\mathrm{V}$，分别对相—相，相—地进行耐压试验。

c. 判断方法：以耐压 1min 不击穿放电为合格。如产生放电，可能存在接地及相间短路故障，应查明原因。

5）空载试验（安装上转子后进行）。

a. 目的。检查三相空载电流的对称性及绕组的重绕质量。检查电动机起动性能、空载损耗、运转情况。

b. 方法。用自耦变压器对三相绕组施加电压，用电压表、电流表、功率表监视。测转子转速，测三相空载损耗 $P_0\approx(3\%\sim10\%)P_{\mathrm{N}}$。

c. 若三相空载电流平衡，说明三相绕组对称。若三相空载电流不平衡，说明三相绕组不对称，应查明原因。

【任务六】绕组的浸漆和烘干

（1）浸漆和烘干的过程。分为预烘→浸漆→干燥三步进行。

（2）浸漆和烘干的目的。排除绕组及绝缘材料内部的潮气。增强绕组的绝缘强度、机械强度、改善散热性能。

（3）预烘的方法。用电炉或红外线灯（单台电动机）对绕组逐渐加温烘干。检测绝缘电阻应 $R>100\text{M}\Omega$。当绕组温度降到 $60\sim80^{\circ}\text{C}$ 时浸漆。

（4）浸漆的方法（可采用浇浸法。A 级绝缘，选用 1012 号耐油清漆。B 级绝缘，选用 1032 号聚氰胺醇酸树脂漆）。

浇漆方法。（单台电动机）将定子绕组竖直放置在滴漆盘子上，绕组一端向上，用漆刷向绕组上端部浇漆，待绕组缝隙灌满漆并从另一端浸出后，再将定子倒置过来，用漆浇另一端绕组，直到浇透为止。

（5）烘干方法。用紫外线灯、烘箱或烤炉，烘 $4\sim8\text{h}$。检测绝缘电阻 $R>100\text{M}\Omega$ 为合格。若达不到要求，再烘干一次。

【任务七】师生互动（含实训时间分配）

（1）三相单层同心式绕组的重绕。实训课时：$24\sim28$ 课时（初学者一般用 $28\sim34$ 课时）。

（2）实训时间分配及巡回指导。

1）模心、夹板制作 2 课时（教师现场检查指导，作示范，要求用砂布打磨光滑）。

2）绝缘纸、隔相纸、槽楔制作 2 课时（教师现场巡回指导，作示范），作绕组展开图 2 课时。

3）绕制线圈（6 个同心线圈）一般用 3 课时，旧线圈用 $4\sim6$ 课时（教师现场巡回指导，作示范绕线）。

4）下线 $6\sim8$ 课时（教师现场巡回指导，示范嵌线前二个线圈组。密切注意下线中出现的问题，并及时解决、纠正）。

5）接线 $3\sim4$ 课时（要求学生学会看绕组展开图、端视图及绕组连接示意图，教师作示范接线，发现问题及时纠正）。

6）整形包扎检查 $2\sim4$ 课时（教师现场巡回指导，作示范）。

7）试验 $4\sim6$ 课时（在电机试验台上进行。注意试验安全，指出绕组下线、接线中可能存在的问题及解决方法）。

四、检修实训报告及记录

检修实训报告及记录应包含的内容（见表 10 - 12）：

（1）报告封面应写明报告名称、专业班级、姓名学号、同组成员、检修日期。

（2）报告应填写电动机定子绕组的类型及拆装步骤。

（3）报告应填写电动机定子绕组重绕的工序。

（4）报告应填写电动机定子绕组的检查和试验项目及浸漆和烘干的方法。

（5）三相单层同心式绕组重绕的心得体会（300 字以上）等。

表 10 - 12　　　　　　　　　　　电 机 检 修 实 训 报 告

项目名称　　　　　　　　　　　　　三相单层同心式绕组的重绕

专业＿＿＿＿＿＿＿＿＿　　班级＿＿＿＿＿＿＿＿　　姓名＿＿＿＿＿＿＿＿　　学号＿＿＿＿＿＿＿＿

同组成员＿＿＿＿＿＿＿＿＿＿＿＿＿＿＿＿＿＿　　　　　　　　检修日期＿＿＿＿＿＿＿＿

序号	考核内容	操作要点
1	三相交流电动机定子绕组的类型、要求	掌握定子绕组的相关知识
2	绕组的重绕	(1) 工具选择、准备、使用 (2) 重绕工序 记录数据 拆除旧绕组和清理定子槽 展开图的绘制 绕线模心和夹板的制作 绕线 嵌线 接线 重绕工艺
3	绕组的检查和试验	(1) 测量每相的直流电阻 (2) 测量相—地、相—相之间的绝缘电阻 (3) 耐压试验
4	绕组的浸漆和烘干	(1) 浸漆 (2) 烘干

三相单层同心式绕组重绕的心得体会：

指导老师评语：

指导教师＿＿＿＿＿＿＿＿＿　　＿＿＿年＿＿月＿＿日

五、考核评定 (仅供教师评分时参考)

考核评定应包括的内容：

(1) 拆除绕组和清理。配分 2 分 (操作不规范或清理不好，每项扣 1 分)。

(2) 检修实训数据记录。配分 20 分 (填错或少填一项扣 1 分；心得体会优秀 10 分，良 9 分，中 7 分，及格 6 分)。

(3) 绘制三相单层同心式绕组展开图。配分 3 分 (绘图错误、不认真扣 1～3 分)。

(4) 绕制线圈。配分 8 分 (绕制方法不正确、绕制不整齐，每项扣 2 分)。

(5) 绝缘纸、隔相纸裁制，槽楔的制作。配分 4 分 (裁剪尺寸不合格、多裁、放置不整齐，每项扣 1 分；槽楔制作不合格扣 2 分)。

（6）嵌线。配分 20 分（随机抽查一个线圈，嵌线方法、工具使用不当，每次扣 2 分）。

（7）相绕组接线。配分 12 分（每个接头接错或连接不当扣 4 分；每个接线头不刮绝缘漆或刮不干净扣 1 分；每个接头焊接不当扣 1 分；接头绝缘套管少套或选配不当，每个扣 1 分）。

（8）整形、隔相绑扎。配分 4 分（端部不整形扣 1 分，不进行隔相扣 1 分，不绑扎或绑扎杂乱扣 2 分）。

（9）检查和试验，配分 10 分（试验结果错误一项扣 1 分）。

（10）知识应用，回答问题是否正确，语言表达是否清楚，配分 4 分（回答问题不正确，每次扣 1 分；语言表达不清，每次扣 1 分）。

（11）正确使用各种工具。配分 4 分（使用一项错误扣 2 分）。

（12）操作规范、有序、不超时。配分 4 分（操作欠规范或超时，每项扣 2 分）。

（13）安全环保意识，遵守纪律，团结协作。配分 5 分（小组不合作成员，每人次扣 2 分）。

（14）遵守安全规范，无人身、设备事故（出现人身设备事故，该检修实训按 0 分计算）。

项目五 三相双层叠绕组的重绕

一、教学目标
（一）能力目标
（1）能拆卸电机、制作绕线模心、嵌线工具。
（2）能使用常用的电机维修工具。
（3）能作三相双层叠绕组展开图。
（4）能根据电机绕组展开图进行绕组（线圈）的绕制。
（5）能进行三相双层叠绕组的嵌线。
（6）能根据三相双层叠绕组展开图进行相绕组的接线。
（7）能对定子绕组进行整形和包扎。
（8）能对修复后的电机进行各种试验。
（二）知识目标
（1）了解电机检修实训的内容及常用工具的使用方法。
（2）了解不同绕组不同线圈的绕制方法。
（3）了解三相双层波绕组、双层叠绕组的接线规律。
（4）熟悉电机定子绕组的拆卸及组装步骤。
（5）掌握电机定子绕组嵌线工具的制作方法。
（6）掌握三相双层叠绕组展开图的绘制。
（7）掌握三相双层叠绕组的嵌线方法。
（8）掌握三相双层叠绕组的连接规律和接线方法。
（9）熟悉三相双层叠绕组的整形和包扎方法。
（10）掌握电机修复后的检查和试验方法。

二、仪器设备

电机检修实训仪器设备见表 10-13。

表 10-13 电机检修实训仪器设备表

序号	型号	名　　称	数量
1		24 槽 4 极三相交流电机	1 台
2		电机检修常用工具（电工刀，眉工刀，电烙铁，铜棒，万用表，钢丝钳，尖嘴钳，绕线机，手术弯剪）和量具等	1 套
3		漆包线，木棰，杉木板，楠竹，砂纸，各种绝缘纸、绝缘套管、绝缘带、连接导线等	若干
4		电机试验台（或万用表、绝缘电阻表各一只）	1 套

三、工作任务

进行某一型号电机"三相双层叠绕组的重绕"（双层叠绕组一般为三相隐极同步发电机的绕组结构）。

【任务一】电机的拆装及三相双层叠绕组展开图的绘制

（1）电机的拆卸方法（本章项目一中的相关内容）。

（2）绘制三相双层叠绕组展开图。作绕组展开图一般分为 5 步：参数计算→分相→画槽编号→连接成极相组→连接成相绕组。

1）参数计算：根据定子槽数 $Z=24$ 槽，磁极数 $2P=4$ 极，计算出极距 τ、槽距电角度 α、每极每相槽数 q，并确定线圈节距 y。

a. 计算极距：$\tau=Z/2P=24/4=6$（槽）。

b. 计算槽距电角度：$\alpha=P\times360°/Z=2\times360°/24=30°$。

c. 计算每极每相槽数：$q=Z/2Pm=24/(4\times3)=2$（槽/极相）。

d. 确定线圈节距 y：取 $y=5$（槽）。

式中：m 为相数，$2P$ 为磁极数，P 为极对数。

2）分相。按 q 及相带 A、Z、B、X、C、Y 划分出各相绕组所属的槽号，线圈的下层边按 $y=5$ 槽确定，见表 10-14。

表 10-14 双层叠绕组 60°相带排列表（$y=5$ 槽）

极距		N(τ)			S(τ)		
相带（$y=5$ 槽）		U1（A）	W2（Z）	V1（B）	U2（X）	W1（C）	V2（Y）
第一对极 N1，S1	上层边	1、2	3、4	5、6	7、8	9、10	11、12
	下层边	6、7	8、9	10、11	12、13	14、15	16、17
第二对极 N2，S2	上层边	13、14	15、16	17、18	19、20	21、22	23、24
	下层边	18、19	20、21	22、23	24、1	2、3	4、5

3）画槽并编号。实线表示上层边，虚线表示下层边。

4）连接成线圈、极相组和相绕组（并联支路 $a=1$）。

5）按三相对称原则（各相互差 120°）连接成三相绕组，绕组展开图如图 10-15 所示。

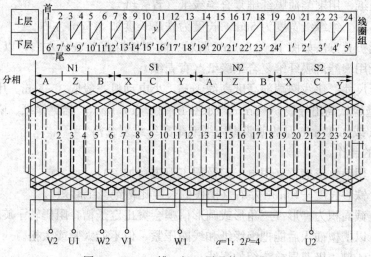

图 10-15　24 槽 4 极双层叠绕组展开图

【任务二】绕线模心和夹板的制作

（1）绕线模心的制作方法。

1）确定线圈的周长 L。可由旧绕组量取或直接从电动机铁心槽中量取。

2）计算模心尺寸：$h \approx$ 铁心长 + 0.2～0.6cm，取 $h = 5.0 + 0.6 = 5.6$cm（铁心长为 5cm），模心用杉木板制作，$y = 5$（槽），制作两块相同形状的模心。

$$L = 2h + \pi D = 2 \times 5.6 + 3.14 \times 5 \approx 27 \text{（cm）} \left[\text{可取 } L = 27 \sim 27.5 \text{（cm）} \right]$$

3）制作模心。本例电动机内圆直径为 $D \approx 5$cm，如图 10-16（a）所示。

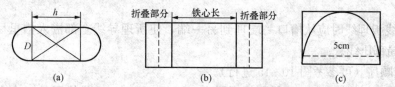

图 10-16　模心、槽绝缘纸、隔相纸制作示意图
（a）模心制作示意图；（b）槽绝缘纸裁剪示意图；（c）隔相纸裁剪示意图

（2）夹板的制作方法。用杉木板制作三块形状相同的夹板。制作夹板时，夹板尺寸比模板大 4～5cm。

【任务三】线圈的绕制及嵌线

（1）绕制线圈的方法。准备好绕线模及导线后，将两块绕线模、三块夹板固定于绕线机上。选择导线时，要注意导线的质量及尺寸，按照原电动机绕组的型号选择好新导线，且所选导线应符合电动机要求的耐热等级。

如选择漆包线直径为 $\phi = 0.57$mm，则每个线圈绕 40～45 匝。如选择导线直径 $\phi = 0.51$mm，则每个线圈绕 50～55 匝。若选择导线直径 $\phi = 0.49$mm，则每个线圈绕 55～60 匝。两线圈连绕，共绕 12 个线圈组，要求每一个线圈匝数相同（上述给出的线圈匝数为参考匝数）。

（2）绝缘纸与隔相纸的裁制方法。

1）槽绝缘纸。用聚酯薄膜纤维复合绝缘纸（青壳纸）。

2）尺寸要求。绝缘纸宽度为 5cm，长度为铁心长度加 4.5cm 左右。

3）绝缘纸折叠方法如图 10 - 16（b）所示。两侧各折叠 1.5cm 左右，以加强端部绝缘。

4）隔相纸用聚酯薄膜纤维复合绝缘纸（青壳纸）。

5）隔相纸尺寸。比线圈端部高度高约 1cm，小电动机一般取 3～5cm。用弯剪剪成半圆环形的 3/4。绝缘纸高出导线 5～8mm，如图 10 - 16（c）所示。槽绝缘纸、隔相纸，隔层纸可选用 0.2mm 或 0.25mm 厚的薄膜青壳纸或聚酯纤维复合箔。

（3）槽楔的制作。

1）材料。用毛竹或楠竹（用电工刀及眉工刀进行加工）。

2）长度。铁心长度＋15mm 左右（槽楔的长度比槽绝缘纸略短）。

3）形状。截面积为梯形（三角形或圆形槽楔会突出定子槽，阻碍转子旋转）。

4）厚度。以槽楔插入后能把绝缘纸和线圈压紧，但不能太紧或太松。

（4）三相 24 槽 4 极双层叠绕组的嵌线。

1）嵌线规律。先嵌下层线圈边，再嵌上层线圈边，一槽接一槽下，中间不留空槽，依此次序直到嵌完全部线圈，收把 1、2、3、4、5 号线圈的另一条线圈边。吊把数等于节距数（$y=5$），吊 1、2、3、4、5 号线圈的上层边（一般情况下线圈的吊把数等于线圈的节距数 y）。

2）嵌线方法（线圈的嵌线方法和技巧可参考第十章知识点二第六点"绕组的嵌线工艺"相关内容）。

a. 嵌（下）线时线圈引出线应放在电动机有引出孔的一边。

b. 每次嵌一个线圈组，嵌完一个线圈组后插入通条，放入隔层绝缘纸，再插入通条压紧，然后嵌第二个线圈组。每嵌好一槽（包括上下层边）可以剪去多余的绝缘纸，封槽口，插入槽楔。

c. 用理线板理线时应从槽口一端理到另一端，使所理导线全部嵌入槽里后，再理其他导线，切忌局部压线。

3）嵌线顺序（可参考图 10 - 15 进行）。

a. 嵌 1、2、3、4、5、6 号线圈的下层边（1、2、3、4、5 号线圈的 5 个上层边吊把）。每次嵌完一个线圈组（两个线圈边），应插入通条，放入隔层纸，再插入通条压紧。

b. 嵌 6、7、8、9、10、11、12、13、14、15、16、17、18、19、20、21、22、23、24 号线圈的下层边和上层边（6 号线圈的上层边嵌到 1 号槽上层，依次类推）。

c. 收 1、2、3、4、5 号线圈的上层边（收把）。注意各线圈边的独立性。

（5）线圈的初步整形。用木棒和理线板将线圈端部整成喇叭口形，使线圈端部不碰转子、定子铁心、外壳、端盖，否则，会造成电动机不能旋转或对地绝缘不合格。

（6）裁剪及放置相间（隔相）绝缘纸。

1）目的。把不同相且相交叉的线圈完全隔离开来，防止相间短路。

2）隔相绝缘纸插入方法。用理线板撬开一条缝，将隔相纸插入并将隔相纸插到底，使两线圈完全隔开。隔相纸的形状如图 10 - 16（c）所示。

【任务四】三相双层叠绕组的连接

（1）接线规律。"尾接尾，头接头"。

（2）接线方法。首先从 24 槽的 24 根引出线中分出 12 根底线和 12 根面线（靠转子铁心内的引线定为面线）。每相有 4 个线圈组，选靠近接线盒的底线为 U 相，然后按"尾接尾，头接头"的接线规律接成相绕组，每相有三根连接线（一般情况下，面线和底线分别隔 2 根出线连接）。各相绕组连接顺序如图 10 - 17 所示。

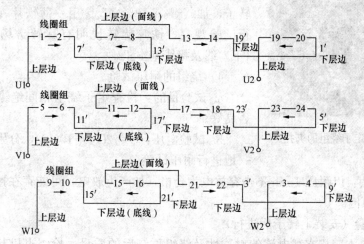

图 10 - 17　三相双层叠绕组各相绕组连接顺序图

（3）接线注意事项。

1）接线时顺着线圈的走向，同相底线每隔两根引线相接。每相有 3 根过桥线，各相首端隔一根底线（或面线）。V、W 相分别滞后 U 相 120°（即相隔 4 个槽）。

2）接线时将线头绝缘漆刮干净，并放入小（中）套管后焊接（或绞接），然后用尖嘴钳压平无毛刺（以防止刺破绝缘套管），最后套上绝缘套管（一般使用玻璃丝黄蜡管）。

（4）引出线连接。将三相绕组首末端引到接线盒内的接线柱上，用或 U1、V1、W1 标明绕组的首端，用 U2、V2、W2 标明绕组的末端，以不同的颜色区别头尾，再根据实际情况接成星形（Y）或三角形（D）连接。

（5）线头的焊接（或绞接）。

1）将待焊接部分用刀刮绝缘漆，用砂布打磨去除氧化层及油污。

2）使用电烙铁焊接时应避免割破绝缘层，焊锡要填满线缝，焊接牢固，焊接后套入绝缘套管。

【任务五】三相单层链式绕组的整形包扎、检查和试验

（1）线圈端部的整形及绑扎。

1）整形绑扎的目的。防止绕组端部与端盖相碰及与转子相擦。使线圈端部形成一个整体，线圈不碰转子，定子铁心，不碰外壳，不碰端盖。

2）整形的方法。将一块木棒垫在线圈端部，用木槌敲打垫板使绕组端部向外扩张。分别将两侧端部敲成喇叭口。

3）绑扎的方法。用布带将绕组有引出线的端部进行绑扎，如图 10 - 18 所示。

（2）绕组的检查与试验。主要检查所接的电源电压

是否相符、绕组接法，转子转动是否灵活。

1）用万用表测量绕组直流电阻（三相电阻大小应相同），大中型电机用电桥测量绕组的直流电阻。

图 10-18 定子绕组的绑扎

2）用绝缘电阻表测量绕组对地绝缘电阻 $R>5\text{M}\Omega$ 为合格。

3）旋转磁场的检查。将三相绕组接成 Y 接法，不装转子，加 $(8\%\sim10\%)U_N$。用一薄铁片（自制铁片）进行试验观察，铁片旋转说明有旋转磁场产生。电机嵌（下）线及接线基本正确。

4）绕组的耐压试验。

a. 试验目的：检查定子绕组相间绝缘及对地绝缘是否良好。

b. 试验电压：$U=2U_N+1000\text{V}$，分别对相—相，相—地进行耐压试验。

c. 判断方法：以耐压 1min 不击穿放电为合格。如产生放电，可能存在接地及相间短路故障，应查明原因。

5）空载试验（安装上转子后进行）。

a. 目的。检查三相空载电流的对称性及绕组重绕后的质量，检查电机起动性能、空载损耗、运转情况。

b. 方法。用自耦变压器对三相绕组施加电压，用电压表、电流表、功率表监视。测转子转速，测三相空载损耗 $P_0\approx(1\%\sim10\%)P_N$。

c. 若三相空载电流平衡，说明三相绕组对称。若三相空载电流不平衡，说明三相绕组不对称，应查明原因。

【任务六】绕组的浸漆和烘干

（1）浸漆和烘干的过程。分为预烘→浸漆→干燥三步进行。

（2）浸漆和烘干的目的。排除绕组及绝缘材料内部的潮气。增强绕组的绝缘强度、机械强度，改善散热性能。

（3）预烘的方法。用电炉或红外线灯（单台电动机）对绕组逐渐加温烘干。检测绝缘电阻 $R>100\text{M}\Omega$。当绕组温度降到 $60\sim80^\circ\text{C}$ 时浸漆。

（4）浸漆的方法（可采用浇浸法。A 级绝缘，选用 1012 号耐油清漆。B 级绝缘，选用 1032 号聚氰胺醇酸树脂漆）。

浇漆方法。（单台电机）将定子绕组竖直放置在滴漆盘子上，绕组一端向上，用漆刷向绕组上端部浇漆，待绕组缝隙灌满漆并从另一端浸出后，再将定子倒置过来，用漆浇另一端绕组，直到浇透为止。

（5）烘干方法。用紫外线灯、烘箱或烤炉，烘 $4\sim8\text{h}$。检测绝缘电阻 $R>100\text{M}\Omega$ 为合格。若达不到要求，再烘干一次。

【任务七】师生互动（含实训时间分配）

（1）三相双层叠绕组的重绕。实训课时：24～28 课时（初学者一般用 28～34 课时）。

（2）实训时间分配及巡回指导。

1）模心、夹板制作 2 课时（教师现场检查指导，作示范，要求用砂布打磨光滑）。

2）绝缘纸、隔相纸、槽楔制作 2 课时（教师现场巡回指导，作示范），作绕组展开图 2 课时。

3）绕制线圈（12个）一般用3课时，旧线圈用4～6课时（教师现场巡回指导，作示范绕线）。

4）下线6～8课时（教师现场巡回指导，示范嵌线前三个线圈组。密切注意下线中出现的问题，并及时解决、纠正）。

5）接线3～4课时（要求学生学会看绕组展开图、端视图及绕组连接示意图，教师作示范接线，发现问题及时纠正）。

6）整形包扎检查2～4课时（教师现场巡回指导，作示范）。

7）试验4～6课时（在电机试验台上进行。注意试验安全，指出绕组下线、接线中可能存在的问题及解决方法）。

四、检修实训报告及记录

检修实训报告及记录应包含的内容（见表10-15）：

（1）报告封面应写明报告名称、专业班级、姓名学号、同组成员、检修日期。

（2）报告应填写电机定子绕组的类型及拆装步骤。

（3）报告应填写电机定子绕组重绕的工序。

（4）报告应填写电机定子绕组的检查和试验项目及浸漆和烘干的方法。

（5）三相双层叠绕组重绕的心得体会（300字以上）等。

表10-15　　　　　　　　　　　　　电机检修实训报告

项目名称	三相双层叠绕组的重绕	

专业＿＿＿＿＿＿＿　　班级＿＿＿＿＿＿＿　　姓名＿＿＿＿＿＿＿　　　学号＿＿＿＿＿＿＿

同组成员＿＿＿＿＿＿＿＿＿＿＿＿＿＿＿＿＿＿＿＿＿＿＿＿＿　检修日期＿＿＿＿＿＿＿

序号	考核内容	操作要点
1	三相交流电机定子绕组的类型、要求	掌握定子绕组的相关知识
2	绕组的重绕	（1）工具选择、准备、使用 （2）重绕工序 记录数据 拆除旧绕组和清理定子槽 展开图的绘制 绕线模心和夹板的制作 绕线 嵌线 接线 重绕工艺
3	绕组的检查和试验	（1）测量每相的直流电阻 （2）测量相—地、相—相之间的绝缘电阻 （3）耐压试验
4	绕组的浸漆和烘干	（1）浸漆 （2）烘干

三相双层叠绕组重绕的心得体会：
指导老师评语： 　　　　　　　　　　　　指导教师_____　　____年___月___日

五、考核评定（仅供教师评分时参考）

考核评定应包括的内容：

（1）拆除绕组和清理。配分 2 分（操作不规范或清理不好，每项扣 1 分）。

（2）检修实训数据记录。配分 20 分（填错或少填一项扣 1 分；心得体会优秀 10 分，良 9 分，中 7 分，及格 6 分）。

（3）绘制三相双层叠绕组展开图。配分 3 分（绘图错误、不认真扣 1～3 分）。

（4）绕制线圈。配分 8 分（绕制方法不正确、绕制不整齐，每项扣 2 分）。

（5）绝缘纸、隔相纸裁制，槽楔的制作。配分 4 分（裁剪尺寸不合格、多裁、放置不整齐，每项扣 1 分；槽楔制作不合格扣 2 分）。

（6）嵌线。配分 20 分（随机抽查一个线圈，嵌线方法、工具使用不当，每次扣 2 分）。

（7）相绕组接线。配分 12 分（每个接头接错或连接不当扣 4 分；每个接线头不刮绝缘漆或刮不干净扣 1 分；每个接头焊接不当扣 1 分；接头绝缘套管少套或选配不当，每个扣 1 分）。

（8）整形、隔相绑扎。配分 4 分（端部不整形扣 1 分，不进行隔相扣 1 分，不绑扎或绑扎杂乱扣 2 分）。

（9）检查和试验，配分 10 分（试验结果错误一项扣 1 分）。

（10）知识应用，回答问题是否正确，语言表达是否清楚，配分 4 分（回答问题不正确，每次扣 1 分；语言表达不清，每次扣 1 分）。

（11）正确使用各种工具。配分 4 分（使用一项错误扣 2 分）。

（12）操作规范、有序、不超时。配分 5 分（操作欠规范或超时，每项扣 2 分）。

（13）安全环保意识，遵守纪律，团结协作。配分 4 分（小组不合作成员，每人次扣 2 分）。

（14）遵守安全规范，无人身、设备事故（出现人身设备事故，该检修实训按 0 分计算）。

第十一章 单相异步电动机检修

单相异步电动机是指由单相电源供电的异步电动机，它广泛用于只有单相交流电源供电的场所，如家用电器、办公场所及轻工业设备、电动工具等。单相异步电动机的容量较小，一般小于 1kW 左右，大多制成几瓦到几百瓦之间。

知识点一 单相异步电动机的结构及工作原理

一、单相异步电动机的结构

单相异步电动机的结构和三相笼型异步电动机相似，其转子也为笼型，定子绕组嵌放在定子铁心槽内，除罩极式单相异步电动机的定子具有凸出的磁极外，其余各类单相异步电动机定子与普通三相笼型异步电动机相似，一般定子上有两套绕组，一套是工作绕组，用来建立工作磁场；另一套是起动绕组，串联电容器，用来帮助单相异步电动机起动。两套绕组之间的轴线在空间错开一定的角度。其结构如图 11-1 所示。

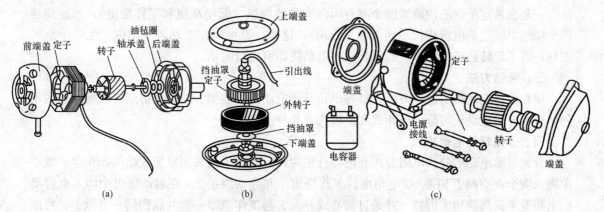

图 11-1 单相异步电动机的结构示意图
（a）台扇；（b）吊扇；（c）普通单相异步电动机结构

二、单相异步电动机的起动问题与工作原理

（一）起动问题

单相异步电动机通入单相交流时，只能产生一个脉振磁动势。单相脉振磁动势可以分解成两个幅值相同、转速大小相等、方向相反的旋转磁动势 $\overline{F}_+$ 和 $\overline{F}_-$，从而在气隙中建立正转和反转磁场，它们分别在转子绕组上产生两个大小相等、方向相反的感应电动势和电流，这两个电流与定子磁场相互作用，产生两个大小相等，方向相反的电磁转矩。其转矩特性，如图 11-2 所示。图中曲线 1 表示 $T_+ = f(s)$ 的关系，曲线 2 表示 $T_- = f(s)$ 的关系，曲线 3 由 $T_+ = f(s)$ 和 $T_- = f(s)$ 特性曲线叠加而成。从图 11-2 中可以看出单相异步电动机具有以下几个特点：

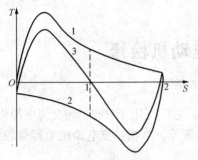

图 11 - 2　单相异步电动机 $T=f(s)$ 曲线

（1）单相异步电动机无起动转矩，不能自行起动。电动机刚起动时，由于 $n=0$，$s=1$，正方向的电磁转矩与反方向的电磁转矩大小相等，方向相反，其合成转矩 $T=T_+ + T_- = 0$，这时电动机由于没有相应的驱动转矩而不能自行起动。

（2）合成转矩曲线对称于 $s^+ = s^- = 1$ 点。故单相异步电动机没有固定的旋转方向。其旋转方向取决于电动机起动时的方向。若外力使电动机正向旋转，则合成转矩为正，电动机正向旋转。反之，若外力使电动机反向旋转，合成转矩为负，电动机反向旋转。即电动机的旋转方向取决于起动瞬间外力矩作用于转子的方向。

（3）由于反方向转矩的制动作用，使合成转矩减小，最大转矩也随之减小，致使电动机过载能力较低。

（4）反方向旋转磁场在转子中产生感应电流增加了转子铜耗，降低了电动机的效率。因此，单相异步电动机的效率约为同容量三相异步电动机效率的 $75\% \sim 90\%$。

（二）工作原理

为了使单相异步电动机获得起动转矩，必须设法将脉振磁场变为旋转磁场。解决的办法：一是在其定子铁心内放置两个有空间角度差的绕组（起动绕组和工作绕组）；二是使这两个绕组中流过的电流相位不同（称为分相）。这样，就可以在电动机气隙内产生一个旋转磁场，有了旋转磁场就能产生起动转矩，电动机即可自行起动。

三、起动方法

单相异步电动机的起动方法，就是单相异步电动机的类型。根据获得旋转磁场方式的不同，单相异步电动机可分为分相式和罩极式等几种类型。

四、分相起动电动机

分相起动电动机分为电阻分相和电容分相两种。其转子仍采用鼠笼式结构，在定子铁心中嵌入两个在空间上相差 90°电角度的工作绕组 1 和起动绕组 2。在起动绕组中串入电容器或电阻器来提高其功率因数，并通过离心式开关 S 与工作绕组一起并联到同一电源上，实用中多采用串电容器的分相方式，如图 11 - 3（a）所示。当电容器的电容量选择恰当时，就可以使 $\dot{I}_1$ 与 $\dot{I}_2$ 之间的相位相差接近 90°，如图 11 - 3（b）所示，从而建立起一个椭圆度较小的旋转磁场而获得较大的起动转矩。

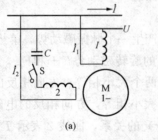
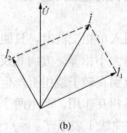

(a)　　　　　　(b)

图 11 - 3　电容起动单相异步电动机

(a) 电路图；(b) 相量图

（一）电容运转单相异步电动机

在电容起动电动机的基础上去掉离心开关 S，把起动绕组按连续方式设计长期运行，不切除串有电容器的起动绕组，就成了电容运转电动机。

（二）电阻起动电动机

若起动绕组回路中不是串入电容器，而是串入电阻器来分相，则此单相异步电动机就是电阻起动电动机。由于起动绕组与工作绕组中电流的相位差较小，因此，电阻起动电动机的起动转矩较小，只适应于比较容易起动的场合。

五、罩极式电动机

（一）结构

罩极式电动机的转子仍为鼠笼型。定子结构有隐极式和凸极式两种。由于凸极式结构简单，所以，罩极式电动机的定子铁心一般为凸极式，用硅钢片叠压而成，如图 11-4（a）所示。定子磁极上有两个绕组，其中一个套在凸出的磁极上，称为工作绕组。在极面上 1/3～1/4 的地方开有小槽，套上一短路铜环作起动绕组，故称为罩极式异步电动机。

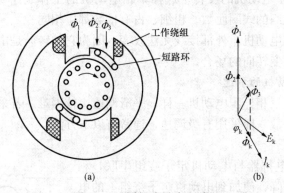

图 11-4　罩极式异步电动机
(a) 结构示意图；(b) 磁通相量图

（二）工作原理

当工作绕组通入单相交流电后，将产生脉振磁通，并有交变磁通穿过磁极，其中大部分为穿过未罩极部分的磁通 $\dot{\Phi}_1$，另一小部分磁通 $\dot{\Phi}_2$ 将穿过短路铜环，由于 $\dot{\Phi}_1$ 和 $\dot{\Phi}_2$ 均由工作绕组中的电流产生，所以同相位，且 $\dot{\Phi}_1 > \dot{\Phi}_2$。由于 $\dot{\Phi}_2$ 脉振的结果，在铜环中将产生感应电动势 $\dot{E}_k$ 和感应电流 $\dot{I}_k$，并产生磁通 $\dot{\Phi}_k$。$\dot{\Phi}_2$ 与 $\dot{\Phi}_k$ 叠加后形成通过短路铜环的合成磁通 $\dot{\Phi}_3$，即 $\dot{\Phi}_3 = \dot{\Phi}_2 + \dot{\Phi}_k$。最后短路铜环内的感应电动势为 $\dot{\Phi}_3$ 所产生，所以 $\dot{E}_k$ 应滞后 $\dot{\Phi}_3$ 90°。而 $\dot{I}_k$ 滞后 $\dot{E}_k$ 一个相位角，$\dot{\Phi}_k$ 与 $\dot{I}_k$ 同相位，罩极电动机的相量图如图 11-4（b）所示。由此可见，由于短路环的作用，未罩极部分的磁通 $\dot{\Phi}_1$ 与被罩极部分磁通 $\dot{\Phi}_3$ 之间不仅在空间上，而且在时间上均存在一定的相位差，因此它们的合成磁场将是一个由超前相转向滞后相的旋转磁场，即由未罩极部分转向罩极部分。由此产生的电磁转矩，其方向也是由未罩极部分转向罩极部分。

六、单相异步电动机的反转及调速

（一）单相异步电动机的反转

（1）原理。单相异步电动机的反转，就是改变其旋转磁场的方向。因为异步电动机的转向是从电流相位超前的绕组向电流相位落后的绕组旋转，如果把其中的一个绕组反接，等于把这个绕组的电流相应改变了180°，假若原来这个绕组是超前90°，则改接后就变成了滞后90°，结果旋转磁场的方向随之改变。

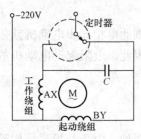

图11-5　洗衣机
电动机的正、反向控制

（2）方法。对于分相异步电动机，把工作绕组和起动绕组中任意一个绕组的首端和末端对调，单相电动机即反转。对于罩极式单相异步电动机，不能通过改变绕组接线来改变转向，只能将转子反向安装，达到使负载反转的目的。

部分电容运行单相电动机是通过改变电容器的接法来改变电动机转向的，如洗衣机需经常正、反转，电路如图11-5所示。当定时器开关处于图中所示位置时，电容器串联在AX绕组上，电流i_{AX}超前于i_{BY}相位约90°。经过一定时间后，定时器开关将电容从AX绕组切断，串接到BY绕组，则电流i_{BY}超前于i_{AX}相位约90°，从而实现了电动机的反转。这种单相电动机的工作绕组与起动绕组可以互换，所以工作绕组、起动绕组的线圈匝数、粗细、占有槽数都应相同。

另外，对于罩极式电动机，外部接线无法改变，因为它的转向是由内部结构决定的，所以它一般用于不需要改变转向的场合。

（二）单相异步电动机的调速

单相异步电动机和三相异步电动机一样，平滑调速比较困难。若采用变频无级调速，则设备复杂、成本太高，故一般采用有级调速，通常有以下方法。

（1）串电抗器调速。

1）调速原理。将电抗器与电动机定子绕组串联，利用电抗器上产生的电压降，使加到电动机定子绕组上的电压下降，从而将电动机转速由额定转速往下调，如图11-6所示。

2）优缺点。调速方法简单、操作方便。但只能有级调速，且电抗器上消耗电能。

（2）改变电动机绕组内部抽头调速。

1）调速原理。电动机定子铁心嵌放有工作绕组AX、起动绕组BY和中间绕组LL，通过开关改变中间绕组与工作绕组及起动绕组的接法，从而改变电动机内部气隙磁场的大小，使电动机的输出转矩也

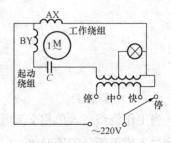

图11-6　单相电动机
串电抗器调速电路

随之改变，在一定的负载转矩下，电动机的转速发生变化。常有L形和T形两种接法，如图11-7所示。

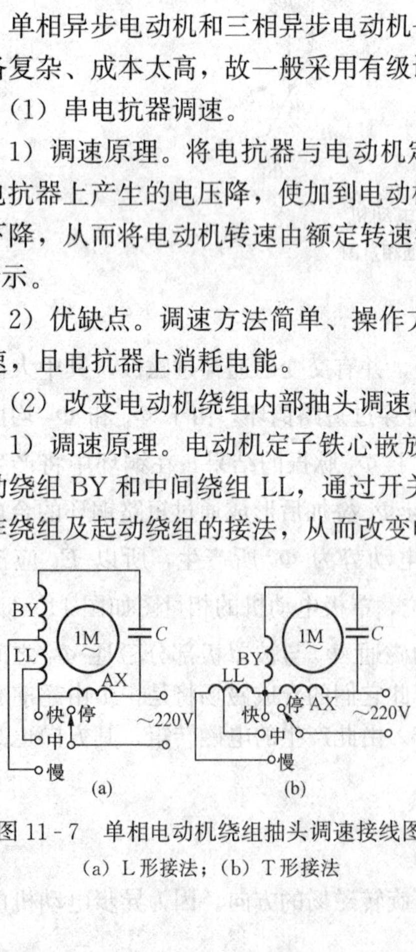

2）优缺点。调速方法不需电抗器，省料、省电，但绕组嵌线和接线复杂，电动机和调速开关接线较多，且是有级调速。

（3）晶闸管调速。利用改变晶闸管的导通角，来改变加在单相异步电动机的交流电压，从

图11-7　单相电动机绕组抽头调速接线图
（a）L形接法；（b）T形接法

而达到改变电动机转速的目的。其调速原理如图 11 - 8 所示。这种调速方法可以做到无级调速，节能效果好。但会产生一些电磁干扰，多用于电风扇调速。

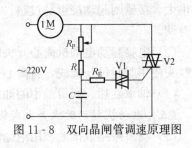

（4）变频调速。变频调速适合于各种类型的负载，随着交流变频调速技术的发展，单相变频调速已在家用电器上广泛应用，如变频空调器、变频冰箱等，它是交流调速控制的发展方向。

图 11 - 8　双向晶闸管调速原理图

知识点二　单相异步电动机常见故障及分析

一、单相异步电动机常见故障的原因及排除

单相异步电动机的维护与三相电动机相类似，即通过看、听、闻、摸等手段观测电动机的运行状态。下面介绍单相异步电动机常见故障原因及排除方法。

（一）通电无法起动的原因及排除

（1）通电即断熔丝，电动机可能存在短路故障。检测电动机绕组直流电阻及绝缘电阻值，依据测量结果进行判断，排除故障。

（2）电源电压过低，因电动机的转矩与电压的平方成正比，造成起动转矩太小而无法起动，测量施加给电动机的电压进行判断，排除故障。

（3）电动机定子绕组断路，绕组正常直流电阻一般为几欧姆或几十欧姆，太大则疑为断路，找出断路点进行修复。

（4）电容器损坏或断开。用替代法判断电容器的好坏。

（5）离心开关触头闭合不上，正常时停转状态下用万用表测量可量出起动绕组的直流电阻。找出造成触头闭合不上的原因，进行排除。

（6）转子卡住或过载，正常时转子负载应能用手平滑转动。查明转子被卡及过载的原因，进行排除。

（二）起动转矩过小或起动迟缓且转向不定的原因及排除

（1）离心开关触头接触不良。用砂纸打磨离心开关触头，用尖嘴钳调整接触点。

（2）电容器容量减小。用容量大的电容替代或更换新电容器。

（三）电动机转速低于正常转速的原因及排除

（1）电源电压偏低。升高电压。

（2）绕组个别匝间短路，造成电动机气隙磁场不强，电动机转差率增大。修复匝间短路的绕组。

（3）离心开关触头无法断开，起动绕组未切断。正常运行时，起动绕组磁场干预工作绕组磁场。此故障一般是触头使用时间过长造成，将离心开关拆下修复开关触头。

（4）运行电容器容量变化。更换新电容器。

（5）电动机负载过重。减轻负载。

（四）电动机过热的原因及排除

（1）工作绕组或电容运行电动机的起动绕组个别匝间短路或接地。修复匝间短路绕组。

（2）电容起动电动机的工作绕组与起动绕组相互接错，两个绕组在设计时，电流密度相

差很大。接错则起动绕组易过热。重新测量工作绕组与起动绕组的直流电阻值，将两绕组相互对调。

（3）电容起动电动机离心开关触头无法断开，使起动绕组长期运行而发热。此故障一般是触头使用时间过长造成，将离心开关拆下修复开关触头。

（4）轴承发热，润滑油中的油脂挥发，润滑油干涸，降低润滑性能。给轴承加润滑油。

（五）电动机转动时噪声大或振动大的原因及排除

（1）绕组短路或接地。用绝缘电阻表表测量绕组绝缘电阻判断故障产生的原因。修复短路绕组，排除产生接地故障的原因。

（2）轴承损坏或缺少润滑油。给轴承加润滑油。

（3）定子与转子空隙中有杂物。清除杂物。

（4）电动机的风扇风叶变形、不平衡。拆下风叶进行调整或更换扇叶。

（5）电动机固定不良或负载不平衡。重新加固。

二、家用电器中单相异步电动机的故障检修

（一）电风扇电动机的检修

（1）电风扇电动机的故障判断。

1）检查电动机是否漏电。用验电笔测试电动机外壳，根据验电笔氖泡的亮度来判断是否漏电。然后用万用表测量具体电压值，按带电电压值的不同，采取不同的排除措施。

2）观察电风扇的转速。检查时，可在风扇未接通电源之前，把变速装置放在最慢一挡，摆动旋钮放在摆角最大位置。通电后，看电动机能否起动运转，如不能，则说明电动机起动转矩小。为此，需打开电动机后盖，脱开蜗轮等转动机构，单独检查风扇电动机，看能否达到额定转速。

3）检查电风扇的温升。若电动机绕组及轴承故障，在传动机构脱开后，通电 1h 左右，温度会升到烫手的程度；如运转 1h 后，手在电动机外壳上停住，仅有热感，则电动机正常。

4）检查噪声情况。电风扇在各挡转速下运转时，一般能听到正常的"沙沙"声，而没有机械声及电磁噪声。

（2）电风扇电动机的修理。

1）通电后电动机不转无"哼"声。这种现象在线路及电动机和电器元件上经常出现。用万用表采用静态测量方法可测量出是否是电源无电、电动机引线及插头损坏或接线断开、脱落，按键开关或定时器接触不良，电抗器内部断路或外部接线点虚焊、脱焊以及其他各连接线断路、脱焊等。查出故障后，再逐一修复。

2）通电后电动机不转，且转动转子手感沉重，细听有较大的电磁声。这种故障多是由于电压过低或机械传动部分的问题所致。解决的方法：先在转动部分和电动机前后加油孔注入适量的缝纫机油，然后试转，若是轴承问题，应进行更换。

3）通电后电动机不转，但有"哼"声，断电后用手转动转子灵活。此种故障多产生在电动机内部主绕组、副绕组及其外部电路上。检查的方法：首先确定故障在主绕组或副绕组。接通电源，用力旋动转子轴，如能转动，则故障在副绕组。其次，用万用表细查，先查外部器件，如电容器是否良好，再拆卸电动机，检查内部绕组接线是否断开、脱焊。

（3）电动机起动困难。

1）起动困难，但一经起动却正常运转。这一故障应先找出起动困难点，根据起动困难点来确定故障范围。方法是：在电风扇最大仰角低速挡下"点动"电动机，风扇叶自由停止的位置，即为起动困难点。用手转动如果有"较紧"感觉，可能是电动机前后端盖或轴承不同心。

2）电风扇电动机低速转动困难。原因是电抗器的压降太大。加在电风扇电动机的电压过低。

（4）不通电时转子转动灵活，通电后起动困难。故障原因是电动机转子被定子"吸住"。转子被定子"吸住"的原因较多，如定转子的气隙偏差，椭圆形磁场产生的单边磁拉力，机械故障、轴承严重磨损等。

（5）转速不正常。

1）时转时停。原因是绕组内部及连接电路存在接触不良和脱焊。

2）转速太慢。主要原因是轴承损坏、缺油、电压过低等。

3）转速过高。原因可能是电压过高。

4）调速失灵。主要原因是调速开关、调速绕组及调速电抗器本身或连接线路出现故障。

（6）电动机外壳带电。

1）漏电。电动机长期过热或受潮使绝缘下降而漏电。作浸漆处理，以提高绝缘性能。

2）绕组碰壳。这种情况非常危险，在无法找到故障时，应更换绕组。

3）插座（或插头）接线错误。最危险的是因插头接线错误所引起的风扇带电。电风扇电源线一般为三心，分别为相线（即火线）、中性线（即零线）和接地线，若用中性线代替接地线，会将 220V 交流电加到电风扇的外壳，引起触电事故。处理方法：用电笔检查后按正确接法更正接线。

（7）机内冒烟。机内冒烟将会导致电动机烧毁，当发现机内冒烟时，应立即切断电源，查明导致冒烟的原因。

可能产生冒烟的原因如下：

1）定子绕组匝间、层间绝缘击穿、短路。

2）一次绕组、二次绕组间短路。

3）绕组接地。

4）绕组严重受潮或浸水等。

（二）洗衣机电动机的检修

（1）洗衣机电动机不起动，指示灯不亮。

1）检查电源插头接触是否良好，熔断器是否熔断，并用验电笔或万用表检查电源是否正常。

2）检查电压是否过低。洗涤方式选择按钮是否按下或接触不良，如接触不良，应适当调节簧片位置。检查定时器内部触点是否接触不良或断路。

3）带进水阀的洗衣机固有水位开关，当进水量未达到限定水位高度时，洗衣机电动机不起动，应使水量达到限定高度，电动机方能正常运转。

4）电动机引线断路，电容器损坏应进行更换。

（2）洗衣机电动机不转，且有嗡嗡声。

1）波轮被异物卡死，应清除波轮上的异物。

2）电源电压过低。

3）电容器引出线脱开或虚焊，应将开焊处重新焊接好。

4）电动机转子被卡住，拆开电动机，清除异物或换轴承。

5）电动机两组绕组中有一组断线，拆开电动机检查，仔细查出断点，重新焊好。如断点在槽内，应更换绕组。

（3）波轮不能自动正反转或转动不停。这类故障是由于定时器失灵、接触不良或触点烧结粘合无法断开电路所致。应检修定时器内部的弹簧片和触点，损坏严重时应更换新定时器。

（4）电动机转速变慢。

1）电动机重修后绕组接线有错误，检查接错处，重新焊接。

2）电容器容量变小，应更换一只新电容器。

3）电动机转子导条断裂，将电动机解体修复或更换。

4）电动机绕组短路，在有负载时转速变低，重绕线圈。

（5）电动机运转时噪声过大。

1）整机安放不平或支架未固定，应进行调整和固定。

2）波轮安装不正，转动时碰擦洗衣桶桶壁，应松开主轴套的螺母，将波轮校正到适宜位置固定紧。

3）洗衣机经长期使用后，轴和轴瓦磨损过大，应更换波轮轴或轴瓦（含油轴承）。

4）带自动排水阀结构的洗衣机，其牵引电磁铁的间隙过大，修复牵引电磁铁，以减少噪声。

5）电动机底座或后盖板等多处螺钉松动，应将松动螺钉紧固。

6）电动机本身噪声。拆下电动机的传动带，空载试运转，判断噪声来源予以解决。噪声一般多为轴瓦或轴承磨损，电动机壳固定螺钉以及电动机端盖紧固螺钉松动所致。严重损坏的电动机应更新，以免造成整机带电，发生触电事故。

7）传动带装配太紧，应调整到传动带松紧适宜为止。

（6）电动机每次起动均烧断熔断器的原因及修复。

1）电动机绕组烧毁或损坏，应更换绕组，若是局部故障，则做局部修复。

2）电动机定子绕组部分短路，需找出短路点，若在端部，可做绝缘处理。如在槽内，需更换线圈。

3）电动机定子绕组对地绝缘损坏，应查出碰壳短路处，做绝缘处理，严重时应更换绕组。

（7）电动机过热的原因及修理。

1）洗衣量过多应拿出部分衣物，以减轻负载。

2）电动机转子与定子相摩擦，拆修电动机。

3）电动机定子线圈局部短路，排除短路故障。

4）转子导条断裂，应予以修补或更新。

（8）电动机漏电。

用万用表检查电动机接线端头、电容器、调速开关及定时开关等，查出故障后进行干燥处理，以后每次使用后应用干布擦干。如属电动机绕组对地，应修理电动机。

若漏电属接地保护问题，应加接接地线，如原有接地螺钉松动，应除锈后固紧。

（三）空调压缩机的检修

（1）空调器压缩电动机不起动。

1）无电。检查熔断器、插头、插座。

2）主控开关失灵。用万用表检查开关开合是否正常。

3）温度控制器失灵。用导线将温控器的相应两触点短接，若电动机运转，则故障在温控器本身。应查看温控器触点、弹簧、感温包、波纹管是否损坏。若损坏，应更换或修复。

4）起动继电器故障。检查继电器线圈、触点，如损坏，应更换或修复。

5）过载保护失灵。检查过载保护器有无电阻值，若损坏，应更换。

6）压缩机电动机电容损坏。

7）压缩机电动机损坏。按检修电动机方法修理。

（2）压缩机有异响但不运转。

1）起动电容击穿。拆下电容器，换上同容量电容器即可。

2）电源电压过低。

3）起动继电器出现故障。应修复或更换。

4）压缩机电动机"抱轴"，导致电动机绕组烧坏，更换电动机绕组或更换新压缩机。

5）压缩机电动机绕组断路或短路。应更换电动机绕组或更换新压缩机。

（3）压缩机运转不停的故障原因。

1）温控器触点粘连。应修理或更新。

2）温控器中感温管的感温剂泄漏。重新注感温剂或更换新感温器。

3）制冷剂泄漏。检漏后补漏，换干燥过滤器，二次抽真空后重注制冷剂。

三、单相异步电动机修复后的检验

单相异步电动机的检验主要包括下面几个方面：

（1）直流电阻的测量。测量主绕组、副绕组的电阻值与原有数据比较并记录存档备查。正反转的洗衣机主副绕组参数相同。

（2）绝缘电阻的测量。在主副绕组未被连接之前，用500V绝缘电阻表检查绕组对地的绝缘电阻应不小于30MΩ，主副绕组之间的绝缘电阻应为∞。

（3）测量电容器的端电压。对于单相电容运转、双电容电动机，额定状态下运行时电容器两端的电压值不应超过电容器额定电压的一半。

（4）测量空载电流。电动机外加额定电压，正常运转后，测量一次侧空载电流。空转15～20min后，再次测量一次空载电流，两次测量值应基本相同。

（5）交流耐压试验。单相异步电动机如有离心开关，电容器与绕组的连接应处于正常工作状态。对主绕组回路试验时，副绕组回路应和铁心及机壳相连接。对副绕组试验时，高电压只能加在副绕组回路的绕组端，主回路应和铁心及机壳相连接。

项目一　单相异步电动机的拆装

一、教学目标

（一）能力目标

（1）能正确选用拆装异步电动机的常用工具。

（2）能正确进行异步电动机的拆卸和组装。

（二）知识目标

（1）了解单相异步电动机铭牌各参数的含义。

（2）熟悉单相异步电动机的结构和工作原理。

（3）掌握单相异步电动机的拆装步骤。

二、仪器设备

电机检修实训仪器设备见表 11 - 1。

表 11 - 1　　　　　　　　　　　电机检修实训仪器设备表

序号	型号	名　称	数量
1		单相异步电动机（带有前后轴承端盖）	1 台
2		电机检修常用工具	1 套
3		电机检修常用量具	1 套

三、工作任务

进行某一型号单相异步电动机的拆装（如单相抽水机电动机、机械加工用单相电动机等）。

【任务一】电动机拆卸前的准备

（1）准备好检修异步电动机的拆卸工具。

（2）将检修的异步电动机表面灰尘吹净，擦拭干净异步电动机的表面污垢。用绝缘电阻表检测电动机的绝缘电阻。

（3）拆除固定电动机的螺母（包括弹簧垫圈和平垫圈）及外部连接线，做好拆卸前的原始数据记录，记录卡的样式见表 11 - 2。

表 11 - 2　　　　　　　　　　　异步电动机修理记录卡

1. 送修单位：_____
2. 铭牌数据：型号_____，功率_____，转速_____，接法_____，电压_____，电流_____，频率_____，功率因数_____，绝缘等级_____。编号_____，日期_____
3. 铁心数据： 　定子外径_____，定子内径_____，定子铁心长度_____，转子外径_____，定、转子槽数_____
4. 绕组数据： 　绕组形式_____，线圈节距_____，并联支路数_____，导线直径_____，并绕根数_____，每槽导线数_____，线圈匝数_____，线圈端部引出长度_____
5. 故障原因及改进措施：
6. 维修人员和日期： 　维修人员_____，维修日期_____

【任务二】单相异步电动机的拆卸

（1）拆除电动机外部的所有引接线。

（2）拆卸负载端联轴器或皮带轮。

1）测量皮带轮或联轴器与电动机前端盖或转轴根部间的距离。

2）在带轮或联轴器的前端冲一点或两点作为标志，以防安装时装反。

3）拆卸时，先把皮带轮（或联轴器）上的固定螺栓或销钉取下，然后用拉具将带轮拉出，若带轮锈住，可注入松动剂或煤油再慢慢拉出。

4）拆除电动机接线盒内的电源线及接地线并贴上标签，记下每个零件的数目和尺寸。

（3）卸下前轴承外盖和电动机的前端盖，做好标记，拆卸风罩和风扇。

（4）拆卸轴承盖和端盖，拆卸前后轴承及轴承内盖。

（5）从定子腔内抽出转子。抽出转子时，先在转子与定子气隙间垫入薄纸片，以防止碰伤硅钢片和绕组。较小功率的电动机可不拆卸风扇，将它同转子一起从定子铁心中抽出。电动机的拆分如图 11 - 9 所示。

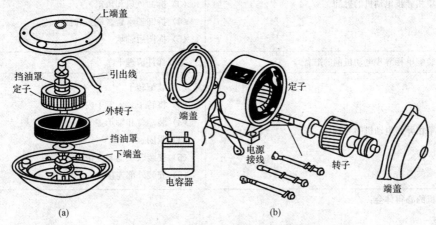

图 11 - 9　单相异步电动机的结构示意图
（a）吊扇；（b）普通单相异步电动机结构

【任务三】单相异步电动机检修后的装配

电动机的装配步骤大致与拆卸时的顺序相反。

（1）装配前，应将定转子及各零部件用汽油冲洗干净，腔内无杂物，零部件齐全。

（2）将轴承内盖及轴承、风扇装于轴上，加上滑环油并加以紧固。

（3）将装配好的转子装入定子内腔，转子穿入定子内膛时，要注意勿使转子擦伤，装入转子后再将端盖装上。

（4）装配时可用榔头轻敲端盖四周，并按对角线均匀对称逐步旋紧螺栓。端盖固定好以后，用手转动转子，转子应转动灵活，无摩擦、碰撞现象。

（5）安装皮带轮或联轴器。接好电源引接线和接地线。

（6）用绝缘电阻表检查绕组对地的冷态（即常温下）绝缘电阻值不应低于 5MΩ。

四、检修实训报告及记录

检修实训报告及记录应包含的内容（见表 11 - 3）：

（1）报告名称、专业班级、姓名学号、同组成员、检修日期。

（2）单相异步电动机检修实训数据记录，拆装电动机的步骤和方法等。

（3）拆卸电动机的心得体会（200 字以上）等。

表 11 - 3   **电 机 检 修 实 训 报 告**

项目名称		单相异步电动机拆装	
专业_____	班级_____	姓名_____	学号_____
同组成员_____			检修日期_____

序号	考核内容	操作要点
1	拆卸电动机前的准备	检查所需工具
2	记录原始数据并做好标记	引出线端、端盖、轴承盖、轴承等部件做好记号
3	单相异步电动机的拆卸	(1) 拆除电动机外部所有引线 (2) 拆卸皮带轮和联轴器 (3) 拆卸风扇和风罩 (4) 拆卸轴承盖、端盖和抽出转子 (5) 拆前后轴承
4	装配单相异步电动机前的准备	主要部件清理干净
5	单相异步电动机的装配	(1) 装配转子 (2) 将转子装入定子内 (3) 装端盖和轴承盖 (4) 紧固螺栓 (5) 安装联轴器和皮带轮 (6) 安装外部连接线
拆卸电动机的心得体会:		
指导老师评语:		
	指导教师_____ _____年___月___日	

五、考核评定（仅供教师评分时参考）

考核评定应包括的内容：

（1）检修实训数据记录。配分 20 分（填错或少填一项扣 1 分；心得体会优秀 10 分，良 9 分，中 7 分，及格 6 分）。

（2）正确使用工具拆卸电动机，团队合作精神。配分 10 分（工具使用错误一项扣 5 分，团队成员不合作扣 5 分）。

（3）拆卸、组装电动机的步骤和方法。配分 40 分（步骤不对，每次扣 5 分；方法不对，每次扣 5 分）。

（4）知识应用，回答问题，语言表达。配分 10 分（回答问题不正确，每次扣 2 分；语言表达不清，每次扣 2 分）。

（5）操作规划、有序、不超时。配分 10 分（操作欠规划或超时，每项扣 3 分）。

（6）安全环保意识，遵守纪律。配分 10 分（无安全环保意识扣 5 分；迟到、早退不守纪律，每次扣 2 分）。

项目二　单相电动机单双层混合式绕组的重绕

一、教学目标

（一）能力目标

（1）能拆卸电动机、制作绕线模心、嵌线工具。

（2）能使用常用的电动机维修工具。

（3）能作单相单双层混合式绕组展开图。

（4）能根据电动机绕组展开图进行绕组（线圈）的绕制。

（5）能进行单相单双层混合式绕组的嵌线。

（6）能根据单相单双层混合式绕组展开图进行相绕组的接线。

（7）能对定子绕组进行整形和包扎。

（8）能对修复后的电动机进行各种试验。

（二）知识目标

（1）了解异步电动机检修实训内容及常用工具的使用方法。

（2）熟悉电动机定子绕组的拆卸及组装步骤。

（3）掌握电动机定子绕组嵌线工具的制作方法。

（4）掌握单相单双层混合式绕组展开图的绘制。

（5）掌握单相单双层混合式绕组的嵌线方法。

（6）掌握单相单双层混合式绕组的连接规律和接线方法。

（7）掌握单相单双层混合式绕组的整形和包扎方法。

（8）掌握电动机修复后的检查和试验方法。

二、仪器设备

电机检修实训仪器设备见表 11 - 4。

表 11 - 4　　　　　　　　　　电机检修实训仪器设备表

序号	型号	名　　称	数量
1		24 槽 4 极交流电动机	1 台
2		电机检修常用工具（电工刀，眉工刀，电烙铁，铜棒，万用表，钢丝钳，尖嘴钳，绕线机，手术弯剪）和量具	1 套
3		漆包线，木锤，杉木板，楠竹，砂纸，各种绝缘纸、套管、绝缘带等	若干
4		电机试验台（或万用表、绝缘电阻表各一只）	1 台

三、工作任务

进行某一型号单相电动机单双层混合式绕组的重绕（如单相洗衣机电动机）。

【任务一】电动机的拆装及单双层混合式绕组展开图的绘制

（1）单相异步电动机的拆卸方法，参考本章项目一中的相关内容。

（2）绘制单双层混合式绕组展开图。

1）参数计算。根据定子槽数 $Z=24$ 槽，$2P=4$ 极，计算出极距 τ、槽距电角度 α、每极每相槽数 q，并确定线圈节距 y。

a. 计算极距 τ。$\tau=Z/2P=24/4=6$（槽）。

b. 计算槽距电角度 α。$\alpha=P\times360°/Z=2\times360°/24=30°$

c. 确定线圈节距 y。取 $y=3$，5（槽）

2）分相。即确定工作绕组 AX 和起动绕组 BY 所属的槽号。

由于洗衣机工作绕组和起动绕组通过交替工作来完成洗涤，所以两绕组的匝数相同，结构相同。工作绕组 AX 和起动绕组 BY 通过电容器的移相作用将单相交流电分成相位差 $90°$ 的两相电流。因此，工作绕组 AX 和起动绕组 BY 之间相差 $90°$ 电角（即相隔三个槽，$3\times\alpha=3\times30°=90°$）。单双层混合式绕组的分相如图 11 - 10 所示。

3）画槽并编号。实线表示线圈上层边，虚线表示线圈下层边，槽号、上层边号和线圈号一致。

4）连接成极相组并按支路数的要求连接成相绕组（支路数 $a=1$）。工作绕组 AX 和起动绕组 BY 各 4 个同心线圈（$y=3$，5 槽）。展开图如图 11 - 10 所示。

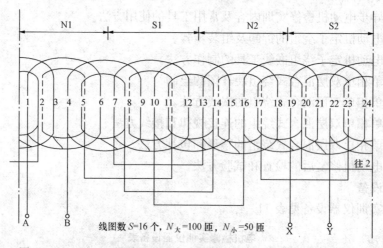

图 11 - 10　4 极 24 槽单双层混合式绕组展开图（单相洗衣机电动机）

【任务二】绕线模心和夹板的制作

（1）绕线模心的制作方法。

1）制作两块模心 $y=3$，5（槽）并确定线圈的周长 L_1（$y=5$ 槽）、L_2（$y=3$ 槽）。

a. 线圈周长可由旧绕组量取或直接从电动机铁心槽中量取。

b. 计算确定第一个线圈周长：$L_1=2h+\pi D$。

c. 计算确定第二个线圈周长（$y=3$）$L_2=L_1-5\mathrm{cm}$。

式中：D 为模板宽度。

2）计算模心尺寸。$h\approx$ 铁心长 $+0.2\sim0.6\mathrm{cm}$，$h=5.0+0.6=5.6\mathrm{cm}$，模心用杉木板制作。

$$L_1=2h+\pi D=2\times5.6+3.14\times5\approx27\text{（cm）}，\quad L_2=L_1-5=27-5\approx22\text{（cm）}$$

3）制作模心。按上述计算出的 L_1、L_2 线圈周长，用杉木板制作两块模心。

（2）夹板的制作方法。用杉木板制作夹板。夹板尺寸比模板大 4～5cm 左右，夹板开斜槽的作用是走过桥线。夹板开小槽的作用是绕线前先放入绑带线，绕好线圈后绑扎线圈再卸模。

【任务三】线圈的绕制及嵌线

（1）绕制线圈的方法和步骤。准备好绕线模及导线后，将绕线模固定于绕线机上。选择导线时，要注意导线的质量及尺寸，按照原电动机绕组的型号选择好新导线，且所选导线应符合电动机要求的耐热等级。如选择漆包线直径 $\phi=0.49$mm，则每个大线圈绕 100 匝，小线圈绕 50 匝，两同心线圈连绕。共绕 8 个同心线圈组。

（2）绕制线圈注意事项。

1）初学者可在上述匝数的基础上减少匝数 10%，绕制 8 个同心线圈组。绕线时不要损伤导线，若有断线，连接头应在线圈端部并进行连接，连接时刮干净绝缘漆，套上绝缘套管（黄蜡管），接头焊接或绞接。

2）绕好的线圈，直线部分要进行绑扎。绕完后剪断导线（线圈的始末两端要留出适当的长度），脱模取下，线圈的直线部分（有效边）两端用白布带扎紧。

3）线圈绕好后整齐排放，以便于嵌线。

4）线圈的引出线长度为线圈周长的 40% 左右（10～15cm）。

5）绕制线圈时应避免线圈每匝交叉。

（3）绝缘纸与隔相纸的裁制方法。槽绝缘纸、隔相纸、隔层纸可选用 0.2mm 或 0.25mm 厚的薄膜青壳纸或聚酯纤维复合箔。裁制方法参考第十章项目四、五中相关内容。

（4）槽楔的制作。

1）材料：用毛竹或楠竹（制作 24 根，用电工刀及眉工刀进行加工）。

2）长度：铁心长度加 15mm 左右（槽楔的长度比槽绝缘纸略短）。

3）形状：截面积为梯形（三角形或圆形槽楔会突出定子槽，阻碍转子旋转）。

4）厚度：以槽楔插入后能把绝缘纸和线圈压紧，但不能太紧或太松。

（5）单相 24 槽 4 极单双层混合式绕组的嵌线。

1）嵌线规律。先嵌工作绕组 AX 的 4 个同心线圈，后嵌起动绕组 BY 的 4 个同心线圈。

2）嵌线方法。线圈的嵌线方法和技巧可参考第十章知识点二"绕组的嵌线工艺"。

3）单双层混合式绕组的嵌（下）线顺序（参考单双层混合式绕组展开图）。

a. 嵌第一个同心线圈。即 1、2 槽和 5、6 号槽，2、5 号小线圈放入分层绝缘纸。

b. 嵌第二个同心线圈。即 7、8 槽和 11、12 号槽，8、11 号小线圈放入分层绝缘纸。

c. 嵌第三个同心线圈。即 13、14 槽和 17、18 号槽，14、17 号小线圈放入分层绝缘纸。

d. 嵌第四个同心线圈。即 19、20 槽和 23、24 号槽，20、23 号小线圈放入分层绝缘纸。

e. 嵌第五个同心线圈。即 4、5 槽和 8、9 号槽。

f. 嵌第六个同心线圈。即 10、11 槽和 14、15 号槽。

g. 嵌第七个同心线圈。即 16、17 槽和 20、21 号槽。

h. 嵌第八个同心线圈。即 23、24 槽和 2、3 号槽。

4）嵌线注意事项。

a. 嵌（下）线时线圈引出线应放在电动机有引出孔的一边。$N=50$ 匝 8 个小线圈嵌入后放入分层绝缘纸。

　　b. 每嵌好一槽的线圈后可以剪去多余的绝缘纸，封槽口，打槽楔。

　　c. 双层绕组下层边嵌好后，待上层边嵌完才能剪去多余的绝缘纸，封槽口，打入槽楔。

　　（6）线圈的初步整形。用木棒和理线板将线圈端部整成喇叭形，不能让线圈端部碰转子、定子铁心、外壳、端盖，否则，会造成电动机不能旋转或对地绝缘不合格。

【任务四】单相单双层混合式绕组的连接

　　（1）接线方法。工作绕组 AX 和起动绕组 BY 分别按"首与首，尾与尾"相接。其他步骤和方法可参考三相异步电动机绕组重绕的相关内容。

　　（2）接线顺序。

　　1）从 1 号槽引出工作绕组的首端 A，顺着线圈的方向找出 5 号线圈的引出线，将其与 11 号线圈的引出线相连接。

　　2）将 7 号线圈的引出线与 13 号线圈的引出线相连接。

　　3）将 17 号线圈的引出线与 23 号线圈的引出线相连接。

　　4）19 号线圈引出线作为工作绕组的末端 X 引出。

　　5）从 4 号槽引出起动绕组的首端 B，顺着线圈的方向找出 8 号线圈的引出线，将其与 14 号线圈的引出线相连接。

　　6）将 10 号线圈的引出线与 16 号线圈的引出线相连接。

　　7）将 20 号线圈的引出线与 2 号线圈的引出线相连接。

　　8）22 号引出线作为起动绕组的末端引出。

　　（3）接线注意事项。接线时先套入小套管，再套入中套管，刮干净绝缘漆后用绞接（或焊接），并用尖嘴钳压平接头无毛刺，以防刺破绝缘套管，最后套上绝缘套管（一般使用玻璃丝黄蜡管）。

【任务五】单相单双层混合式绕组的整形包扎、检查和试验

　　（1）线圈端部的整形及绑扎。

　　1）整形绑扎的目的。防止绕组端部与端盖相碰及与转子相擦。使线圈端部形成一个整体，线圈不碰转子，定子铁心，不碰外壳，不碰端盖。

　　2）整形的方法。将一块木棒垫在线圈端部，用木棒敲打垫板使绕组端部向外扩张。分别将两侧端部敲成喇叭口。

　　3）绑扎的方法。用布带将绕组有引出线的端部进行绑扎。

　　（2）绕组的检查与试验。电动机绕组接线完成后，应对电动机绕组进行检查和试验，主要检查所接的电源电压是否相符、绕组接法，转子转动是否灵活等。

　　1）外观检查。槽楔不高出铁心面，绕组伸出铁心两端长度是否一致，绕组端部排列是否整齐。拆卸时记号是否符合。引出线连接是否正确。

　　2）检测和试验。

　　a. 用万用表测量绕组直流电阻，工作绕组 AX 和起动绕组 BY 的电阻大小应相同，容量较大的电动机用电桥测量绕组的直流电阻。

　　b. 用 500V 绝缘电阻表测量绕组对地绝缘电阻 $R > 5\text{M}\Omega$ 为合格（未浸漆前）。

　　3）绕组的耐压试验。

　　a. 试验目的：检查定子绕组相间绝缘及对地绝缘是否良好。

b. 试验电压：$U=2U_N+1000V$，分别对相—相、相—地进行耐压试验。

c. 判断方法：以耐压 1min 不击穿放电为合格。如产生放电，可能存在接地及相间短路故障，应查明原因。

【任务六】绕组的浸漆和烘干

（1）浸漆和烘干的过程：分为预烘→浸漆→干燥三步进行。

（2）浸漆和烘干的目的：排除绕组及绝缘材料内部的潮气。增强绕组的绝缘强度、机械强度，改善散热性能。

（3）预烘的方法：用电炉或红外线灯（单台电动机）对绕组逐渐加温烘干。检测绝缘电阻应 $R>100M\Omega$。当绕组温度降到 $60\sim80℃$ 时浸漆。

（4）浸漆的方法：可采用浇浸法。A 级绝缘，选用 1012 号耐油清漆。B 级绝缘，选用 1032 号聚氰胺醇酸树脂漆。

浇漆方法：（单台电动机）将定子绕组竖直放置在滴漆盘子上，绕组一端向上，用漆刷向绕组上端部浇漆，待绕组缝隙灌满漆并从另一端浸出后，再将定子倒置过来，用漆浇另一端绕组，直到浇透为止。

（5）烘干方法：用紫外线灯、烘箱或烤炉，烘 $4\sim8h$。检测绝缘电阻 $R>100M\Omega$ 为合格。若达不到要求，第二次烘干、复测。

【任务七】师生互动（含实训时间分配）

（1）单相单双层混合式绕组的重绕：教学课时：$20\sim24$ 课时（初学者一般用 $24\sim28$ 课时）。

（2）时间分配及巡回指导。

1）模心、夹板制作 2 课时（教师现场检查指导，作示范，要求用砂布打磨光滑）。

2）绝缘纸、隔相纸、槽楔制作 2 课时（教师现场巡回指导，作示范）。

3）绕制线圈（8 个同心线圈）一般用 2 课时，旧线用 4 课时（教师现场巡回指导，作示范绕线）。

4）下线 $4\sim8$ 课时（教师现场巡回指导，示范嵌线）。

5）接线 $2\sim4$ 课时（要求学生学会看绕组展开图、端视图及绕组连接示意图，教师作示范接线，发现问题及时纠正）。

6）整形包扎试验 $2\sim4$ 课时（教师现场巡回指导，作示范）。

7）检查、试验 $2\sim4$ 课时（在电动机试验台上进行。注意试验安全，注意绕组下线、接线中可能存在的问题及解决方法）。

四、检修实训报告及记录

检修实训报告及记录应包含的内容（见表 11-5）：

（1）报告封面应写明报告名称、专业班级、姓名学号、同组成员、检修日期。

（2）报告应填写电动机定子绕组的类型及拆装步骤。

（3）报告应填写电动机定子绕组重绕的工序。

（4）报告应填写电动机定子绕组的检查和试验项目及浸漆和烘干的方法。

（5）三相单层链式绕组重绕的心得体会（300 字以上）等。

表 11 - 5　　　　　　　　**电 机 检 修 实 训 报 告**

项目名称	单相单双层混合式绕组的重绕	

项目名称　　　　　　　　　单相单双层混合式绕组的重绕

专业＿＿＿＿＿＿＿＿　　　班级＿＿＿＿＿＿＿＿　　　姓名＿＿＿＿＿＿＿＿　　　学号＿＿＿＿＿＿＿＿

同组成员＿＿＿＿＿＿＿＿＿＿＿＿＿＿＿＿＿＿＿＿＿＿＿＿　　　检修日期＿＿＿＿＿＿＿＿＿＿

序号	考核内容	操作要点
1	实训前的准备工作	检查所需工具、仪器仪表
2	电动机原始数据的记录、拆除旧绕组	(1) 按表 10 - 3 记录电动机原始数据 (2) 拆除绕组端部绑线、退去槽口槽楔 (3) 拆卸绕组 (4) 展开图的绘制
3	制作绕线模、绕制线圈、裁制绝缘纸与隔相纸	(1) 绕线模制作 (2) 线圈绕制 (3) 材料的选用与绝缘纸、隔相纸裁制
4	嵌线、接线	(1) 嵌线方法 (2) 接线方法
5	绕组的检查和试验	(1) 测量每相的直流电阻 (2) 测量相—地、相—相之间的绝缘电阻 (3) 耐压试验
6	绕组的浸漆和烘干	(1) 浸漆 (2) 烘干

单相单双层混合式绕组重绕的心得体会：

指导老师评语：

　　　　　　　　　　　　　　　　　　　　指导教师＿＿＿＿＿＿＿＿　＿＿＿＿年＿＿月＿＿日

五、考核评定（仅供教师评分）

考核评定应包括的内容：

（1）拆除绕组和清理。配分 3 分（操作不规范或清理不好，每项扣 1 分）。

（2）检修实训数据记录。配分 10 分（填错或少填一项扣 0.5 分）。

（3）绘制绕组展开图。配分 3 分（绘图错误、不认真扣 1～3 分）。

（4）绕制线圈。配分 10 分（绕制方法不正确、绕制不整齐，每项扣 2 分）。

（5）绝缘纸、隔相纸裁制，槽楔的制作。配分 5 分（裁剪尺寸不合格、多裁、放置不整齐，每项扣 1 分，槽楔制作不合格扣 2 分）。

（6）嵌线。配分 20 分（随机抽查一个线圈，嵌线方法、工具使用不当，每次扣 2 分）。

（7）接线。配分 15 分（每个接头接错或连接不当扣 5 分；每个接线头不刮绝缘漆或刮不干净扣 1 分；每个接头焊接不当扣 1 分；接头绝缘套管少套或选配不当，每个扣 1 分）。

（8）整形、隔相绑扎。配分 4 分（端部不整形扣 1 分，不进行隔相扣 1 分，不绑扎或绑扎杂乱扣 2 分）。

（9）检查和试验，配分 10 分（试验结果错误一项扣 1 分）。

（10）知识应用，回答问题是否正确，语言表达是否清楚，配分 5 分（回答问题不正确，每次扣 1 分；语言表达不清，每次扣 1 分）。

（11）正确使用各种工具。配分 5 分（使用一项错误扣 2 分）。

（12）操作规范、有序、不超时。配分 5 分（操作欠规范或超时，每项扣 2 分）。

（13）安全环保意识，遵守纪律，团结协作。配分 5 分（小组不合作成员，每人次扣 2 分）。

（14）遵守安全规范，无人身伤害、设备损坏事故（如出现人身伤害、设备操作事故，该检修实训按 0 分计算）。

附录 A

试 验 报 告

班级		姓名		学号		成绩	
组别		成员				年 月 日 第 节	
试验项目名称						试验台号	
试验目的							
试验设备							
试验电路							
测量数据与计算							
试验数据分析与结论							

附录 B

考 核 评 定

班级：　　　　姓名：　　　　　评价人：　　　　　个人/经理/教师/企业				
被评价人：　　　　　　　　　　项目号：				

序号	评价内容	配分	评分标准	得分
1	项目（试验）报告质量	30	项目（试验）报告的分析性、条理性、完整性好，知识应用、结论正确，评为优秀，一般为良好，缺项递减一级，报告缺项较多、零乱，定为不及格	
2	试验资料查阅、汇总分析能力	3	能查阅资料且真实（全实）2分，一般1分	
3	知识应用能力	3	知识应用能力强3分，一般1分	
4	故障排除能力（对问题的判断能力）	10	能在规定时间内正确排除故障 9～10 分，能排除故障但超时（2～3min 内）7～8 分，能排除故障但超时（4～5min 内）5～6 分，能排除故障但超时（8～10min 内）3～4 分	
5	操作能力	10	操作实施过程无原则性错误（8～10 分），有小部分错误（5～7 分），操作实施过程出现较多错误（0～4 分）	
6	回答问题	10	回答问题准确（8～10 分），一般（5～7 分），差（0～4 分）	
7	语言表达能力	3	能用专业术语正确、流利地展示项目成果3分，一般1分	
8	团队合作能力	5	具有良好的团队合作精神，热心帮助小组其他成员5分，一般3分	
9	自学能力	3	自学能力强3分，一般1分	
10	安全环保意识	3	安全文明操作、职业道德好3分，其他1分，无安全意识0分	
11	经济意识	5	市场经济意识强5分，有一定的经济意识3分	
12	遵守纪律	5	无迟到、早退现象4～5分，每迟到早退一次扣2分	
13	小组评价	5	小组评价良好4～5分，评价不理想2分	
14	老师评价	5	优秀5分，良好4分，一般3分	
	合计			

附录 C

DDSZ-1 型电机及电气技术装置各试验电机铭牌数据一览表

序号	编号	名称	P_N (W)	U_N (V)	I_N (A)	n_N (r/min)	U_{fN} (V)	I_{fN} (A)	备注
1	DJ11	三相组式变压器	230/230	380/95	0.35/1.4				Yy
2	DJ12	三相心式变压器	152/152 /152	220/63.6 /55	0.4/1.38 /1.6				Ydy
3	DJ13	直流复励发电机	100	200	0.5	1600			
4	DJ14	直流串励电动机	120	220	0.8	1400			
5	DJ15	直流并励电动机	185	220	1.2	1600	220	<0.16	
6	DJ16	三相笼型异步电动机	100	220 (D)	0.5	1420			
7	DJ17	三相绕线式异步电动机	120	220 (Y)	0.6	1380			
8	DJ18	三相同步发电机	170	220 (Y)	0.45	1500	14	1.2	
9	DJ18	三相同步电动机	90	220 (Y)	0.35	1500	10	0.8	
10	DJ19	单相电容起动电动机	90	220	1.45	1400			$C=35\mu F$
11	DJ20	单相电容运行电动机	120	220	1.0	1420			$C=4\mu F$
12	DJ21	单相电阻起动电动机	90	220	1.45	1400			
13	DJ22	双速异步电动机	120/90	220	0.6/0.6	2820/1400			Yyd
14	DJ23	校正直流测功机	355	220	2.2	1500	220	<0.16	
15	DJ24	三相笼型异步电动机	180	220 (D) /380 (Y)	1.14/0.66	1430			
16	DJ25	直流他励电动机	80	220	0.5	1500	220	<0.13	
17	DJ26	三相笼型异步电动机	180	380 (D)	1.12	1430			
18	HK10	永磁式直流测速发电机				2400			输出斜率 5

续表

序号	编号	名称	P_N (W)	U_N (V)	I_N (A)	n_N (r/min)	U_{fN} (V)	I_{fN} (A)	备注
19	HK27	交流测速发电机				1800	110		输出斜率 4
20	BSZ-1	步进电动机		24	3				$\theta_{se}=1.5/3\text{deg}$ $T_{max}=0.588\text{N·m}$
21	JSZ-1	交流伺服电机		$U_c=220\text{V}$		2700	$U_f=220\text{V}$		
22	ZSZ-1	自整角机		$U_f=220$	0.2				二次侧电压 49V
23	XSZ-1	旋转变压器		60					$k=0.56$、$f_N=400\text{Hz}$
24	HK91	三相永磁同步电动机	180	380 (Y)	0.35	1500			
25	HK92	直线电动机		380 (Y)	0.22	4.5m/s			额定气隙 $\delta=2\text{mm}$、牵引力 $F=8\text{N}$
26	HK93	高压直流无刷电机	100	220		1500			
27	HK94	开关磁阻电机	100	220		1500			

参 考 文 献

[1] 戴士弘. 高职教改课程教学设计案例集. 北京：清华大学出版社，2008.

[2] 李明星. 电机实验指导书. 北京：中国电力出版社，2009.

[3] 李元庆. 电机技术与维修. 北京：中国电力出版社，2008.

[4] 黄兰英. 电机实验实训指导书. 北京：中国电力出版社，2008.

[5] 王广惠. 电机实验与技能实训. 北京：中国电力出版社，2010.

[6] 李元庆. 电路基础与实践应用. 北京：中国电力出版社，2013.

[7] 韩钢. 电机检修实训教程. 北京：中国电力出版社，2009.

[8] 马香普. 电机维修实训. 北京：中国水利水电出版社，2005.

[9] 李元庆. 电机与变压器. 北京：中国电力出版社，2007.

[10] 戴士弘. 职业教育课程教学改革. 北京：清华大学出版社，2008.

[11] 侯文顺. 高分子材料分析、选择与改性课程项目化教学实施案例. 北京：化学工业出版社，2009.